U0783954

"十四五"职业教育国家规划教材

1+X"大数据应用开发（Java）"职业技能等级证书配套教材

蓝桥数字产业学院"Java 全栈工程师"培养项目配套教材

Java 程序设计基础教程
（第 2 版）

国信蓝桥教育科技股份有限公司　◎组　编

陈运军　颜　群　曹小平　◎编　著

电子工业出版社·

Publishing House of Electronics Industry

北京·**BEIJING**

内 容 简 介

本书是 1+X "大数据应用开发（Java）" 职业技能等级证书配套教材，也是蓝桥数字产业学院 "Java 全栈工程师" 培养项目配套教材。全书共 9 个项目，内容包括初识 Java、Java 基础、流程控制、方法与数组、String 类及常用类的使用、类和对象、包和访问控制、面向对象基本特征、抽象类和接口，系统地介绍面向对象设计（OOD）和面向对象编程（OOP），重点强调面向对象编程的思想。本书内容丰富实用，语言通俗易懂，结构设计合理，配套资源丰富，从零基础开始讲解，尽可能降低初学者的学习门槛。

本书可作为职业院校、应用型本科高校计算机应用技术、软件技术、软件工程、网络工程和大数据应用技术等计算机相关专业的教材，也可供从事计算机相关工作的技术人员参考。

图书在版编目（CIP）数据

Java 程序设计基础教程 / 国信蓝桥教育科技股份有限公司组编 ; 陈运军，颜群，曹小平编著. -- 2 版.
北京 : 电子工业出版社，2025. 6. -- ISBN 978-7-121-50313-9

Ⅰ. TP312.8

中国国家版本馆 CIP 数据核字第 20259KB483 号

责任编辑：薛华强

印　　刷：三河市鑫金马印装有限公司
装　　订：三河市鑫金马印装有限公司
出版发行：电子工业出版社
　　　　　北京市海淀区万寿路 173 信箱　　　　邮编：100036
开　　本：787×1092　　1/16　　印张：17.25　　字数：486 千字
版　　次：2020 年 12 月第 1 版
　　　　　2025 年 6 月第 2 版
印　　次：2025 年 6 月第 1 次印刷
定　　价：59.80 元

凡所购买电子工业出版社图书有缺损问题，请向购买书店调换。若书店售缺，请与本社发行部联系，联系及邮购电话：（010）88254888，88258888。

质量投诉请发邮件至 zlts@phei.com.cn，盗版侵权举报请发邮件至 dbqq@phei.com.cn。

本书咨询联系方式：（010）88254569，xuehq@phei.com.cn，QQ1140210769。

序

国务院于 2019 年 1 月印发的《国家职业教育改革实施方案》明确提出，从 2019 年开始，在职业院校、应用型本科高校启动"学历证书 + 若干职业技能等级证书"制度试点（即"1+X"证书制度试点）工作。职业技能等级证书是职业技能水平的凭证，反映了职业活动和个人职业生涯发展所需要的综合能力。

"1+X"证书制度的实施，依赖于教育行政主管部门、行业企业、培训评价组织和职业院校等多方力量的整合。培训评价组织是其中不可忽视的重要参与者，是职业技能等级证书及标准建设的主体，对证书质量、声誉负总责，主要职责包括标准开发、教材和学习资源开发、考核站点建设、考核颁证等，并协助试点院校实施证书培训。

截至 2020 年 9 月，教育部分三批共遴选了 73 家培训评价组织，国信蓝桥教育科技股份有限公司（下称"国信蓝桥"）便是其中一家。国信蓝桥在信息技术领域和人才培养领域具有丰富的经验，其运营的"蓝桥杯"大赛已成为国内领先、国际知名的 IT 赛事，其蓝桥数字产业学院已为 IT 行业输送了数以万计的优秀工程师，其在线学习平台深受院校师生和 IT 人士的喜爱。

国信蓝桥在广泛调研企事业用人单位需求的基础上，在教育部相关部门的指导下制定了"1+X"《大数据应用开发（Java）职业技能等级标准》。该标准面向信息技术领域的大数据公司、互联网公司、软件开发公司、软件运维公司、软件营销公司等 IT 类公司，以及企事业单位的信息管理与服务部门，具体体现在大数据应用系统开发、大数据应用平台建设、大数据应用程序性能优化、海量数据管理、大数据应用产品测试、技术支持与服务等工作中。

本丛书直接服务于职业技能等级标准下的技能培养和证书考取，包括 7 本教材：

- 《Java 程序设计基础教程（第 2 版）》
- 《Java 程序设计高级教程》
- 《软件测试技术》
- 《数据库技术应用》
- 《Java Web 应用开发》
- 《Java 开源框架企业级应用》
- 《大数据技术应用》

目前，开展"1+X"证书制度试点工作、推进书证融通已成为院校，特别是"双高"院校人才培养模式改革的重点。所谓书证融通，就是将"X"证书的要求融入学历证书这个"1"里面。换言之，在人才培养方案的设计和实施中应包含对接"X"证书的课程。因此，选取本丛书的全部或部分教材作为专业课程教材，有助于夯实学生基础，无缝对接"X"证书的考取和职业技能的提升。

为使教学活动更有效率，在线上、线下深度融合教学理念的指引下，丛书编委会为本丛书配备了丰富的线上学习资源。

最后，感谢教育部、行业企业及院校的大力支持！感谢丛书编委会全体同仁的辛苦付出！感谢为本丛书出版付出努力的所有人！

郑　未

2020 年 12 月

丛书编委会

主　任：李建伟

副主任：毛居华　郑　未

委　员（以姓氏笔画为序）：

邓焕玉　刘　利　张伟东　陈运军　张　航　张崇杰

何　雄　张慧琼　段　鹏　唐友钢　夏　汛　徐　静

曹小平　韩　坤　彭　浪　董　昤　颜　群　魏素荣

前　言

如果你立志投身于 IT 行业，那么，Java 这种语言值得深入研究。

首先，Java 是十分流行的编程语言之一。自 20 世纪 90 年代诞生以来，Java 一直保持着强劲的势头和优秀的口碑，长期占据 TIOBE 等知名排行榜前几名。国内外大多数互联网企业都以 Java 作为主要开发语言，无论是国内的阿里巴巴、腾讯、百度，还是国外的 Meta、Google 等知名企业，都对 Java 有着很强的依赖性，这些企业的很多产品都是基于 Java 研发而成的。

其次，Java 的功能强大且对使用者友好。Java 包含基础程序编程、面向对象编程、反射及异常等高级处理机制，并且开发者可以使用 Java 直接进行网络编程与高并发编程等高级编程。对开发者而言，Java 是编程界的一个标杆，其语法规范包含了软件开发的核心思想。在编程语言的生态中，诸如移动开发平台 Android、大数据分析平台 Hadoop 等，都直接使用 Java 作为基础语言；另外，Kotlin 等语言也可以在 Java 虚拟机上直接运行。以 Apache 和 Spring 为代表的第三方组织，为 Java 提供了消息队列、控制反转、映射控制器等方面的组件或框架，为普通开发者提供了强大的工具库。这些第三方库和 Java 共同组成了一个完整且强大的软件开发生态。

最后，Java 的应用领域非常广泛，几乎没有它不能胜任的 IT 工作。从嵌入式开发、移动开发，到后台服务器开发，再到云计算及大数据开发，Java 始终以领头羊的姿态引领着行业的发展。

Java 仍在不停进化，与时俱进。Java 从推出至今，始终根据市场需求及时更新，并且为了更好地适应时代的发展，Java 的维护公司 Oracle 从 2017 年开始实施"每半年发布一个新版本"的长期计划。我们有理由相信，随着互联网时代的技术发展及 Oracle 公司对 Java 的密切追踪与及时更新，Java 在未来有着非常大的想象空间。

本书是 1+X "大数据应用开发（Java）"职业技能等级证书配套教材，也是蓝桥数字产业学院"Java 全栈工程师"培养项目配套教材，主要介绍 Java 编程基础的相关内容。为了帮助读者切实掌握书中讲解的内容，蓝桥数字产业学院搭建并部署了蓝桥在线平台，在平台中提供了配套的实验环境、图文教程和视频课程，书中涉及的所有案例都可以在蓝桥在线平台上实现。

本书共 9 个项目：项目 1 简单介绍 Java 发展历程、Java 特点、Java 体系等基础知识，最后详细讲解如何开发第一个 Java 程序；项目 2～项目 4 依次介绍 Java 基础、流程控制、方法与数组等知识，这些知识是任何一种编程语言都会涉及的基础知识；项目 5～项目 9 介绍 String 类及常用类的使用、类和对象、包和访问控制、面向对象基本特征、抽象类和接口等面向对象领域的知识，在学习这部分内容时，不要仅以"实现功能"为目的，而要尽可能地揣摩其内部蕴含的思想。本书在每个项目后面都增加了"思政小课堂"模块，将编程语言的学习与思政教育深度融合，这不仅可以帮助学生掌握专业知识，还可以帮助学生树立正确的世界观、人生观和价值观，让学生成长为德才兼备的社会主义建设者和接班人。

本书在易用性上做了充分考虑，从零基础开始讲解，并结合企业应用对知识点进行取舍，对经典案例进行改造升级，尽可能降低初学者的学习门槛。本书结构设计合理，在每个项目开头都设计了简介，各项目内容为理论和实践的结合，在知识点介绍后紧跟实践操作，每个项目的末尾都对重要内容进行了回顾，并通过思考与练习帮助读者巩固相关知识。

本书配套资源丰富，在蓝桥在线平台上汇集了微课及实验等多种学习资源。

本书由陈运军、颜群和曹小平三位老师合作编写，其中，陈运军老师编写项目 1～项目 4，颜群老师编写项目 5～项目 7，曹小平老师编写项目 8～项目 9 及全书的思考与练习。

陈运军老师曾荣获教育部全国职业院校技能大赛"优秀指导教师"称号，拥有丰富的"课证赛岗"模式教学和指导经验，曾主编多本教材。颜群老师是阿里云云栖社区等知名互联网机构的特邀技术专家、认证专家，曾出版多本专著，拥有多年的软件开发及一线授课经验，在互联网上发布的精品视频课程获得广泛好评。曹小平老师是中国计算机学会（CCF）会员、重庆市教育信息化专家、重庆市电子与信息类职业教育行业指导委员会委员、重庆电子学会职教专委会常委、重庆市职业能力建设领域智库专家，拥有丰富的教学经验和教材编写经验。上述三位老师分别来自泸州职业技术学院、国信蓝桥教育科技股份有限公司和重庆科创职业学院，因此，本书是校企合作、多方参与的成果。

感谢丛书编委会各位专家、学者的帮助和指导；感谢配合技术调研的企业及已毕业的学生；感谢蓝桥数字产业学院郑未院长逐字逐句地审核和批注，以及在写作方面给予的指导；感谢蓝桥数字产业学院各位同事的大力支持和帮助。另外，笔者在编写本书时参考和借鉴了一些专著、教材、论文、报告和网络上的成果、素材、结论，在此向其原创作者一并表示衷心的感谢。

本书程序代码中的数值均未添加单位，不影响程序运行结果。

期望本书的出版能够为软件开发相关专业的学生、程序员和广大编程爱好者快速入门带来帮助，也期望越来越多的人才加入软件开发行业中，为我国信息技术的发展作出贡献。

由于笔者水平有限，书中难免存在疏漏和不足之处，恳请广大读者和社会各界朋友批评与指正！

笔者联系邮箱：x@lanqiao.org。

编著者

目　　录

项目 1　初识 Java 1

任务 1.1　Java 简介 2
  1.1.1　Java 发展历程 2
  1.1.2　Java 特点 3
  1.1.3　Java 体系 4
任务 1.2　Java 程序的工作原理 4
  1.2.1　从源码到机器码的过程........4
  1.2.2　JDK、JRE 与 JVM 5
  1.2.3　字节码文件解释过程 5
  1.2.4　即时编译技术 6
  1.2.5　JVM 与跨平台机制 6
  1.2.6　垃圾回收机制 6
任务 1.3　Java 开发环境搭建 7
  1.3.1　下载 JDK 7
  1.3.2　配置并验证 JDK 是否安装
      成功 7
任务 1.4　第一个 Java 程序 8
  1.4.1　编辑、编译、运行 8
  1.4.2　对第一个 Java 程序的说明...8
  1.4.3　Java 注释 9
  1.4.4　程序编写风格 11
  1.4.5　常见的 Java 集成开发
      环境 12
  1.4.6　使用 UltraEdit 编辑 Java
      程序 12
知识梳理与总结 14
思考与练习 15
贯穿项目 16
思政小课堂 17

项目 2　Java 基础 19

任务 2.1　标识符和关键字 20
  2.1.1　标识符 20
  2.1.2　关键字 21
任务 2.2　变量和常量 21
  2.2.1　变量 21
  2.2.2　常量 22
任务 2.3　数据类型 22
  2.3.1　Java 数据类型概述 22
  2.3.2　整型 23
  2.3.3　浮点型 24
  2.3.4　字符型 25
  2.3.5　布尔型 26
  2.3.6　字符串型 26
  2.3.7　基本数据类型转换.........26
任务 2.4　成员变量和局部变量 27
任务 2.5　从控制台输入数据 29
任务 2.6　运算符 30
  2.6.1　算术运算符 30
  2.6.2　逻辑运算符 32
  2.6.3　位运算符 33
任务 2.7　表达式 35
  2.7.1　表达式概述 35
  2.7.2　表达式的运算顺序............35
知识梳理与总结 37
思考与练习 37
贯穿项目 40
思政小课堂 42

项目 3　流程控制.......................43

　　任务 3.1　if 语句..................44
　　　　3.1.1　基本语法................44
　　　　3.1.2　嵌套的 if 语句...........48
　　任务 3.2　switch 语句.............49
　　　　3.2.1　基本语法................49
　　　　3.2.2　示例....................50
　　任务 3.3　循环语句................51
　　　　3.3.1　while 循环语句..........51
　　　　3.3.2　do...while 循环语句.....54
　　　　3.3.3　for 循环语句............54
　　　　3.3.4　双重 for 循环...........56
　　　　3.3.5　跳转语句................57
　　知识梳理与总结....................57
　　思考与练习........................58
　　贯穿项目..........................60
　　思政小课堂........................61

项目 4　方法与数组...................62

　　任务 4.1　方法....................63
　　　　4.1.1　方法概述................63
　　　　4.1.2　方法案例................67
　　　　4.1.3　递归调用................68
　　任务 4.2　一维数组................69
　　　　4.2.1　一维数组概述............69
　　　　4.2.2　数组作为参数传递........73
　　　　4.2.3　增强 for 循环...........76
　　任务 4.3　排序算法................76
　　　　4.3.1　冒泡排序................76
　　　　4.3.2　插入排序................77
　　　　4.3.3　快速排序................78
　　任务 4.4　二维数组................84
　　　　4.4.1　二维数组概述............84
　　　　4.4.2　二维数组案例............86
　　知识梳理与总结....................88
　　思考与练习........................88
　　贯穿项目..........................93
　　思政小课堂........................95

项目 5　String 类及常用类的使用.......96

　　任务 5.1　Java API 文档简介.......97
　　任务 5.2　String 类简介..........99
　　任务 5.3　String 类的常用方法....102
　　任务 5.4　StringBuffer 类........104
　　　　5.4.1　StringBuffer 类概述....104
　　　　5.4.2　StringBuffer 类案例....105
　　　　5.4.3　内存模型...............106
　　任务 5.5　其他常用工具类简介......107
　　　　5.5.1　Date 类...............107
　　　　5.5.2　SimpleDateFormat 类...109
　　　　5.5.3　其他工具类.............110
　　知识梳理与总结...................110
　　思考与练习.......................111
　　贯穿项目.........................112
　　思政小课堂.......................116

项目 6　类和对象...................117

　　任务 6.1　类和对象概述............118
　　　　6.1.1　面向过程与面向对象......118
　　　　6.1.2　类和对象的概念.........119
　　任务 6.2　Java 中的类............120
　　　　6.2.1　基本语法...............120
　　　　6.2.2　案例...................123
　　　　6.2.3　初识封装...............127
　　任务 6.3　构造方法...............128
　　　　6.3.1　基本语法...............128
　　　　6.3.2　this 关键字............129
　　　　6.3.3　案例...................131
　　任务 6.4　对象初始化过程..........133
　　任务 6.5　重载...................135
　　　　6.5.1　基本语法...............135
　　　　6.5.2　案例...................136
　　知识梳理与总结...................137
　　思考与练习.......................138
　　贯穿项目.........................140
　　思政小课堂.......................143

项目7 包和访问控制..............................144

  任务7.1 包概述...145

    7.1.1 包的基本使用....................145

    7.1.2 JDK类库中的包...............146

  任务7.2 引用包...147

    7.2.1 类的全限定名....................148

    7.2.2 导入包................................148

  任务7.3 访问控制.....................................150

    7.3.1 对类的访问控制...............150

    7.3.2 对类成员的访问控制.......150

  任务7.4 static关键字..............................152

    7.4.1 static关键字的使用.........152

    7.4.2 Java静态块........................154

    7.4.3 单例模式............................155

  知识梳理与总结...156

  思考与练习...157

  贯穿项目...160

  思政小课堂...166

项目8 面向对象基本特征.....................168

  任务8.1 抽象和封装.................................169

    8.1.1 抽象....................................169

    8.1.2 封装....................................170

    8.1.3 完善租车系统....................175

    8.1.4 抽象和封装小结...............176

  任务8.2 继承...176

    8.2.1 继承概述............................176

    8.2.2 方法重写............................179

    8.2.3 super()构造调用与super

          关键字......................................181

    8.2.4 继承中的初始化...............184

    8.2.5 继承小结............................185

  任务8.3 多态...185

    8.3.1 多态概述............................185

    8.3.2 实现机制............................186

    8.3.3 面向父类编程的思想.......189

    8.3.4 向下转型............................189

    8.3.5 属性覆盖问题....................190

    8.3.6 多态小结............................191

  知识梳理与总结...191

  思考与练习...192

  贯穿项目...196

  思政小课堂...200

项目9 抽象类和接口.............................201

  任务9.1 抽象类...202

    9.1.1 抽象类概念........................202

    9.1.2 抽象类特征........................204

    9.1.3 抽象类案例........................205

  任务9.2 接口...207

    9.2.1 接口概念............................208

    9.2.2 接口特征............................212

    9.2.3 接口案例............................215

  任务9.3 内部类...217

    9.3.1 内部类概念........................217

    9.3.2 内部类案例........................219

  知识梳理与总结...222

  思考与练习...223

  贯穿项目...225

  思政小课堂...233

附录A 部分思考与练习参考答案及

    解析...234

参考文献...264

项目 1

初识 Java

简介

　　本项目作为 Java 编程语言基础部分，首先介绍 Java 发展历程、Java 特点、Java 体系等理论基础，然后讲解 Java 程序的工作原理和开发环境搭建等与开发 Java 程序密切相关的知识，最后通过一个完整的案例向读者展示如何从零开始编写、编译并运行 Java 程序。

学习目标

- ✓ 了解 Java 发展历程、特点
- ✓ 熟悉 Java 三大体系
- ✓ 熟悉 Java 核心机制之垃圾回收机制的概念
- ✓ 了解源码、字节码和机器码之间的转换方法
- ✓ 了解 JDK、JRE 与 JVM 之间的关系
- ✓ 掌握 Java 开发环境搭建的方法（重点）
- ✓ 掌握 Java 程序基本结构（重点）
- ✓ 掌握程序的编译和运行原理（重点）

知识应用

- ❖ 编程 1：输出"你好，蓝桥"
- ❖ 编程 2：输出三角形

项目认知

　　软件项目的开发通常包括 6 个阶段：需求分析、系统设计、编码实现、测试、部署和维护。这 6 个阶段通常按照线性或迭代的方式进行，以完成整个软件项目开发，如图 1.1 所示，测试会贯穿所有的开发阶段。不同的软件项目开发方法和方法论可能会对这些阶段进行不同的强调和组织，但这些阶段通常是构建高质量软件的核心步骤。

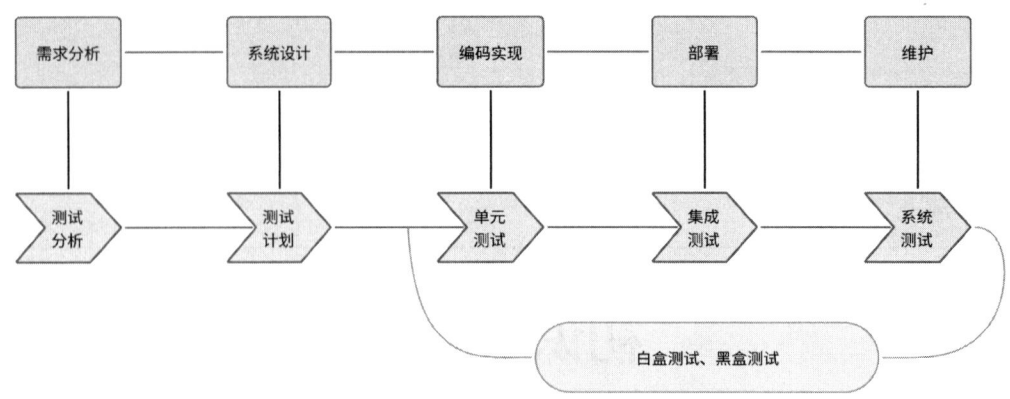

图 1.1　软件项目的开发阶段

在此，读者先知道软件项目的开发有 6 个阶段即可，在后面项目的"项目认知"模块中，我们会分别对每个阶段的工作任务进行介绍，希望读者通过这些内容，可以对软件项目开发过程有一个初步的认识，这也有助于读者更好地理解书中贯穿项目的整体开发过程。

那么贯穿项目的任务是什么呢？通过对本项目知识的学习后，读者需要使用集成开发工具，完成项目工程的基础搭建和主文件的创建，并且能够运用标准的输出语句来展现界面结构。

任务 1.1　Java 简介

Sun 公司（已被 Oracle 公司收购）于 1995 年 5 月推出了 Java 程序设计语言和 Java 平台。自诞生以来，Java 因为其卓越的通用性、高效性、平台移植性和安全性，被广泛应用于个人计算机、数据中心、游戏控制台、科学计算、移动电话和互联网，并拥有全球最大的开发者群体。在全球云计算、大数据、移动互联网的产业环境下，Java 具备了显著优势和广阔前景。

下面对 Java 进行简要介绍。

1.1.1　Java 发展历程

（1）Java 的诞生。1995 年 5 月 23 日，在 Sun World 大会上，Java 和 HotJava 浏览器被第一次公开发布。在此次会议上，网景公司（当时该公司的浏览器占据浏览器市场份额的绝对领先地位）宣布将在其浏览器中支持 Java，随后一系列的公司表示了对 Java 的支持，使 Java 很快成为一个极具发展潜力的高级语言。

（2）JDK 1.0～JDK 7。

① JDK 1.0。1995 年，Sun 公司推出的 Java 只是一种程序设计语言，而想要开发复杂的应用程序，必须有一个强大的开发库支持才行。

1996 年 1 月，Sun 公司发布了 JDK 1.0，它包括两部分：JRE（Java Runtime Environment，Java 运行环境）和 JDK（Java Development Kit，Java 开发工具包）。JRE 包括核心 API、集成 API、用户界面 API、发布技术、JVM（Java Virtual Machine，Java 虚拟机）5 部分；JDK 既包括 JRE，又包括编译工具。在 JDK 1.0 时代，Java 库显得比较单薄，不够完善。随着 JDK 的逐步升级，它为开发人员提供了一个强大的开发支持库。

② JDK 1.2。1998 年 12 月，Sun 公司发布了 Java 历程上一个重要的 JDK 版本——JDK 1.2，并开始使用"Java 2"这一名称。从 JDK 1.2 发布开始，Java 踏入了飞速发展时期。Java 2 针对不

同类型的应用，推出了 3 个平台：J2SE（Java 2 Standard Edition，Java 2 标准版）、J2EE（Java 2 Enterprise Edition，Java 2 企业版）和 J2ME（Java 2 Micro Edition，Java 2 微缩版）。

在 Java 2 时代，Sun 公司对 Java 进行了很多革命性的改变，这些革命性的改变一直沿用到现在，对 Java 的发展产生了深远的影响。此后，Sun 公司还发布了以下主要版本的 Java。

2000 年 5 月，发布 J2SE 1.3。

2002 年 2 月，发布 J2SE 1.4。

③ JDK 5。2004 年 9 月 30 日，J2SE 1.5 被发布，成为 Java 发展历程上的又一重要版本。为了表示该版本的重要性，J2SE 1.5 被更名为 Java SE 5.0。从 Java SE 5.0 开始，Oracle 和社区逐渐转向更简洁的版本命名方式，即直接使用主版本号（如 JDK 5、JDK 6 等），而不再使用 1.x 的命名方式。

Java SE 5.0 主要包含以下新特性。

- 泛型。
- 增强 for 循环。
- 自动拆箱和装箱。
- 类型安全的枚举。
- 静态导入。
- Annotation 注解。

2006 年 4 月，Sun 公司又推出了 Java SE 6.0，对应的开发工具包则称为 JDK 6。

④ JDK 7。2011 年 7 月，JDK 7 被发布，带入了一些新的功能。例如，原来 switch 结构的条件中只能包含 byte、short、int、char 型，但从 JDK 7 开始就可以包含 String 型了。

（3）JDK 8。2014 年 3 月，JDK 8 被发布，该版本新增了 lambda 表达式、方法引用等新特性，标志着 Java 开始迈向函数式编程的道路，是 Java 发展历程上的一个重要里程碑。

（4）JDK 9 及新版本规划。2017 年 9 月，JDK 9 被发布，并且 Oracle 公司宣布从 JDK 9 开始，将 JDK 的更新频率改为"每半年发布一个新版本"。此后，原本如日中天的 Java，更是步入了飞速发展的时代。

此外，还要提醒读者的是，Oracle 公司曾在 2018 年发布过一条通知："2019 年 1 月以后发布的 Oracle Java SE 8 公开更新版本将不再提供给没有商用许可证的企业或商业用户使用。"因此，在基础学习阶段，建议读者使用 2019 年 1 月之前发布的 JDK 版本。

1.1.2　Java 特点

Java 主要有以下特点。

- Java 是高级语言。
- Java 是简单的。
- Java 是面向对象的。
- Java 是分布式的。
- Java 是与平台无关的。
- Java 是安全的。
- Java 是健壮的。
- Java 是可移植的。
- Java 是解释型的。
- Java 是高性能的。

- Java 是多线程的。
- Java 是动态的。

要想系统地说明 Java 的特点，需要进行大篇幅、长时间的介绍。为了便于初学者快速理解，下面只简单介绍其中的 4 个特点且过滤掉一些难以理解的内容，待读者有一定基础后可自行查阅 Java 相关文档进行学习。

（1）Java 是高级语言。相对于机器语言、汇编语言，Java、C++、C#和 Python 等语言都被称为高级语言，因为这些语言编写的代码越来越接近人类的自然语言。

（2）Java 是面向对象的。传统的以 C 语言为代表的过程式编程语言以过程为中心，以算法为驱动（程序=算法+数据）。而面向对象的编程语言则以对象为中心，以消息为驱动（程序=对象+消息）。Java 是典型的面向对象语言，具体面向对象的概念和应用会在后面的项目中详细介绍。

（3）Java 是与平台无关的。所谓 Java 是与平台无关的语言，是指用 Java 编写的应用程序，被编译成字节码文件（以.class 为后缀）后，不用修改就可在不同的软/硬件平台上运行。这得益于 Java 虚拟机，这部分知识将在任务 1.2 中进行详细介绍。

（4）Java 是健壮的。Java 的健壮性主要体现在如下两个方面。

① Java 丢弃了指针。这样可以杜绝内存的非法访问，虽然牺牲了程序员操作的灵活性，但对程序的健壮性而言，不无裨益。

② Java 的垃圾回收机制。Java 的垃圾回收机制是 Java 虚拟机提供的管理内存的机制，用于在空闲时间以不定时的方式动态回收无任何引用的对象所占据的内存空间。

1.1.3　Java 体系

（1）Java SE。Java SE 是 Java 的基础，也是 Java 的核心。它可以开发和部署在桌面、服务器、嵌入式环境和实时环境中使用的 Java 应用程序。Java SE 为 Java EE 提供了基础。

（2）Java EE。Java EE 是在 Java SE 的基础上发展起来的 Java 企业版，包含了 Web 开发等企业级的开发技术，多用于 Web 系统的服务端开发。使用 Java EE 可以快速开发出安全、稳定、性能较高的大型系统，因此，Java EE 是很多企业在技术选型阶段的一个重要考虑方向。

（3）Java ME。在发展之初，Java 还有一个分支——Java ME。Java ME 可以用于一些嵌入式设备的 Java 程序开发。但随着时代的发展，Java ME 逐步走向没落，目前的应用范围也在逐步缩小。

任务 1.2　Java 程序的工作原理

1.2.1　从源码到机器码的过程

在整个 Java 程序的开发过程中，程序员最初将代码写在后缀为.java 的文件中，之后通过编译工具将.java 文件转换为.class 文件（也被称为字节码文件）。这个"转换"过程的 4 个阶段划分如下。

（1）词汇和语法分析：分析源码的执行逻辑，并将其绘制成一个抽象的语法树。

（2）填写符号表：复杂的程序之间会彼此引用，在此阶段就会对这些引用关系做一些预处理工作。可以理解为，在此阶段会用一些符号来表示各个程序之间的关系。

（3）注释处理：几乎所有的编程语言都包含程序和注释，在此阶段会对注释进行分析和归类。

（4）生成字节码文件：根据前 3 个阶段的结果，最终将.java 文件转换为.class 文件。

字节码文件会被解释为机器码，进而在具体的操作系统平台上执行。以上过程如图 1.2 所示。

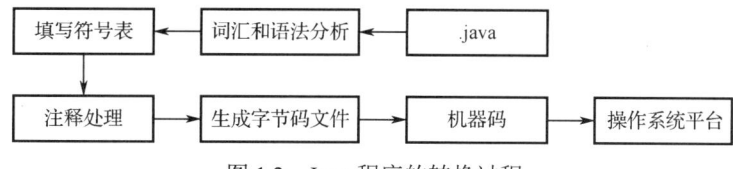

图 1.2 Java 程序的转换过程

1.2.2 JDK、JRE 与 JVM

从源码到字节码需要进行编译，在 Java 中，这个编译动作由 JDK 提供的"javac"程序（或命令）来完成。JDK 还提供了执行程序"java"、文档工具"javadoc"和反编译工具"javap"等实用工具。JDK 实际就是这些工具和 JRE 的合集。

什么是 JRE 呢？JRE 是 JVM 和一些常用 API（Application Program Interface，应用程序接口）的合集。

JVM 负责解释并执行字节码。那什么是 API 呢？可以将 API 理解为一些已经写好的、可以供我们直接使用的代码。举个例子，如果要编写一个排序算法该怎么办？除了自己一行一行地编写代码，还可以直接使用 JDK 已经提供的排序 API，直接使用 API 里的某一行代码就能帮助我们实现排序功能，是不是很方便呢？并且为了归类，API 通常是以"包"的形式体现的。例如，java.io 是一个汇集了很多文件操作的包，java.lang 是一个汇集了很多程序基础操作的包。

综上所述，可以发现 JDK 包含了开发工具和 JRE，而 JRE 又包含了 JVM 和常用 API，如图 1.3 所示。因此，开发者只需要下载并安装 JDK，就可以开发并运行 Java 程序。

1.2.3 字节码文件解释过程

如图 1.4 所示，Java 字节码文件先后经过 JVM 的类装载器、字节码校验器和解释器，最终在操作系统平台上运行。具体各部分的主要功能描述如下。

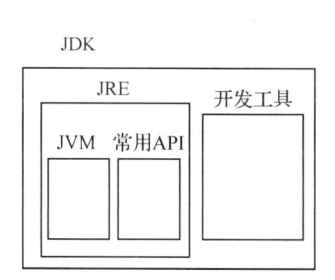

图 1.3 JDK、JRE 与 JVM 的关系

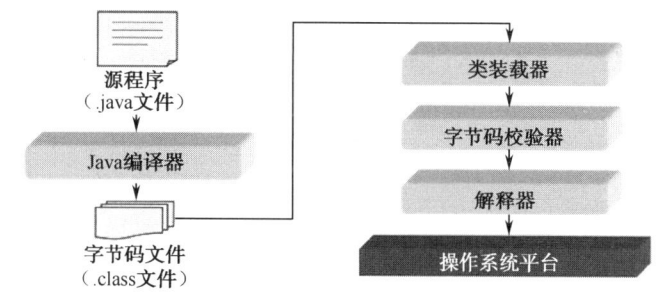

图 1.4 字节码文件解释过程

（1）类装载器。其主要功能是为执行程序寻找和装载所需要的类，即把字节码文件装载到 Java 虚拟机中。

（2）字节码校验器。其功能是对字节码文件进行校验，以保证代码的安全性。字节码校验器负责测试代码段格式并进行规则检查，包括检查伪造指针、违反对象访问权限或试图改变对象类型的非法代码。

（3）解释器。具体的操作系统平台并不认识字节码文件，最终起作用的是最重要的解释器，它负责将字节码文件翻译成操作系统平台能识别的机器码。

1.2.4　即时编译技术

JVM 可判断某段字节码是否属于使用频率较高的热点代码。如果是，则将字节码文件转换出的本地机器码保存，以便下次直接执行机器码文件。这使得 Java 程序的执行效率得到很大的提高。

1.2.5　JVM 与跨平台机制

JVM 不是一台真实存在的机器，而是想象中的机器概念，通过模拟真实机器的运行方式来执行 Java 程序。

尽管是模拟出来的机器，但 JVM 看起来也具备类似真实硬件的一些元素，如处理器、堆栈、寄存器等，还具有相应的指令系统。Java 程序在这个抽象的 Java 虚拟机上运行。JVM 既是 Java 程序的运行环境，也是 Java 最具吸引力的特性之一。

前面提到过，Java 的一个重要特点就是平台无关性，接下来将从原理上进一步说明为什么 Java 具有平台无关性。实现 Java "一次编译，处处运行" 的关键就是使用 Java 虚拟机。

例如，使用 C 语言开发一个类似计算器的软件，如果想要使这个软件在 Windows 平台上运行，则需要在 Windows 平台上将其编译成目标代码，这个目标代码只能在 Windows 平台上运行。如果想让这个计算器软件在其他平台上运行，则必须在对应的平台上对其进行编译，产生针对该平台的目标代码才可以运行。

但对 Java 而言，处理方式完全不同。用 Java 编写的计算器程序（以 .java 为后缀）经过编译器编译成字节码文件后，这个字节码文件不是针对具体平台的，而是针对抽象的 Java 虚拟机的，它在 Java 虚拟机上运行。在不同的平台上，会安装不同的 Java 虚拟机，这些不同的 Java 虚拟机屏蔽了各个不同平台的差异，从而使 Java 程序（字节码文件）具有平台无关性。也就是说，Java 虚拟机在执行字节码文件时，把字节码解释成了具体平台上的机器指令来执行，具体原理如图 1.5 所示。

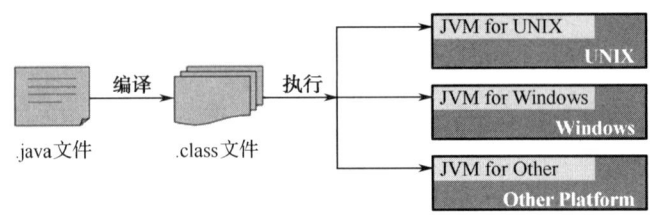

图 1.5　Java 虚拟机

1.2.6　垃圾回收机制

在 C++ 语言中，程序结束运行之前，对象会一直占用内存，并在程序员没有明确释放之前不会将其所占内存分配给其他对象。而 Java 的处理方式不同，当没有对象引用指向原先分配给某个对象的内存时，该内存便成为垃圾。初学者可以将其简单地理解为，当一个对象不再被其他对象使用时，该对象就会成为一个等待被回收的垃圾对象。

Java 虚拟机提供了一个系统级线程（垃圾回收器线程），它自动跟踪每块被分配出去的内存，并自动释放被定义成垃圾的内存。在一些书籍或文献中，垃圾回收器通常被称为 GC（Garbage Collection）。

垃圾回收机制能自动释放内存空间，减轻程序员编程的负担，这是 Java 虚拟机具有的一个显著优点。

任务 1.3 Java 开发环境搭建

1.3.1 下载 JDK

如前文所述，JDK 提供了编译、运行 Java 程序的工具，因此要想编译、运行 Java 程序，首先要下载 JDK。在下载时需要注意，JDK 针对不同的平台有不同的版本，需要选择待安装平台下的 JDK 版本进行下载。本书使用的是 Windows 版的 JDK 8。

另外，JDK 不是版本越新越好。在企业级的开发中，通常一个项目中的所有开发人员统一使用一个稳定版本的 JDK，以避免因为各版本 JDK 的差异而带来问题。

JDK 的安装过程很简单，按照提示单击"下一步"按钮即可。

1.3.2 配置并验证 JDK 是否安装成功

在不同版本的 JDK 安装过程中，有些 JDK 会自动配置一些环境变量，但有些环境变量需要用户手动配置。表 1.1 列举了通常需要配置的环境变量，如果在 JDK 安装过程中这些环境变量没有被自动配置，则需要用户手动配置。

表 1.1 需要配置的环境变量

变 量 名	说 明	举 例
JAVA_HOME	JDK 的安装路径	C:\jdk-8u101
PATH	Windows 系统执行命令时要搜索的路径	在现有内容的最前面加上%JAVA_HOME%\bin;
CLASSPATH	编译和运行时要找的 class 路径	.;%JAVA_HOME%\lib（其中，.代表当前路径）

接下来以配置 JAVA_HOME 为例，具体介绍如何配置环境变量。在 Windows 系统中，右击"计算机"图标，单击"属性"→"高级系统设置"→"环境变量"按钮，并单击"系统变量"选项区的"新建"按钮，在打开的"新建系统变量"对话框中新建 JAVA_HOME 环境变量，如图 1.6 所示。

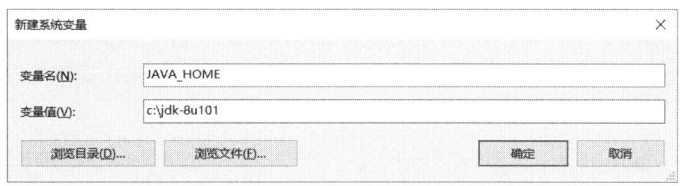

图 1.6 配置环境变量

其他的环境变量配置方法与此类似（如 CLASSPATH），而 PATH 则不同，因为这个环境变量在系统中已经存在，所以不需要新建，而应在选中该环境变量后进行编辑（注意：是在现有内容的最前面加上"%JAVA_HOME%\bin;"，而不是替换已有内容）。

在安装及配置完 JDK 以后，建议先验证其是否可用。在控制台下输入"java -version"命令，若出现图 1.7 所示的结果，则表明 JDK 安装成功。

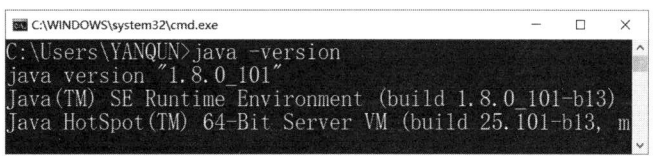

图 1.7 JDK 安装成功

任务 1.4 第一个 Java 程序

1.4.1 编辑、编译、运行

（1）编辑 Java 程序。JDK 中没有提供 Java 编辑器，需要使用者自己选择一个方便易用的编辑器或集成开发工具。作为初学者，可以使用记事本、UltraEdit、EditPlus 作为 Java 编辑器，编写第一个 Java 程序。下面以使用记事本为例，编写 HelloWorld 程序。

打开记事本，按照图 1.8 所示输入代码（注意字母大小写和程序缩进），完成后将其保存为 HelloWorld.java 文件（注意：不要保存成 HelloWorld.java.txt 文件）。

（2）编译 Java 源文件。在控制台环境下，进入保存 HelloWorld.java 文件的目录，执行"javac HelloWorld.java"命令，对源文件进行编译。Java 编译器会在当前目录下产生一个以.class 为后缀的字节码文件。

（3）运行字节码文件。执行"java HelloWorld"（注意：没有.class 后缀）命令，输出执行结果，如图 1.9 所示。

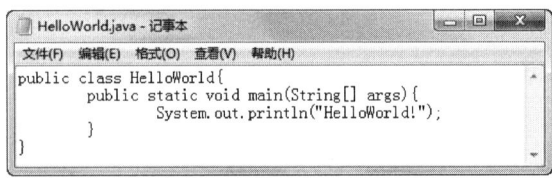

图 1.8 HelloWorld 程序代码

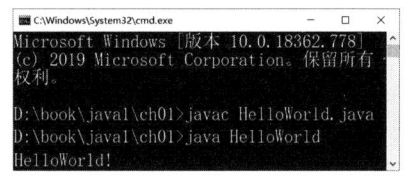

图 1.9 执行结果

1.4.2 对第一个 Java 程序的说明

（1）一些基本规则。Java 源文件以.java 为后缀。源文件的基本组成部分是类（class），如本例中的 HelloWorld 类。类的概念以后会介绍，读者在这里将其理解为一种格式即可。

一个源文件中最多只能有一个 public 类（但不是必需的）。如果源文件中包含一个 public 类，则该源文件必须以 public 类名命名。本例中 HelloWorld 被声明为"public class"，所以源文件必须命名为"HelloWorld.java"。如果去掉 public，那么源文件可以使用其他名称。

Java 程序的执行入口是 main()方法，该方法有固定的书写格式。

```
public static void main(String[] args){…}
```

Java 严格区分字母大小写。也就是说，"String"和"string"是不同的，读者可尝试将代码中的 String 替换成 string，观察编译错误。

Java 程序中具体发挥作用的是语句，每条语句以分号（半角）结束。

（2）HelloWorld 的编写步骤。图 1.8 中编写的程序的作用是向控制台输出"HelloWorld！"。该程序虽然非常简单，但其包含了一个 Java 程序的基本组成部分。以后编写 Java 程序，都是在这个基本组成部分上增加内容的。HelloWorld 程序的编写步骤如下。

① 编写程序结构。

```
public class HelloWorld{

}
```

Java 程序的基本组成部分是类，这里给类取名为"HelloWorld"。类的取名有一定的规则，该内容将在项目 2 中介绍。因为前面有 public（公共的）修饰，所以程序源文件必须以 public 类名命名。

类名后面有一对大括号，它划定了类的边界，所有属于这个类的代码都写在这对大括号内部。

② 编写 main()方法。

```
public static void main(String[] args){

}
```

一个程序的执行需要有一个入口，main()方法就是 Java 程序的执行入口，也就是程序执行的起始点。需要注意的是，一个程序只能有一个 main()方法，否则 Java 虚拟机将无法确定从哪个main()方法开始执行。

在编写 main()方法时，按照上面的格式和内容书写即可，内容不能缺少，顺序也不能调整。具体各个修饰符（public、static、void）的作用，将会在后面的项目中详细介绍。main()方法后面有一对大括号，Java 代码写在这对大括号内部，Java 虚拟机将按顺序执行这对大括号里的代码。

③ 编写执行代码。

```
System.out.println("HelloWorld!");
```

注意：分号（;）是不可缺少的。"System.out.println("HelloWorld!");" 语句的作用很简单，就是向控制台输出小括号内由双引号括住的内容 HelloWorld!，输出的内容自动换行。前面已经介绍过，JDK 包含了 Java API 以供自定义程序调用，这条语句就调用了 Java API。如果程序员希望向控制台输出的内容不自动换行，则使用语句 "System.out.print("想输出的内容");"。

1.4.3　Java 注释

为什么要有注释呢？

假设一个程序员新进入一个项目组，接手完成一个已离职程序员未完成的软件模块功能，当他打开原程序员编写的代码时，其中一个方法（或函数）有上百行代码但没有任何注释，这样造成的结果是，新程序员要花费很长的时间去理解原程序员的业务逻辑和思路，可能还会出现理解错误的情况。怎么解决这个问题呢？答案就是给代码添加必要的注释。

什么是注释？

Java 程序中的注释是为了方便用户阅读程序而写的一些说明性的文字，这些文字不会被视为代码来编译或执行。注释可提高 Java 源码的可读性，使 Java 程序条理清晰，易于理解。

Java 的注释有 3 种：单行注释、多行注释、文档注释。

```
//注释一行
/*注释若干行*/
/**注释若干行，并写入 javadoc 文档*/
```

下面介绍 Java 程序员编写注释的规范。

（1）注释要简单明了。例如：

```
String engName = "颜群";        //工程师用户名
```

（2）边写代码边注释，在修改代码的同时修改相对应的注释，以保证注释与代码的一致性。有时会出现修改了代码但没有修改注释的情况，尤其是在使用 javadoc 工具生成 Java 文档时，如果已经修改了程序但没修改文档注释，则生成的 Java 文档还是原注释内容，从而导致错误。

（3）保持注释与其对应的代码相邻，即遵循注释的就近原则。通常将注释放到该段代码的上方或者放到该行代码的右边（单行注释）。

（4）在必要的地方添加注释，注释量要适中。在实际的代码规范中，建议代码注释占程序代码的比例为 20%左右。

（5）全局变量要有较详细的注释，包括对其功能、取值范围、用哪些方法存取它及存取时的注意事项等进行说明。

（6）源文件头部要有必要的注释信息，包括文件名、版本号、作者、生成日期、模块功能描述（如具体功能、主要算法、内部各部分之间的关系、该文件与其他文件的关系等）、主要方法清单及本文件历史修改记录等。下面是源文件头部注释示例：

```
/**
    * Copy Right Information        : lan-qiao
    * Project                       : blue-bridge
    * JDK version used              : jdk1.8.101
    * Author                        : YQ
    * Version                       : 2.1.0, 2020/5/20
*/
```

（7）方法的前面要有必要的注释信息，包括方法名称，功能描述，输入、输出及返回值说明，抛出异常等。下面是方法注释示例：

```
/**
    * Description 对方法进行描述
    * @param Hashtable 参数描述 1
    * @param OrderBean 参数描述 2
    * @return String  返回值描述
    * @exception IndexOutOfBoundsException  对方法可能抛出的异常进行描述
*/
public String checkout(HashTable cart,OrderBean orderBean) throws IndexOutOfBoundsException{
    // 省略具体内容
}
```

（8）文档注释标签语法。

① @author，位置：类，标明开发该类模块的作者。

② @version，位置：类，标明该类的版本。

③ @see，位置：类、属性、方法，说明相关主题。

④ @param，位置：方法，对方法中某参数的说明。

⑤ @return，位置：方法，对方法返回值的说明。

⑥ @exception，位置：方法，对方法可能抛出的异常进行说明。

程序清单 1.1 是为 HelloWorld 增加注释后的完整程序。

```
/**
    * Copy Right Information        : lan-qiao
    * Project                       : blue-bridge
    * JDK version used              : jdk1.8.101
    * Author                        : YQ
    * Version                       : 2.1.0, 2020/5/1
*/
public class HelloWorld{
    /**
        * Description：主方法，程序入口
        * @param String[] args
```

```
     * @return void
     */
    public static void main(String[] args){
        System.out.println("HelloWorld!"); //输出"HelloWorld!"到控制台
    }
}
```

程序清单 1.1

现在书写的代码量还较少，读者可能不清楚类、方法、参数等概念的含义，因此现阶段只需了解注释并尽量使用，待积累了一定的代码量后再深入研究这部分内容即可。

1.4.4　程序编写风格

除了正确的代码，优秀的程序还需要遵循一定的编写风格。

用"{}"括起来的代码被称为一个代码块，多个代码块之间可以嵌套。在嵌套时，同一层次中的代码，需要垂直对齐；内层的代码，需要和外层的代码保持一定的缩进（通常，一个 Tab 位表示一个缩进），如程序清单 1.2 所示。

```
public class Demo {
    //main()代码块与上层的 Demo 代码块保持缩进
    public static void main(String[] args) {
        System.out.println("hello");
        System.out.println("world");
        System.out.println("hello world");
        //if 代码块与上层的 main()代码块保持缩进
        if(2>1){//if 是后续将要学习的选择结构
            System.out.println("hello");
            System.out.println("if");
            System.out.println("hello if");
        }
    }
}
```

程序清单 1.2

在程序清单 1.2 中，标识代码块开始的"{"写在了当前行代码的末尾，这属于一种编写风格。除此之外，另一种代码编写风格是将"{"写在新的一行，其需要与结束符"}"垂直对齐，如程序清单 1.3 所示。

```
public class Demo2
{
    public static void main(String[] args)
    {
        //...
        if (2>1)//if 是后续将要学习的选择结构
        {
            //...
        }
    }
}
```

程序清单 1.3

程序清单 1.2 和程序清单 1.3 展示了大括号的两种风格，但对缩进的要求是一致的，良好的缩进会清晰地呈现代码结构。本书示例代码采用程序清单 1.2 所示的编写风格。

1.4.5　常见的 Java 集成开发环境

集成开发环境（Integrated Development Environment，IDE）是用于提供程序开发环境的应用程序，它通常集成了代码编写、错误分析与提示、编译、运行、调试等功能，而记事本只提供了代码编写功能。常见的 Java 集成开发环境如下。

（1）Eclipse。Eclipse 是一个开放源码的、基于 Java 的可扩展开发平台。就其本身而言，它只是一个框架和一组服务，是通过插件构建开发环境的。

（2）VS Code。VS Code 的全称为 Visual Studio Code，它是一个轻量级但功能强大的源码编辑器，可以在常见的桌面操作系统上运行，如 Windows 操作系统、Ubuntu 操作系统、macOS 操作系统。它内置了对 JavaScript、TypeScript 和 Node.js 的支持并具有丰富的针对其他语言和运行时（如 C++、C#、Java、Python、PHP、Go、.NET）的扩展生态系统。

（3）IntelliJ IDEA。IntelliJ IDEA（IDEA）是由 JetBrains 公司出品的 Java 集成开发环境，近几年的发展尤为迅速，目前应用也非常广泛。IDEA 提倡智能编码，旨在利用开发工具减少程序员的工作量，拥有智能提示、重构、编码辅助等丰富的功能。

1.4.6　使用 UltraEdit 编辑 Java 程序

本书第一个 Java 程序是使用记事本作为编辑器来编写的，很不方便。用 IDE 编写 Java 程序虽然便利，但是不利于 Java 初学者记住开发细节，所以在没有要求使用集成开发环境前，请不要使用。现在选择介于记事本和集成开发环境之间的 UltraEdit 这款功能强大的文本编辑器作为 Java 程序的编辑器。

首先下载、安装并启动 UltraEdit 程序，并编写 Java 程序，然后单击"高级"菜单中"用户工具"选项卡中的"配置工具"按钮，如图 1.10 所示。

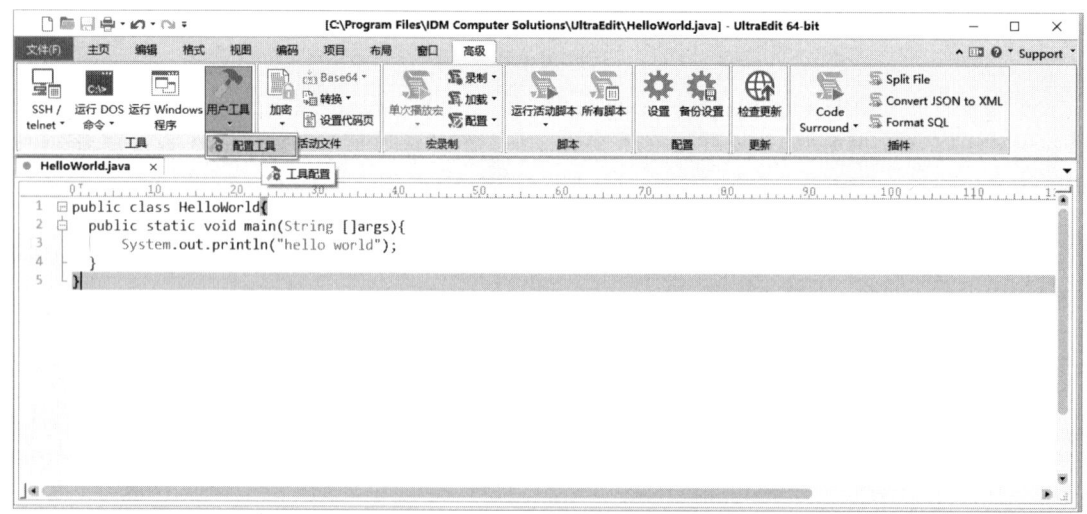

图 1.10　单击"配置工具"按钮

在弹出的"工具配置"对话框中首先单击"插入"按钮；然后在"菜单项名称（M）"文本框中输入"编译 Java"，在"命令行（L）"文本框中输入"javac %n.java"，在"工作目录（W）"文本框中输入"%p"；最后单击"应用"按钮，如图 1.11 所示，此时完成了编译指令的设置。

之后再次单击右上角的"插入"按钮，按照相同的操作步骤，在"菜单项名称（M）"文本框中输入"执行 Java"，在"命令行（L）"文本框中输入"java %n"，在"工作目录（W）"文本框中输入"%p"，并单击"应用"按钮，最后单击"确定"按钮，如图 1.12 所示。

此时，再次单击"用户工具"选项卡，就会看到里面多了两个命令，分别是"编译 Java"命令和"执行 Java"命令，如图 1.13 所示。

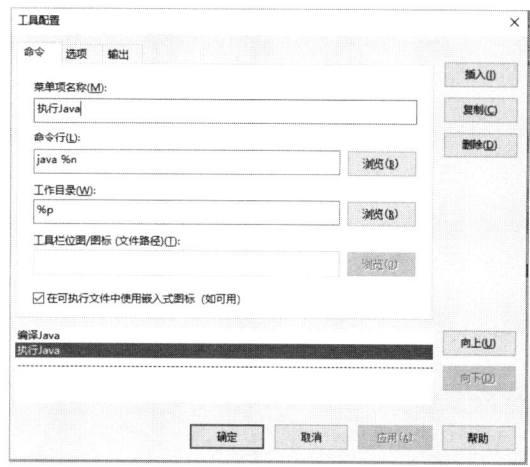

图 1.11　在 UltraEdit 中输入编译指令　　　　图 1.12　在 UltraEdit 中输入执行指令

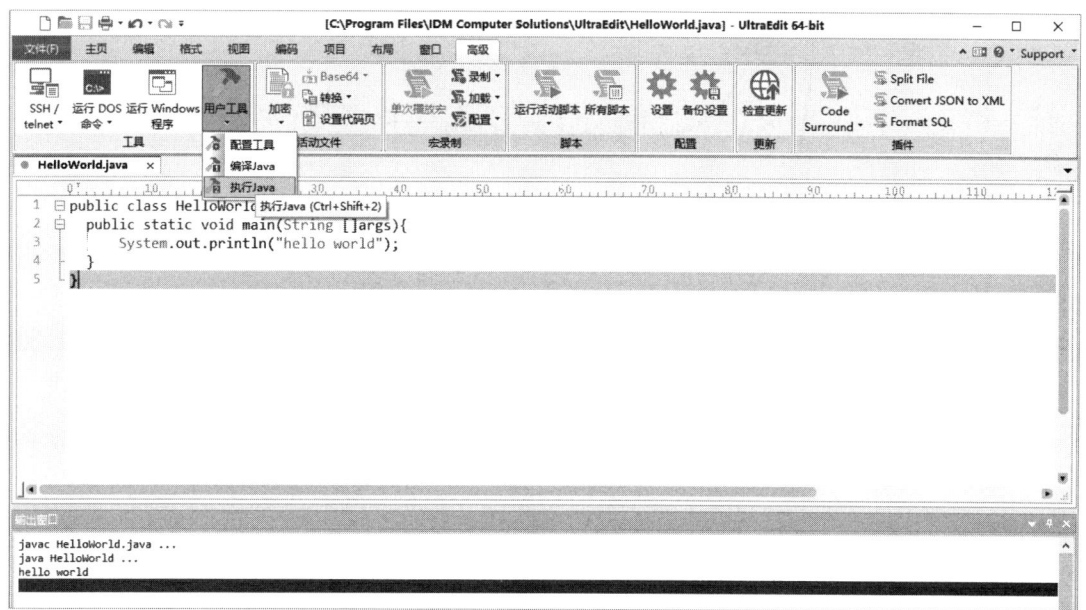

图 1.13　"用户工具"选项卡新增"编译 Java"命令和"执行 Java"命令

以后就可以直接用这两个命令在 UltraEdit 中编译和执行 Java 程序，而不用切换到命令行去执行"javac"和"java"命令。图 1.13 中的输出效果可以在"工具配置"对话框的"输出"配置中设置"输出到列表框"。

除了 UltraEdit，类似的文本编辑器还有 EditPlus 等，它们都是不错的选择。读者可以尝试使用，并从中选择最适合自己的一款。

知识梳理与总结

本项目作为 Java 程序的入门，首先简单介绍了 Java 发展历程、特点和体系；然后较为深入地探讨了 Java 程序的工作原理；接着详细示范了 Java 开发环境搭建和编辑 Java 程序、编译 Java 源文件、运行字节码文件的过程；最后对开发工具进行了简单介绍。读者可以通过知识树来回顾和总结所学的内容，如图 1.14 所示。

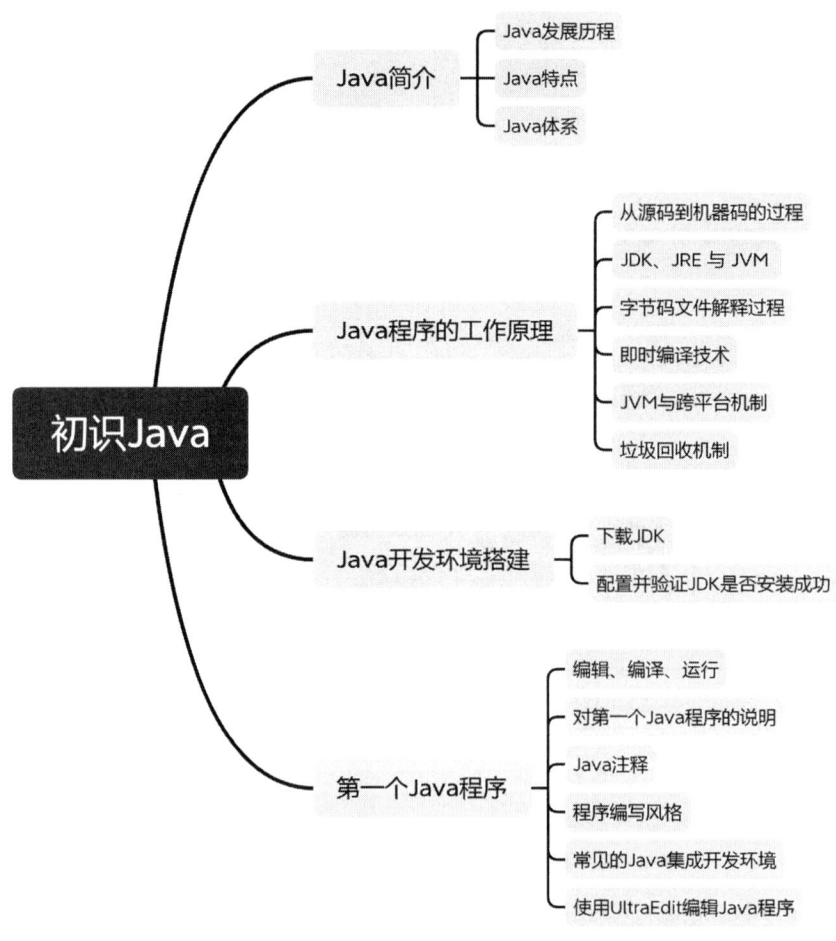

图 1.14　知识树

一般全书的项目 1 会涉及很多陌生的概念，初学者在遇到阅读障碍时不妨先跳过，等学习到一定程度后再来阅读相关内容会有更深刻的体会。但在本项目中，搭建 Java 开发环境、熟练书写 HelloWorld 程序并成功运行，是读者必须完成并掌握的内容。

思考与练习

一、单选题

（1）Java 字节码文件的后缀为（　　　）。

    A．.docx　　　　　　B．.java　　　　　　　C．.class　　　　　　D．以上答案都不对

（2）Java 虚拟机的英文简称是（　　　）。

    A．JDK　　　　　　B．JVM　　　　　　　C．JRE　　　　　　　D．PC

（3）负责解释并执行字节码文件的是（　　　）。

    A．JDK　　　　　　B．JVM　　　　　　　C．JRE　　　　　　　D．API

（4）编译 Java 程序的命令是（　　　）。

    A．javac　　　　　　B．java　　　　　　　C．javadoc　　　　　　D．jar

（5）以下关于 Java 程序的描述中，错误的是（　　　）。

    A．Java 源文件以.java 为后缀

    B．一个源文件中最多只能有一个 public 类

    C．Java 程序的执行入口是 main()方法，它有固定的书写格式

    D．每个 Java 源文件的命名可以是源文件中定义的任意一个类的名字

二、多选题

（1）Java 体系包括（　　　）。

    A．Java SE　　　　B．Java ME　　　　　C．Java EE　　　　　D．Hadoop

（2）以下关于环境变量 PATH 的说法中，正确的有（　　　）。

    A．可有可无

    B．其是执行命令时要搜索的路径

    C．在 PATH 中添加 JDK 工具程序时，应添加相关路径而不是覆盖原 PATH 内容

    D．其作用是在编译和运行 Java 程序时指明类的路径

（3）在 Java 中，（　　　）被视为正确的注释。

    A．// 注释内容　　　　　　　　　　B．/*注释内容*/

    C．/**注释内容*/　　　　　　　　　D．#注释内容

三、编程题

（1）输出"你好，蓝桥"。

编写一段代码，编译并执行后，输出"你好，蓝桥"。

实现效果如图 1.15 所示。

```
shiyanlou:project/ $ javac Lanqiao.java
shiyanlou:project/ $ java Lanqiao
你好，蓝桥
shiyanlou:project/ $
```

图 1.15　实现效果（1）

（2）输出三角形。

使用标准输出语句，并采用星号和空格组合的形式输出一个三角形。

实现效果如图 1.16 所示。

图 1.16　实现效果（2）

贯穿项目

项目介绍：图书管理系统是一种用于组织、跟踪和管理图书馆或其他图书资料馆藏的软件应用系统。它的主要目的是简化图书馆运营流程，提供便捷的书籍和资料访问，以及有效的库存管理。

本项目相对简化了图书管理系统的需求，项目整体结构如图 1.17 所示，从中可见工作人员必须先登录系统，才能对操作员管理、读者管理、书籍管理和借阅管理 4 个模块进行访问操作。读者可以直接浏览本图书馆的书籍，以及查询所需的书籍，如果需要查看自己的借阅情况，则必须先登录系统。读者登录系统后还可以修改个人访问密码。

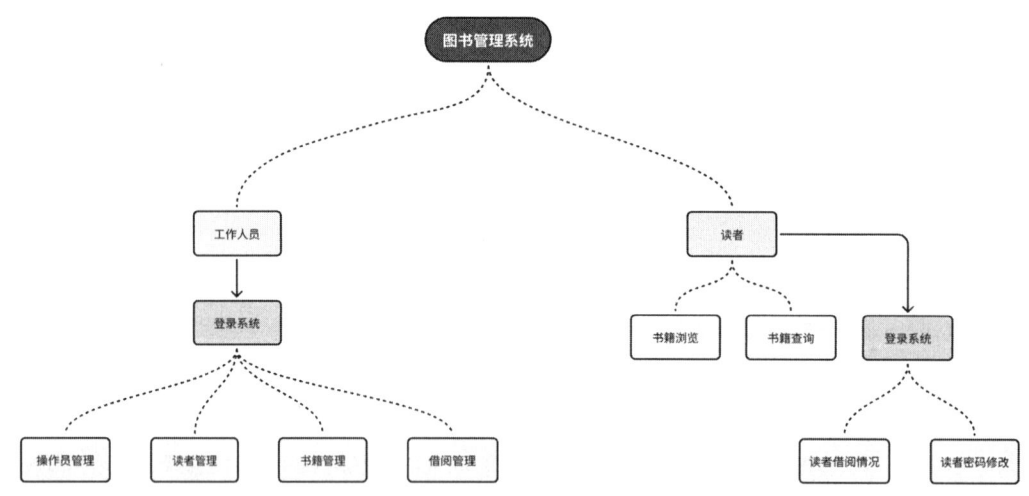

图 1.17　项目整体结构

本贯穿项目任务

- 完成项目工程的基础搭建和主文件的创建。
- 运用输出语句显示图书管理系统中的部分界面结构。

贯穿项目中主要考察

- Java 开发环境的搭建。

- Java 程序基本结构的构建。
- 标准输出语句的使用。
- 注释的使用。

项目工程搭建和功能实现效果如图 1.18 和图 1.19 所示。

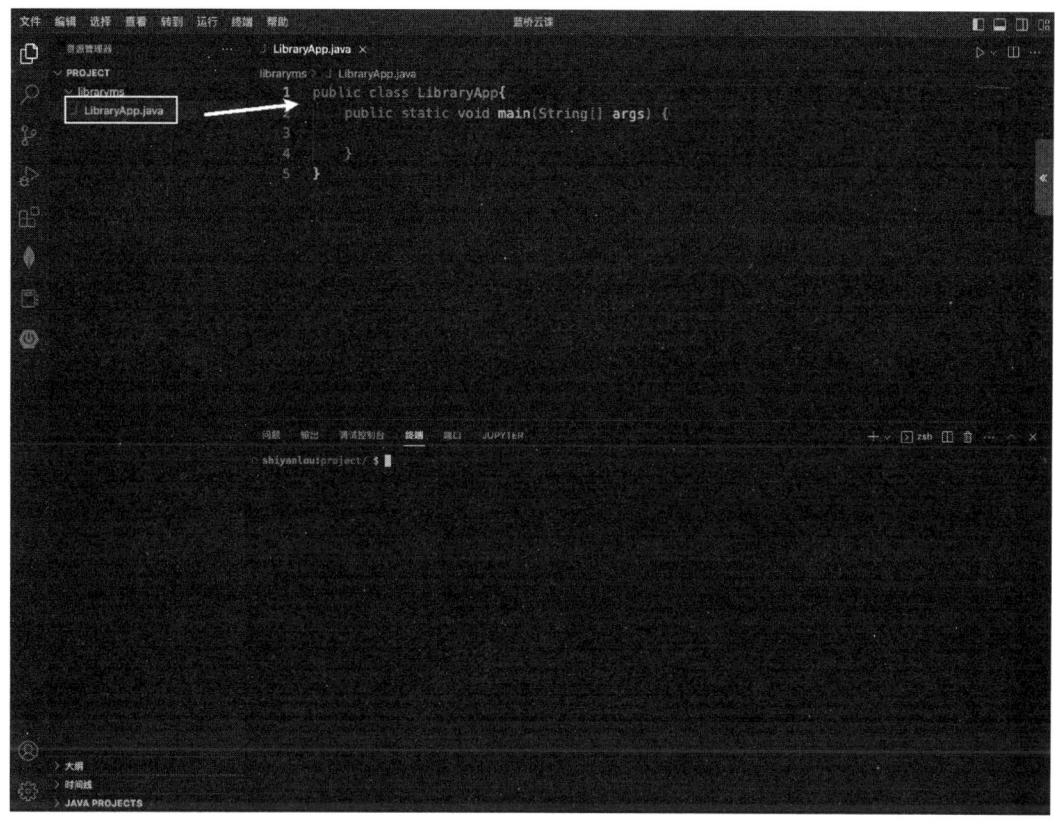

图 1.18　项目工程搭建

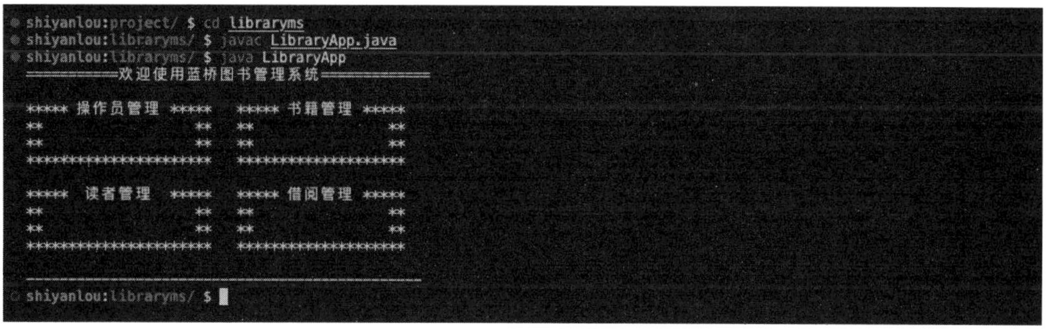

图 1.19　功能实现效果

思政小课堂

根据大数据产业生态联盟发布的《2019 中国大数据产业发展白皮书》显示，截至 2018 年年底，全国大数据核心人才仍存在 60 万人的缺口，到 2025 年全国大数据核心人才缺口达 230 万人，这无疑是我国大数据发展面临的重大挑战。而近几年，我国在 IT 产品自主可控方面获得了长足进步，无论是芯片、基础软件、整机系统，还是应用软件，我们都有大批国产产品可用，这些成就来之不易，值得我们倍加珍惜。不过，尽管我国的软件开发水平已进入世界前十名，但与发达国家（如美国、芬兰、俄罗斯等）相比，仍存在一定差距，甚至同为第三世界国家的印度，在某些领域也处于领先地位。面对这一现状，我们应当奋发图强，以振兴中华 IT 事业为己任，发扬工匠精神，不断提升我国的软件开发水平，以积极、务实的心态和勇于创新的精神为我国 IT 行业的发展贡献自己的一份力量。

一名优秀的程序员应具备的基本能力。

◇ 爱岗敬业，具备职业道德规范。

◇ 精通岗位技能，具备熟练搭建开发环境的能力。

◇ 养成良好的编程习惯，具备注释和文档编写能力。

项目 2

Java 基础

简介

在项目 1 中，我们主要介绍了关于 Java 的一些常识，深入探讨了 Java 程序的工作原理，示范了 Java 开发环境的搭建及 Java 程序的书写框架，还带领读者学习了如何使用 UltraEdit 编写、编译及运行 Java 程序。本项目将从 Java 中的标识符开始，逐步介绍关键字、变量和常量、数据类型、运算符、表达式等内容。

学习目标

- ✓ 熟悉 Java 的标识符和关键字
- ✓ 掌握变量和常量（重点）
- ✓ 掌握基本数据类型（重点）
- ✓ 熟悉引用数据类型之字符串型
- ✓ 掌握各个基本数据类型之间的转换（难点）
- ✓ 掌握从控制台输入数据的方法
- ✓ 掌握各种运算符和表达式（重点）

知识应用

- ❖ 编程 1：计算圆形的面积
- ❖ 编程 2：计算正方体的体积
- ❖ 编程 3：计算圆柱体的体积
- ❖ 编程 4：计算三位数各位之和

项目认知

在软件项目开发过程中，第一个阶段是需求分析，如图 2.1 所示，这是非常关键的阶段。在这个阶段，开发团队要与用户沟通，明确项目的需求和目标，包括确定用户的需求、软件功能要求、性能要求和系统约束等。

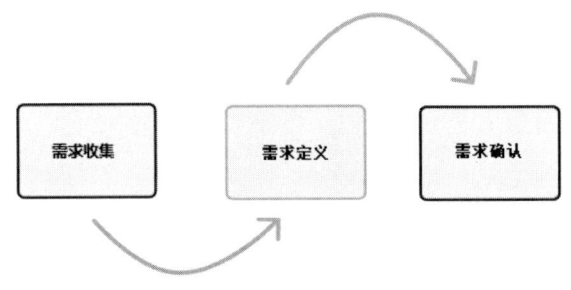

图 2.1　需求分析

需求分析第一步：需求收集。

（1）与系统使用者及管理层进行沟通，了解他们的需求、期望和业务目标。

（2）可以采用面对面会谈、访谈、问卷调查和文档审查等方式收集需求。

那么贯穿项目的任务是什么呢？通过对本项目知识的学习后，读者需要在搭建好的项目工程基础上，添加操作员管理模块的菜单列表，以及实现添加操作员等功能中的数据传递操作。

任务 2.1　标识符和关键字

变量、方法、包和类等要素在后续项目中介绍，读者在理解本节内容时可以把它们看作大小不同的物体，它们都需要有"名字"，我们先来解决名字的问题，再来解决它们究竟是什么的问题。

2.1.1　标识符

Java 对各种变量、方法、包和类等要素进行命名时使用的字符序列被称为标识符。

Java 标识符的构成必须遵守下面的规则。

（1）标识符由字母、数字、下画线"_"或美元符号"$"组成，并且首字符不能是数字。

（2）不能把 Java 关键字作为标识符。

（3）标识符没有长度限制。

（4）标识符对字母大小写敏感（在计算机领域，"对字母大小写敏感"是指"会对大写和小写字母进行区分"）。

在企业的面试题中，常会出现这样的题目：下面的标识符中哪些是非法的？

stuAge、*stuName、$count、3heartNum、public、x+y、_carSpeed、length10

stuName 是非法的，原因是标识符不能包含""；3heartNum 是非法的，原因是首字符不能是数字；public 是非法的，原因是标识符不能是 Java 关键字；x+y 是非法的，原因是标识符不能包含"+"。其他标识符都是合法的。

程序员在编写程序时，其中的标识符不仅要合法（符合构成规则），还要合理（简短且能清楚地表明含义），这样才能让程序既规范，又易读。下面列举了不同类型的标识符的命名规则：

（1）对于变量和方法名，建议第一个单词以小写字母开头，后面的每个单词都以大写字母开头，如 stuAge、sendMessage。

（2）对于类名，它和变量名、方法名的区别在于，第一个单词的首字母需要大写；如果类名中包含单词缩写，则这个缩写词的每个字母均应大写，如 XMLModule（XML 是几个单词的缩写）。另外，由于类是用来代表对象的，因此在命名类时应尽量选择名词。

（3）常量（即不可变的量）名应该都使用大写字母，并且指出该常量完整的含义。如果一个常量名由多个单词组成，则应该用下画线来分隔这些单词，如 MAX_VALUE。

（4）包名，通常应全部使用小写字母。

2.1.2　关键字

Java 关键字对 Java 编译器有特殊的意义，它们用来表示一种数据类型或者程序的结构，不能用作变量名、方法名、包名和类名。

大多数的编辑器（如 UltraEdit 等，不含记事本）和集成开发环境（如 Eclipse、VS Code 等）都会用特殊颜色将 Java 关键字标识出来。

Java 关键字都是小写的英文字符串。需要注意的是，goto 这个标识符虽然从不被使用，但也作为 Java 保留字进行了保留。图 2.2 列出了所有的 Java 关键字。

abstract	assert	boolean	break	byte
case	catch	char	class	continue
default	do	double	else	enum
extends	final	finally	float	for
if	implements	import	instanceof	int
interface	long	native	new	package
private	protected	public	return	strictfp
short	static	super	switch	synchronized
this	throw	throws	transient	try
void	volatile	while		

图 2.2　Java 关键字

任务 2.2　变量和常量

2.2.1　变量

变量用于存储程序中后续会使用的值，之所以被称为变量，是因为它们的值可以被改变。变量是程序中数据的临时存储场所，变量中可以存储字符串、数值、日期和对象等数据。

Java 变量定义的核心要素是变量类型、变量名和变量值，其格式如下：

```
type varName [=value];
```

其中，type 表示 Java 的数据类型（在任务 2.3 中会详细介绍 Java 的基本数据类型），其含义为这个变量里存储的是什么类型的数据；varName 是变量名，声明后可通过这个变量名来存取数据；value 是变量值，在声明变量的时候可以直接赋值（第一次赋值也称变量初始化）。通过 varName = newValue，可以给这个变量赋新的变量值。

对内存而言，"type varName" 是声明变量，相当于根据数据类型向内存申请一块空间；而 "=value" 相当于把值放到这个内存空间中。例如，int stuAge = 22（省略分号，下同），可以拆分成 int stuAge 和 stuAge = 22 两条语句，其中，int stuAge 相当于向内存申请一块可以存储 int 型变量的空间（实际为 4 字节，32 位）；而 stuAge = 22 相当于把 22 这个数字放到这块内存空间中。接下来还可以通过 stuAge = 27 这条语句把 27 这个数字放到刚才的内存空间中替换原来的 22。

在使用变量时，要避免出现未赋值就使用的情况。虽然在后面的项目中，会看到一些变量即使不赋值也会有默认值的情况，但为了避免程序出错，应尽量先对变量进行赋值再使用。

2.2.2 常量

在 Java 中，利用 final 关键字来定义常量。

Java 常量的本质是值不可变的变量，并且在声明常量的时候，要么直接对其进行初始化，要么通过后续讲解的构造方法赋值。和变量不同的是，常量在程序中无法被再次赋值，如果被强行赋值，程序会抛出错误信息，并拒绝接收这个新值。例如，编译程序清单 2.1 所示的代码：

```
public class FinalValue{
    public static void main(String[] args){
        final int STU_AGE = 22;              //定义 Java 常量 STU_AGE，其值为 22
        System.out.println(STU_AGE);         //输出 STU_AGE 的值
        STU_AGE = 27;                        //试图改变 Java 常量的值
    }
}
```

程序清单 2.1

将得到图 2.3 所示的错误。

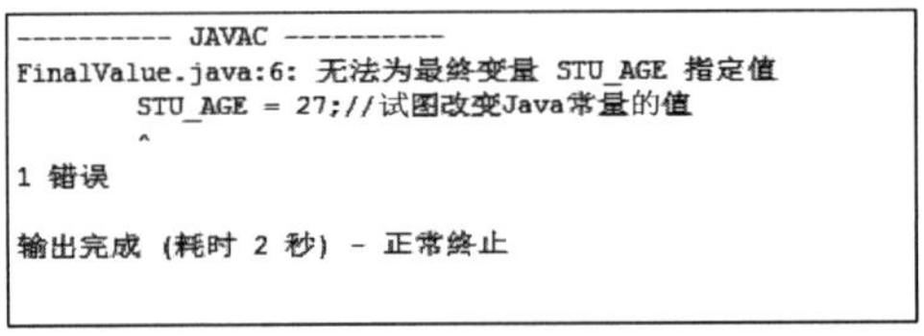

```
---------- JAVAC ----------
FinalValue.java:6: 无法为最终变量 STU_AGE 指定值
        STU_AGE = 27;//试图改变Java常量的值
        ^
1 错误

输出完成 (耗时 2 秒) - 正常终止
```

图 2.3　改变常量的值导致的错误

注意：直接书写的值，如"12""12.13"，被称为字面值常量，有时也简称为常量。final 关键字还有别的作用，将会在后续部分介绍。

任务 2.3　数据类型

变量声明包括变量的数据类型和变量名。那什么是数据类型呢？

2.3.1 Java 数据类型概述

假设编写程序让计算机完成这样的操作：一个学生的年龄是 22 岁，新年的钟声敲响之后，他的年龄就应该增加一岁，即 22+1。计算机如何执行这样的操作呢？首先，计算机要向内存申请一块空间，存储 22 这个数字；再申请一块空间，存储 1 这个数字；最后让计算机求这两个数字的和，并将结果存储到内存空间中。

现在我们用整数存储了学生的年龄，并为此申请了一块内存空间。如果要存储学生的姓名，或者存储学生的成绩（如 78.5），难道也是申请同样大小的一块内存空间吗？这样的内存空间能存下需要存储的数据吗？答案是否定的。

根据能对数据进行的操作及存储数据所需内存大小的不同，编程语言会把数据分成不同的类型。Java 中的数据类型被分为两大类，即基本数据类型和引用数据类型，如图 2.4 所示。其中，引用数据类型又分为类、接口和数组（在后续项目中会详细介绍）；基本数据类型又分为三大类，分别是数值型、字符型和布尔型，数值型又可细分为 6 种。表 2.1 列出了不同的基本数据类型所占的字节数、位数和使用说明。

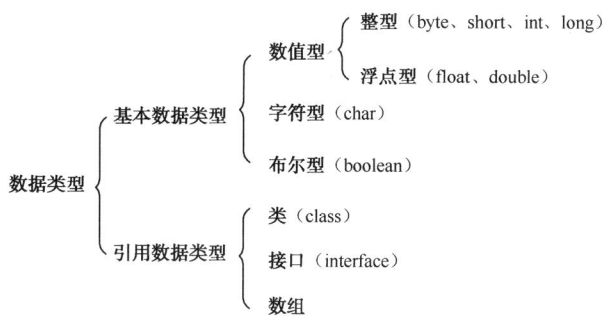

图 2.4　Java 数据类型

表 2.1　Java 基本数据类型说明

数 据 类 型	字 节 数	位 数	使 用 说 明
byte	1	8	取值范围：$-2^7 \sim 2^7-1$
short	2	16	取值范围：$-2^{15} \sim 2^{15}-1$
int	4	32	取值范围：$-2^{31} \sim 2^{31}-1$
long	8	64	取值范围：$-2^{63} \sim 2^{63}-1$，直接赋值时必须在数字后加上 l 或 L
float	4	32	取值范围：1.4E-45～3.4E38，直接赋值时必须在数字后加上 f 或 F
double	8	64	取值范围：4.9E-324～1.8E308
char	2	16	使用 Unicode 编码（2 字节），可存汉字
boolean	—	—	只有 true 和 false 两个取值

2.3.2　整型

Java 的整型又细分为 byte、short、int、long 4 种类型，它们都有固定的取值范围且不受具体操作系统的影响，以保证 Java 程序的可移植性。

Java 整型字面值常量的 4 种表示形式如下。

（1）十进制整数，如 12、-127、0。

（2）八进制整数，以 0 开头，如 014（对应十进制整数 12）。

（3）十六进制整数，以 0x 或 0X 开头，如 0XC（对应十进制整数 12）。

（4）自 JDK 7 以后，还可以 0b 或 0B 开头，表示二进制整数，如 0b11（对应十进制整数 3）。

其他常见进制，虽然不能直接表示，但仍然可以通过 Java 中的一些 API 转换得到。关于 API 的相关知识，读者会随着学习的深入逐渐了解。

自 JDK 7 以后，为了提高数字的可读性，还允许使用下画线（_）对数字进行分组，但要注意下画线不能出现在数字的首部或尾部，也不能出现在 0b 和 0x 左右、小数点左右、L 和 F 符号前。例如，在定义变量时，double d = 123_456.7_8 和 double d = 123456.78 是等价的。

Java 的整型字面值常量默认为 int 型，如果要表示 long 型的字面值常量，则需要在数值后面加上字母 l 或 L。例如：

```
long maxNum = 9999999999L;
```

当使用的数值大于 int 型可表示的最大值时，程序就会出错，因此要特别注意。请看程序清单 2.2。

```
class MaxNum {
    public static void main(String[] args) {
        long maxNum = 9999999999;
```

```
            System.out.println(maxNum);
    }
}
```

程序清单 2.2

程序运行结果如图 2.5 所示。

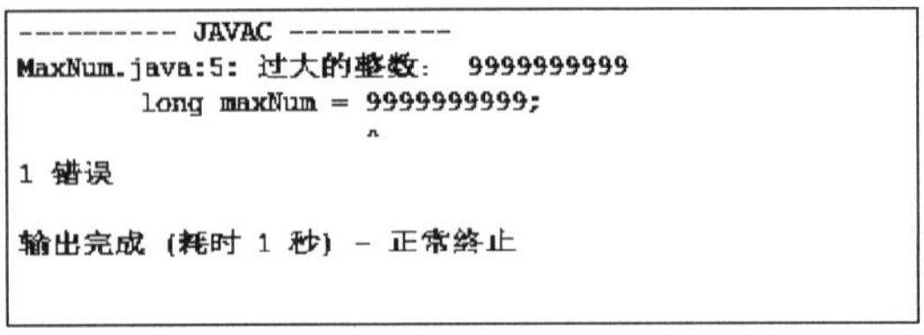

```
---------- JAVAC ----------
MaxNum.java:5: 过大的整数：  9999999999
        long maxNum = 9999999999;
                      ^
1 错误

输出完成 (耗时 1 秒) – 正常终止
```

图 2.5　整型字面值常量默认为 int 型

程序编译出错的原因为：Java 的整型字面值常量默认为 int 型，其最大值为 2147483647，而在给 maxNum 赋值时，等号右边的整型字面值常量为 9999999999，大于 int 型的最大值。处理方法是在 9999999999 后面加上 L（或 l）。

Java 设计出 4 种整型类型的目的是存储不同大小的数，这样可以节约存储空间，这对于一些硬件内存小或者要求运行速度快的系统显得尤为重要。例如，需要存储一个两位整数，其数值范围为-99～99，程序员就可以使用 byte 型进行存储，因为 byte 型的取值范围为 $-2^7 \sim 2^7-1$。

2.3.3　浮点型

在计算机系统的发展过程中，曾经提出过多种表示实数的方法，但是到目前为止使用最广泛的是浮点表示法。相对定点数而言，浮点数利用指数使小数点的位置可以根据需要上下浮动，从而可以灵活地表达更大范围的实数。

Java 浮点型字面值常量的两种表示形式如下。

（1）十进制形式，如 3.14、314.0、.314。

（2）科学记数法形式，如 3.14e2、3.14E2、100E-2。

Java 浮点型字面值常量默认为 double 型，如果要表示 float 型字面值常量，则需要在字面值常量后面加上 f 或 F。例如：

```
float floatNum = 3.14F;
```

对于整型，通过简单的推算，程序员就可以知道这个类型的取值范围。而对于 float 型和 double 型，要想推算出来其取值范围，则需要理解浮点型的存储原理，且计算起来比较复杂。在程序清单 2.3 中，通过示范一种快捷方法来获得这两种类型的最小值和最大值。

```
class FloatDoubleMinMax {
    public static void main(String[] args) {
        System.out.println("float 最小值 = " + Float.MIN_VALUE);
        System.out.println("float 最大值 = " + Float.MAX_VALUE);

        System.out.println("double 最小值 = " + Double.MIN_VALUE);
        System.out.println("double 最大值 = " + Double.MAX_VALUE);
    }
}
```

程序清单 2.3

程序运行结果如图 2.6 所示。

```
---------- JAVA ----------
float最小值 = 1.4E-45
float最大值 = 3.4028235E38
double最小值 = 4.9E-324
double最大值 = 1.7976931348623157E308

输出完成 (耗时 0 秒) - 正常终止
```

图 2.6　浮点型的取值范围

2.3.4　字符型

字符型（char 型）数据用来表示通常意义上的字符。

字符型字面值常量为用单引号括起来的单个字符。因为 Java 使用 Unicode 编码，一个 Unicode 编码占 2 字节，而一个汉字也占 2 字节，所以 Java 中的字符型变量可以存储一个汉字。例如：

```
char eChar = 'q';
char cChar = '桥';
```

说明：在编写代码时，所有的标点符号都是半角符号。例如，程序中的单引号是"'"，而不是"'"；程序中的分号是";"，而不是"；"。

Java 字符型字面值常量的 3 种表示形式如下。

（1）用英文单引号括起来的单个字符，如'a'、'汉'。

（2）用英文单引号括起来的十六进制代码值来表示单个字符，其格式为'\uXXXX'，其中，u 是约定的前缀（u 是 Unicode 的第一个字母），而后面的 XXXX 是 4 位十六进制数，是某字符在 Unicode 字符集中的编码，如'\u0061'等价于'a'。

（3）某些特殊的字符可以采用转义符'\'来转换，转义符可以将其后面的字符转变为有其他含义的字符，如'\t'代表制表符，'\n'代表换行符，'\r'代表回车符等。

通过程序清单 2.4 及其运行结果（见图 2.7），可以进一步了解 Java 字符的使用方法。

```java
class CharShow {
    public static void main(String[] args) {
        char eChar = 'q';
        char cChar = '桥';
        System.out.println("显示汉字：" + cChar);
        char tChar = '\u0061';
        System.out.println("Unicode 编码 0061 代表的字符为：" + tChar);
        char fChar = '\t';
        System.out.println(fChar + "Unicode 编码 0061 代表的字符为：" + tChar);
    }
}
```

程序清单 2.4

```
---------- JAVA ----------
显示汉字: 桥
Unicode编码0061代表的字符为: a
    Unicode编码0061代表的字符为: a

输出完成 (耗时 0 秒) - 正常终止
```

图 2.7　Java 字符的使用方法

2.3.5 布尔型

Java 中的布尔型（boolean 型）可以表示真或假，只允许取值为 true 或 false（不可用 0 或非 0 的整数替代 true 和 false，这点和 C 语言不同）。例如：

```
boolean flag = true;
```

布尔型适用于逻辑运算，一般用于控制程序流程，在后续项目中会详细介绍。

在表 2.1 中，没有注明布尔型占多少字节，Java 官方文档和《Java 虚拟机规范》等读物对此做过一些介绍，有兴趣的读者可以深入研究。

2.3.6 字符串型

首先强调，在 Java 对数据类型的分类中，字符串不属于基本数据类型。对于字符串型的具体使用，将会在项目 5 中进行详细讲解，此处仅做简要介绍。

字符串型的变量通过 String 来声明，字符串型字面值常量则需要用半角双引号括起来。字符串型字面值常量的长度可以是 0，也可以是任意数值。例如：

```
String str1 = "";
String str2 = "Hello World" ;
```

在前面的若干条输出语句中，我们已经见过这样的形式，在学习 Java 的前期我们会经常在输出语句中使用字符串和字符串拼接（"+"用于实现字符串拼接），以观察程序运行过程。

2.3.7 基本数据类型转换

在编写 Java 程序时，经常涉及数据类型转换，其通常被分为 3 类：基本数据类型转换、字符串型与其他数据类型转换、其他实用数据类型转换。此处介绍基本数据类型转换，其中，boolean 型无法和其他数据类型互相转换。整型、字符型、浮点型的数据在混合运算中可相互转换并要遵循下面的原则。

（1）容量小的数据类型可自动转换成容量大的数据类型，如图 2.8 所示。

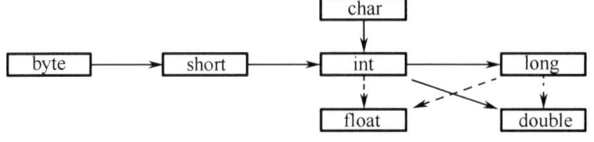

注：实箭头表示无信息丢失的转换，虚箭头表示可能有精度损失的转换。

图 2.8　Java 基本数据类型转换（1）

（2）byte、short、char 型在参与运算时会被自动转换为 int 型。

（3）将容量大的数据类型转换成容量小的数据类型时，需要加上强制转换符（见程序清单 2.5），但这可能造成精度降低或溢出，使用时需要格外注意。

（4）多种类型的数据进行混合运算时，系统首先自动将参与运算的变量或字面值常量转换成容量最大的数据类型，然后进行计算。

通过程序清单 2.5 及其运行结果（见图 2.9），可以进一步加深对 Java 基本数据类型转换的认识。

```
class TestConvert {
    public static void main(String[] args) {
```

```
        int i1 = 222;
        int i2 = 333;
        //系统将 i1 和 i2 转换为 double 型进行计算
        double d1 = (i1 + i2) * 2.9;
        //从 double 型转换成 float 型，需要进行强制类型转换
        float f1 = (float) ((i1 + i2) * 2.9);
        System.out.println(d1);
        System.out.println(f1);

        byte b1 = 88;
        byte b2 = 99;
        //系统先会将 b1 和 b2 转换为 int 型，因此将结果赋给 byte 型需要进行强制类型转换
        byte b3 = (byte) (b1 + b2);
        //进行强制类型转换，数据结果溢出
        System.out.println("88 + 99 = " + b3);

        double d2 = 5.1E88;
        //从 double 型强制转换成 float 型，数据结果溢出
        float f2 = (float) d2;
        System.out.println(f2);

        float f3 = 3.14F;
        //这条语句不能写成 f3 = f3 + 0.05;，否则会报错，因为 0.05 是 double 型
        f3 = f3 + 0.05F;
        //加上 f3，仍然是 double 型，赋给 float 型变量会报错
        System.out.println("3.14F + 0.05F = " + f3);
    }
}
```

程序清单 2.5

```
---------- JAVA ----------
1609.5
1609.5
88 + 99 = -69
Infinity
3.14F + 0.05F = 3.19

输出完成 (耗时 0 秒) - 正常终止
```

图 2.9　Java 基本数据类型转换（2）

任务 2.4　成员变量和局部变量

　　根据变量声明位置的不同，可以将变量分为成员变量和局部变量。因为理解这部分内容，又会涉及暂时没有深入探讨的类、方法、参数等概念，所以这里先简单给出一些说明以帮助读者理解。

　　（1）类的成员有变量和方法，为了区分往往将它们称为成员变量和成员方法，所有成员方法可共享（使用）所有的成员变量。

　　（2）方法在别的语言中被称为函数；在方法内部可以定义变量，称之为局部变量；方法可以接收参数，参数也可以被视为局部变量。

（3）语句块是由一对大括号"{}"括起来的若干代码，在语句块中也可以定义变量，称之为局部变量。

成员变量是在类的内部、方法的外部（和方法平行）定义的变量，其作用域为从变量定义位置起到类结束。而局部变量是在方法内部（含语句块）定义的变量（包括前面说到的参数），其作用域为从变量定义位置起到方法（含语句块）结束。在 Java 中，类的外部不能声明变量。

程序清单 2.6 演示了成员变量和局部变量的作用域，请仔细阅读代码中的注释。

```java
class VarScope {
    //成员变量，其作用域为从变量定义位置起到类结束
    static float varQ = 9.1F;

    /*此处的 method()和 main()都是方法，区别是 method()不是程序的入口。读者暂时只需将 method()理解
      为一个类似 main()的方法即可，不用深入研究
    */
    public static void method() {
        //方法中的局部变量，其作用域为从变量定义位置起到方法结束
        int varB = 10;
        //可以使用本方法中的局部变量 varB
        System.out.println("varB = " + varB);
        //可以使用成员变量 varQ
        System.out.println("varQ = " + varQ);
    }

    public static void main(String[] args) {
        //方法中的局部变量，其作用域为从变量定义位置起到方法结束
        int varL = 8;
        //可以使用本方法中的局部变量 varL
        System.out.println("varL = " + varL);
        //可以使用成员变量 varQ
        System.out.println("varQ = " + varQ);
        //不可使用其他方法中的局部变量
        //System.out.println("varB = " + varB);
    }

    //可以使用成员变量 varQ，varT 也是成员变量
    float varT = varQ + 1.0F;
}
```

程序清单 2.6

程序运行结果如图 2.10 所示。

```
---------- JAVA ----------
varL = 8
varQ = 9.1

输出完成 (耗时 0 秒) - 正常终止
```

图 2.10　成员变量和局部变量的作用域

再看程序清单 2.7，其运行结果如何呢？

```
class VarScope2 {
    //成员变量，其作用域为从变量定义位置起到类结束
    float varT = 9.1F;

    public static void main(String[] args) {
        //方法中的局部变量，其作用域为从变量定义位置起到方法结束
        float varT = 1.1F;
        //在控制台中，输出的是 9.1 还是 1.1 呢
        System.out.println("varT = " + varT);
        //不可在同一个作用域内定义两个同名变量
        //float varT = 12.3F;
    }
}
```

程序清单 2.7

程序运行结果如图 2.11 所示。通过这个案例可以看出，方法中的局部变量可以和方法外的成员变量同名，如本例中的 varT 变量。通过变量名访问数据，符合就近原则，即从当前所在的最小范围逐步扩大到更大的范围。

```
---------- JAVA ----------
varT = 1.1

输出完成 (耗时 0 秒) - 正常终止
```

图 2.11　成员变量和局部变量同名

另外还需要注意的是，变量在使用前必须有值，使用一个未初始化的变量将出现编译错误，读者可自行验证。

对于成员变量、局部变量这部分内容，读者只需尽可能去理解，实在理解不了也没有关系，后续项目还会加强这些概念。

任务 2.5　从控制台输入数据

之前，我们都是通过"="直接赋值数据的。例如，int i = 10，就是将变量 i 的值设置为 10。除此之外，我们还可以通过控制台动态地输入数据。在通过控制台输入数据前，需要先在程序的第一行加入代码"import java.util.Scanner;"，引入 Scanner 工具类，通过该工具类从控制台获取输入数据。之后，就可以通过固定的方式"Scanner input = new Scanner(System.in);"创建一个输入对象，并输入各种类型的数据，代码如程序清单 2.8 所示。

```
import java.util.Scanner;

public class InputData {
    public static void main(String[] args) {
        //创建控制台输入对象
        Scanner input = new Scanner(System.in);
        //从控制台输入 byte 型的数据
        byte byteNum =  input.nextByte();
```

```
          //从控制台输入 short 型的数据
          short shortNum = input.nextShort();
          //从控制台输入 int 型的数据
          int intNum =   input.nextInt();
          //从控制台输入 long 型的数据
          long longNum =   input.nextLong();
          //从控制台输入 float 型的数据
          float floatNum = input.nextFloat();
          //从控制台输入 double 型的数据
          double doubleNum = input.nextDouble();
          //从控制台输入 boolean 型的数据
          boolean booleanValue = input.nextBoolean();
          //从控制台输入 String 型的数据
          String stringValue =   input.nextLine();
      }
  }
```

程序清单 2.8

需要注意两点：第一，不能直接从控制台输入 char 型的数据；第二，从控制台输入 String 型的数据时，除了使用 nextLine()，还可以使用 next()，二者的区别是，nextLine()会将用户输入的空格、回车符、制表符等空白符作为字符串的内容，而 next()会将这些空白符作为输入字符串的结束标识。

任务 2.6　运算符

Java 支持的运算符如下。

（1）算术运算符：+、-、*、/、%、++、--等。

（2）关系运算符：>、<、>=、<=、==、!=等。

（3）赋值运算符：=、+=、-=、*=、/=等。

（4）逻辑运算符：!、&&、||等。

（5）位运算符：~、&、|、^、>>、<<、>>>（无符号右移）等。

下面重点介绍算术运算符、逻辑运算符、位运算符。

2.6.1　算术运算符

根据参与运算的因子的数量，可以将常用算术运算符划分为下面的两类。

（1）单目运算符：+（取正）、-（取负）、++（自增 1）、--（自减 1）。

（2）双目运算符：+、-、*、/、%（取余）。

拓展应用：Java 中除了单目运算符和双目运算符，还有一种特殊的三目运算符，其语法格式为(表达式 1)?(表达式 2):(表达式 3)，当表达式 1 的结果为真时，整个运算的结果为表达式 2，否则为表达式 3，该运算符是 Java 中唯一的三目运算符，使用频率较高，需要读者掌握。

通过程序清单 2.9 来重点学习++、--、%和三目运算符这 4 个运算符。

```
class ArithmeticOpr {
    public static void main(String[] args) {
        int i1 = 10, i2 = 20;
        int i = (i2++);          //++在 i2 后，故先运算（赋值）再自增
```

```
        System.out.print("i = " + i);
        System.out.println(" i2 = " + i2);
        i = (++i2);              //++在 i2 前，故先自增再运算（赋值）
        System.out.print("i = " + i);
        System.out.println(" i2 = " + i2);
        i = (--i1);              //--在 i1 前，故先自减再运算（赋值）
        System.out.print("i = " + i);
        System.out.println(" i1 = " + i1);
        i = (i1--);              //--在 i1 后，故先运算（赋值）再自减
        System.out.print("i = " + i);
        System.out.println(" i1 = " + i1);

        System.out.println("10 % 3 = " + 10 % 3);
        System.out.println("20 % 3 = " + 20 % 3);

        int rst = (20 % 3) > 1 ? -10 : 10;
        System.out.println("(20 % 3)>1 ? -10 : 10 = " + rst);
    }
}
```

程序清单 2.9

程序运行结果如图 2.12 所示。通过这个案例可以看出，++和--这两个运算符放到操作数前或后，决定着是先自增（或自减）再运算，还是先运算再自增（或自减）。

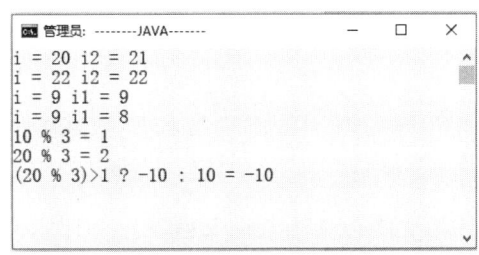

图 2.12　算术运算符程序示例运行结果

下面通过一个案例来介绍变量和运算符的用法。

假设 Java 工程师的月薪（单位：元。全书不再特别说明）按以下方式计算：

Java 工程师月薪=月底薪+月实际绩效+月餐补-月保险

其中：

（1）月底薪为固定值。

（2）月实际绩效=月绩效基数（月底薪×25%）×月工作完成分数（最小值为 0，最大值为150）/100。

（3）月餐补=15×月实际工作天数。

（4）月保险为固定值。

在计算 Java 工程师月薪时，用户输入月底薪、月工作完成分数（最小值为 0，最大值为 150）、月实际工作天数和月保险这 4 个值后，即可计算出 Java 工程师月薪。代码如程序清单 2.10 所示。

```
import java.util.Scanner;

class CalSalary {
    public static void main(String[] args) {
```

```
        //Java 工程师月薪
        double engSalary = 0.0;
        //月底薪
        int basSalary = 3000;
        //月工作完成分数（最小值为 0，最大值为 150）
        int comResult = 100;
        //月实际工作天数
        double workDay = 22;
        //月保险
        double insurance = 3000 * 0.105;
        //从控制台获取输入的对象
        Scanner input = new Scanner(System.in);
        System.out.print("请输入 Java 工程师月底薪：");
        //从控制台获取输入——月底薪，赋值给 basSalary
        basSalary = input.nextInt();
        System.out.print("请输入 Java 工程师月工作完成分数（最小值为 0，最大值为 150）：");
        //从控制台获取输入——月工作完成分数，赋值给 comResult
        comResult = input.nextInt();
        System.out.print("请输入 Java 工程师月实际工作天数：");
        //从控制台获取输入——月实际工作天数，赋值给 workDay
        workDay = input.nextDouble();
        System.out.print("请输入 Java 工程师月保险：");
        //从控制台获取输入——月保险，赋值给 insurance
        insurance = input.nextDouble();

        /*Java 工程师月薪= 月底薪 + 月底薪*25%*月工作完成分数/100
                       +15*月实际工作天数-月保险
        */
        engSalary = basSalary + basSalary * 0.25 * comResult / 100
                    + 15 * workDay - insurance;
        System.out.println("Java 工程师月薪为：" + engSalary);
    }
}
```

程序清单 2.10

程序运行结果如图 2.13 所示。

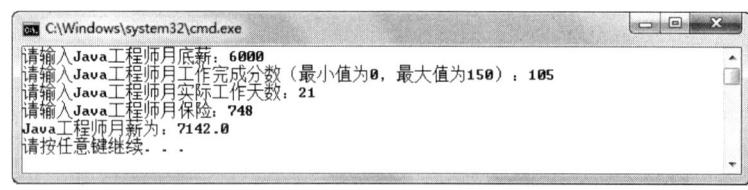

图 2.13　计算 Java 工程师月薪

2.6.2　逻辑运算符

关系运算符和赋值运算符比较简单，这里不展开介绍。需要注意的是，关系运算符"=="和赋值运算符"="看起来比较类似，但含义完全不同。"=="用于判断"=="两边是否相等；而"="是将"="右边的值赋给左边。此外，关系运算符的比较结果是布尔型的。例如：

```
boolean flag = 3 > 2 ; //比较结果：true
```

+=、-=是扩展的赋值运算符,"x+=y"相当于"x=x+y","x-=y"相当于"x=x-y"。但特殊的是,如果参与运算的数据是 short 型或 byte 型,则只能使用形如"x+=y"(或"x-=y")的方式进行运算,而不能使用"x=x+y"(或"x=x-y")。例如:

```
byte b1=1;
byte b2=1;
//以下是正确的写法
b1+=b2;
//以下是错误的写法(编译报错)
//b1=b1+b2;
```

接下来介绍逻辑运算符。在 Java 中有 3 种逻辑运算符,分别是逻辑非(用符号"!"表示)、逻辑与(用符号"&&"表示)和逻辑或(用符号"||"表示)。

逻辑非表示取反。逻辑非的关系值表如表 2.2 所示。

表 2.2　逻辑非的关系值表

A	!A
true	false
false	true

逻辑与的运算规则:只要有一个运算数为假,其值就为假;只有两个运算数都为真,其值才为真。逻辑与的关系值表如表 2.3 所示。

表 2.3　逻辑与的关系值表

A	B	A&&B
false	false	false
true	false	false
false	true	false
true	true	true

逻辑或的运算规则:只要有一个运算数为真,其值就为真;只有两个运算数都为假,其值才为假。逻辑或的关系值表如表 2.4 所示。

表 2.4　逻辑或的关系值表

A	B	A||B
false	false	false
true	false	true
false	true	true
true	true	true

逻辑运算符在后续项目中会经常用到,这里不再赘述。

2.6.3　位运算符

在计算机中,所有的信息都是以二进制形式存储的。可以用位运算符对整数的二进制位进行操作。位运算符主要包括按位非(用符号"~"表示)、按位与(用符号"&"表示)、按位或(用符号"|"表示)、按位异或(用符号"^"表示)和移位(用符号"<<"">>"">>>"表示)运算符。

企业在面试 Java 工程师的时候,常会问到"&&"与"&",以及"||"与"|"的区别。通过

下面的学习，读者可以清楚地理解逻辑运算符和位运算符的区别。

按位非表示按位取反。按位非的关系值表如表 2.5 所示。

表 2.5　按位非的关系值表

A	~A
1	0
0	1

按位与是逐位逻辑与。按位与的关系值表如表 2.6 所示。

表 2.6　按位与的关系值表

A	B	A&B
1	1	1
1	0	0
0	1	0
0	0	0

按位或是逐位逻辑或。按位或的关系值表如表 2.7 所示。

表 2.7　按位或的关系值表

A	B	A|B
1	1	1
0	1	1
1	0	1
0	0	0

按位异或是指当两个运算位不同时（重点在"异"字），结果为 1，否则为 0。按位异或的关系值表如表 2.8 所示。

表 2.8　按位异或的关系值表

A	B	A^B
1	1	0
0	1	1
1	0	1
0	0	0

阅读程序清单 2.11，分析程序运行结果。

```
class BitOpr {
    public static void main(String[] args) {
        //二进制数 10000001
        int a = 129;
        //二进制数 10000000
        int b = 128;
        //按位与的结果为 10000000
        System.out.println("a 和 b 按位与的结果是：" + (a & b));
        //按位或的结果为 10000001
        System.out.println("a 和 b 按位或的结果是：" + (a | b));
        //Integer.toBinaryString()方法用于将数据按二进制形式输出
        //按位非的结果是：11111111111111111111111101111110
        System.out.println("a 按位非的结果是：" + Integer.toBinaryString((~a)));
        //按位异或的结果为 00000001
```

```
        System.out.println("a 和 b 按位异或的结果是：" + (a ^ b));

        int c = 5;
        //用位运算方法计算出 5*8 的结果
        int rst = c << 3;
        System.out.println("5 左移三位的结果是：" + rst);
    }
}
```

程序清单 2.11

程序运行结果如图 2.14 所示。此外，有些资料称"位移运算"比乘除运算的效率高，但笔者经实际测试，发现目前主流的 JVM 底层已经做了性能优化，两种运算方式并不存在明显的性能差异。

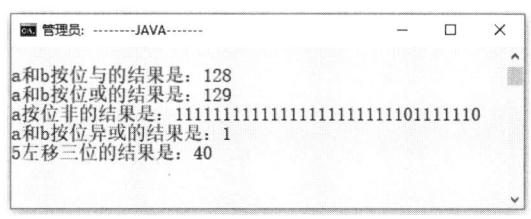

图 2.14　位运算符操作结果

任务 2.7　表达式

2.7.1　表达式概述

表达式是符合一定语法规则的运算符和操作数的组合。以下列举了一些表达式（需要注意的是，单个操作数也是表达式）：

```
x
y * 5
(a-b) * c - 4
(x>y)&&(m<=n)
```

表达式的值：对表达式中的操作数进行运算得到的结果。

表达式的类型：表达式的值的类型即为表达式的类型。

2.7.2　表达式的运算顺序

Java 表达式按照运算符的优先级从高到低的顺序进行运算，优先级相同的运算符按照事先约定的结合性进行运算。Java 运算符的优先级和结合性如表 2.9 所示。需要注意的是，程序员在编写代码时，是不会去记运算符的优先级的。当不确定运算符的优先级时，程序员通常的做法就是对先运算的部分加上小括号，以保证此运算被优先执行。

表 2.9　Java 运算符的优先级和结合性

优　先　级	运　算　符	结　合　性
1	() []　.	从左向右
2	!　+（正）　-（负）　~　++　--	从右向左

续表

优 先 级	运 算 符	结 合 性
3	* / %	从左向右
4	+（加） -（减）	从左向右
5	<< >> >>>	从左向右
6	< <= > >= instanceof	从左向右
7	== !=	从左向右
8	&（按位与）	从左向右
9	^	从左向右
10	|	从左向右
11	&&	从左向右
12	||	从左向右
13	?:	从右向左
14	= += -= *= /= % = &= |= ^= ~= <<= >>= >>>=	从右向左

程序清单 2.12 所示的案例看起来很简单，但运行结果和预期结果可能有差异且不容易找出错误所在。

```java
import java.util.Scanner;

class ShareApple {
    public static void main(String[] args) {
        int appleNum = 0;                    //苹果个数
        int stuNum = -1;                     //小朋友个数
        double stuApple = -1;                //每个小朋友得到的苹果个数

        Scanner input = new Scanner(System.in);
        System.out.print("请输入篮子里有几个苹果：");
        appleNum = input.nextInt();
        System.out.print("请输入屋子里有几个小朋友："）;
        stuNum = input.nextInt();
        stuApple = appleNum / stuNum;
        System.out.println("每个小朋友得到：" + stuApple + "个苹果");
    }
}
```

程序清单 2.12

如图 2.15 和图 2.16 所示，输入两组不同的值（苹果个数和小朋友个数），其中第二组得到的并不是预期的结果（预期为 0.5，输出为 0.0）。原因在于，"stuApple = appleNum / stuNum;"这条语句首先运算 appleNum / stuNum，再进行赋值运算。appleNum / stuNum 这个表达式中的两个操作数都是 int 型的，其运算结果也是 int 型的，所以出现了 3 除以 6 得到 int 型 0 的情况，再将 int 型的 0 赋给 double 型的 stuApple，结果显示 0.0。

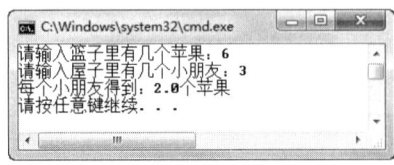

图 2.15　Java 表达式执行示例（1）

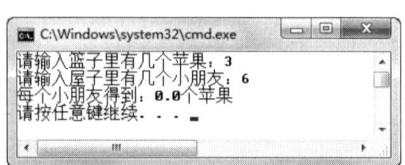

图 2.16　Java 表达式执行示例（2）

知识梳理与总结

　　本项目首先介绍了标识符和关键字，其用于对程序中的自定义要素的命名进行约束；然后介绍了变量和常量的概念；接着细致地梳理了 Java 中的数据类型、成员变量和局部变量、从控制台输入数据；最后介绍了运算符和表达式。通过对本项目的学习，读者可以实现一些基础的程序案例，如结合输入/输出完成简单的计算。另外，本项目中出现了"引用数据类型"、"构造方法"和"流程控制"等一些暂时还没有讲解过的概念，但这些不是目前学习的重点，读者只需了解其大意即可，暂时不必深入研究。读者可以通过知识树来回顾和总结所学的内容，如图 2.17 所示。

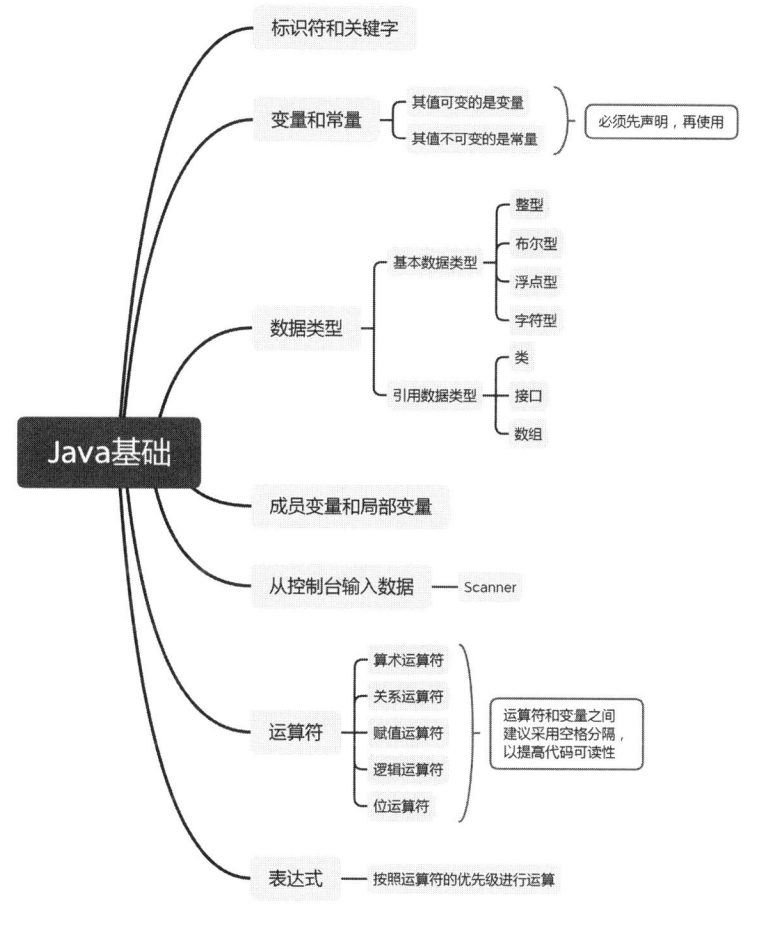

图 2.17　知识树

思考与练习

一、单选题

（1）在下列选项中，（　　）是 Java 中的关键字。

　　A．name　　　　　B．hello　　　　　C．false　　　　　D．good

（2）在下列选项中，（　　）不是 Java 中定义的基本数据类型。

　　A．int　　　　　　B．float　　　　　C．String　　　　　D．boolean

（3）在下列选项中，（ ）是合法的 Java 变量名。

    A．na(me   B．1name   C．_name   D．-name

（4）在下列选项中，（ ）不是位运算符。

    A．<<   B．>>   C．^   D．==

（5）在下列选项中，（ ）不是关系运算符。

    A．>   B．==   C．<   D．=

（6）下列赋值操作中，在编译阶段会报错的是（ ）。

    A．int num = 10 ;   B．float num = 10.1 ;

    C．String name = "张三" ;   D．byte num = 1 ;

（7）现有如下程序：

```java
public static void main(String[] args) {
    int i = 0 ;
    System.out.print(i++);
    System.out.print(i++);
    System.out.print(i++);
    System.out.print(i);
    int j = 0 ;
    System.out.print(++j);
    System.out.print(++j);
    System.out.print(++j);
    System.out.print(j);
}
```

请问：程序运行结果是（ ）。

    A．01231233   B．01230123   C．12331233   D．12301234

（8）现有如下程序：

```java
public class LanQiao {
    public static void main(String[]  args) {
        byte a = 11;
        byte b = a + 11;
        System.out.println(b) ;
    }
}
```

请问：程序运行结果是（ ）。

    A．11   B．22   C．1111   D．编译错误

（9）现有如下程序：

```java
public class LanQiao {
    public static void main(String[]  args) {
        char c='a';
        System.out.println(c+1) ;
    }
}
```

请问：程序运行结果是（ ）。

    A．a1   B．b   C．98   D．编译错误

（10）现有如下程序：

```
public class LanQiao {
    public static void main(String[]  args) {
        int i1 = 222;
        int i2 = 333;
        【】 d1 = (i1+i2)*2.9;
    }
}
```

请问：下面（　　）选项填写在【】处可保证程序正确。

  A．int   B．double   C．float   D．public

（11）现有如下程序：

```
public class LanQiao {
    public static void main(String[]  args) {
        boolean flag = false;
        System.out.println(flag ? "hello" : "world") ;
    }
}
```

请问：程序运行结果是（　　）。

  A．hello   B．world   C．true   D．程序出错

二、编程题

（1）计算圆形的面积。

  根据圆形的面积计算公式 $S=\pi r^2$，计算一个以终端输入数据为半径的圆形的面积。

  实现效果如图 2.18 所示。

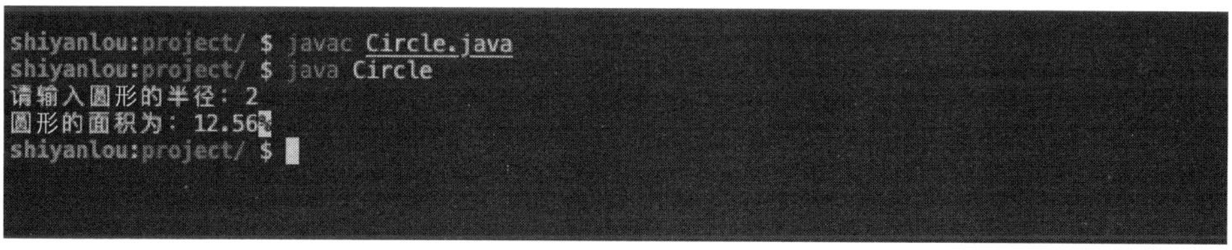

```
shiyanlou:project/ $ javac Circle.java
shiyanlou:project/ $ java Circle
请输入圆形的半径：2
圆形的面积为：12.56
shiyanlou:project/ $
```

图 2.18　实现效果（1）

（2）计算正方体的体积。

  根据正方体的体积计算公式 $V=a^3$，计算一个以终端输入数据为棱长的正方体的体积。

  实现效果如图 2.19 所示。

```
shiyanlou:project/ $ javac Cube.java
shiyanlou:project/ $ java Cube
请输入正方体的棱长：10
该正方体的体积为：1000
shiyanlou:project/ $
```

图 2.19　实现效果（2）

（3）计算圆柱体的体积。

  圆柱体的体积计算公式为 $V=\pi r^2 h=sh$，其中，s 为圆柱体的底面积，h 为圆柱体的高，请按照该公式，从控制台输入 r 和 h，计算出对应的圆柱体体积。

  实现效果如图 2.20 所示。

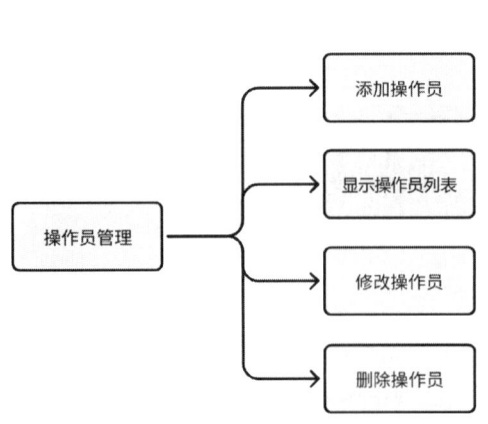

图 2.20　实现效果（3）

（4）计算三位数各位之和。

首先从键盘输入一个三位整数，然后使用运算符将一个三位整数的每一位分别取出来，最后对这三个数字进行加法运算，得到它们的和。

提示：使用 % 和 / 运算符可以将三位整数的每一位分别取出来。

❖　% 运算符可以用来做取余运算，我们可以利用该运算符来取出低位上的数字。

❖　/ 运算符可以用来做除法运算，由于整型做除法运算不会有小数点，因此我们可以利用除法运算符来取出高位上的数字。

实现效果如图 2.21 所示。

图 2.21　实现效果（4）

贯穿项目

项目 1 的贯穿项目介绍了图书管理系统，读者在了解了整体项目结构后，本贯穿项目将图书管理系统按模块进行拆分。首先，介绍的是操作员管理模块，如图 2.22 所示，该模块需要实现添加操作员、显示操作员列表、修改操作员和删除操作员这 4 部分功能。完成这些业务功能需要通过操作员实体类来进行数据传递操作，如图 2.23 所示。

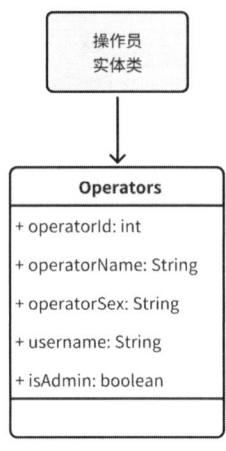

图 2.22　操作员管理模块　　　　　　　　图 2.23　操作员实体类

本贯穿项目任务

- 添加操作员管理模块的菜单列表。
- 实现添加操作员等功能的数据传递操作。

贯穿项目中主要考察

- Java 基础语法——标识符、关键字、数据类型、变量、运算符的使用。
- 表达式的基本使用。
- 实体类的书写和创建（在类中进行成员变量的声明）。

在已创建的 libraryms 项目工程中实现项目功能，功能实现效果如图 2.24 和图 2.25 所示。

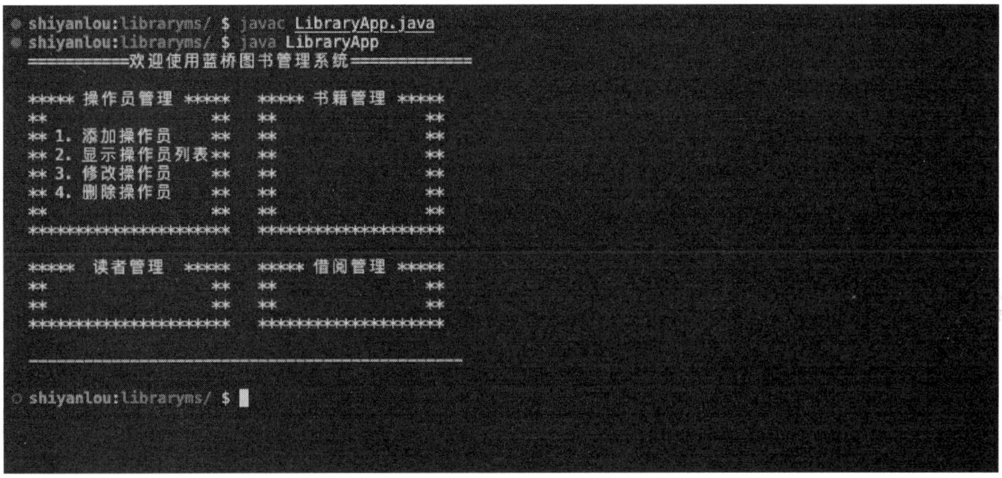

图 2.24　功能实现效果（1）

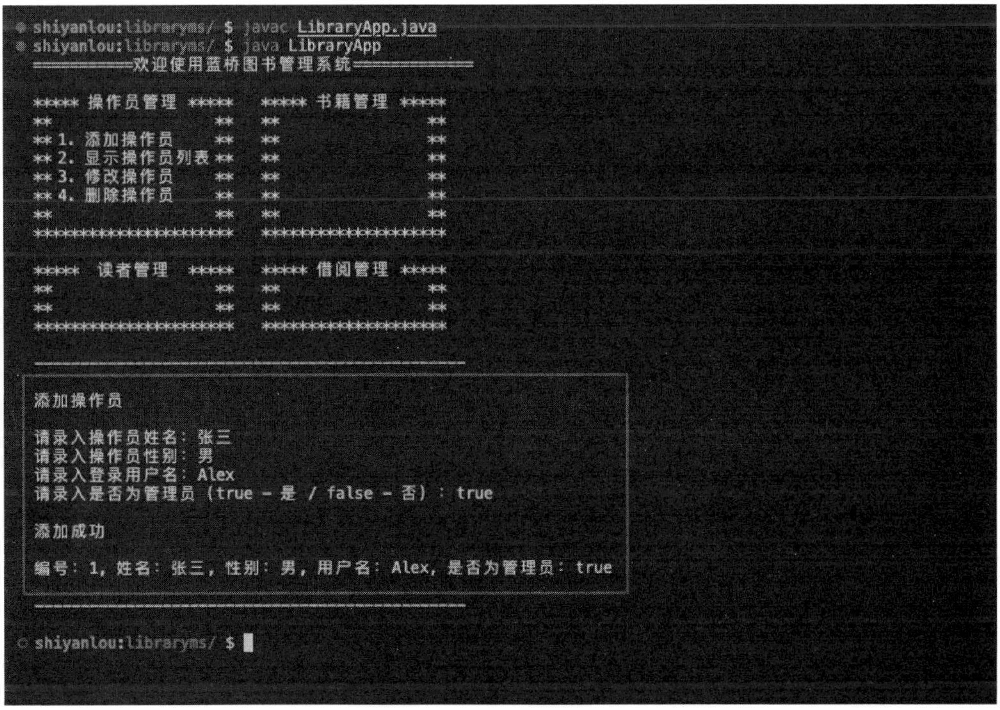

图 2.25　功能实现效果（2）

思政小课堂

　　现代软件行业的高速发展对开发者的综合素质要求越来越高，因为除编程能力以外，其他因素也会影响软件的最终交付质量。例如：五花八门的错误码会人为地增加排查问题的难度；数据库的表结构和索引设计缺陷会导致系统架构缺陷或产生性能风险；工程结构混乱导致后续项目维护变得艰难；没有鉴权漏洞的代码容易被黑客攻击等。《阿里巴巴 Java 开发手册》是阿里巴巴技术团队集体的智慧结晶和经验总结，经历了多次大规模一线实战的检验并得到不断完善，公开到业界后，众多社区开发者踊跃参与打磨并完善，最终将其系统地整理成册。《阿里巴巴 Java 开发手册》以 Java 开发者为中心视角，划分为编程规约、异常日志、单元测试、安全规约、MySQL、工程结构、设计规约 7 个维度，并根据内容特征，细分成若干个二级目录。2017 年杭州云栖大会上发布了配套的 Java 开发规约 IDE 插件，其下载量高达 275 万人次，成为众多具有精益求精的工匠精神、严谨求实态度的新时代程序员首选的开发规范准则。

　　工匠精神是一种职业精神，是职业道德、职业能力和职业品质的体现，是从业者的一种职业价值取向和行为表现。在学好程序设计技术并走上工作岗位成为 IT 行业人员（如程序员、软件系统运维人员、软件测试员、售前售后服务人员等）之后，要发扬工匠精神，精益求精地完成程序开发、系统运维、程序测试、需求分析及技术问题处理等工作内容，确保软件系统运行正确、稳定，保证用户的需求被精确采集并纳入软件开发计划，并确保软件运行时遇到的问题能被及时解决。作为职业人，专注、敬业、有责任担当地完成本职工作，这对促进软件行业整体高水平、优质化发展具有重要意义。

项目 3

流程控制

简介

通过对前两个项目的学习，读者已经能够编写简单的 Java 程序了。不过这些代码只能按照顺序逐行执行，即进入 main() 方法内部，依次执行完所有的语句，这种语句结构被称为顺序结构。

在某些情况下，只有在满足某一条件时才执行一些操作，如果不满足条件，则执行其他操作。例如，从控制台输入王云同学的 Java 考试成绩，如果成绩大于或等于 60 分，则输出"恭喜你，考试合格！"；否则输出"很难过地通知你，考试不及格，需要补考！"。遇到这样的问题，如何编写 Java 程序呢？下面从 if 语句开始学习 Java 的流程控制语句。

学习目标

- ✓ 掌握 if 语句的结构和用法（重点）
- ✓ 掌握 switch 语句的结构和用法（重点）
- ✓ 掌握 while 语句的结构和用法（重点）
- ✓ 掌握 do…while 语句的结构和用法
- ✓ 掌握 for 语句的结构和用法（重点）
- ✓ 掌握多重循环语句的用法（难点）
- ✓ 掌握跳转语句的结构和用法

知识应用

- ❖ 编程 1：使用循环结构输出乘法表
- ❖ 编程 2：使用循环结构输出系统主界面

项目认知

在项目 2 中，我们强调需求分析是整个软件项目开发过程中的关键阶段，其主要任务是收集、分析和明确软件项目的需求，如图 3.1 所示。

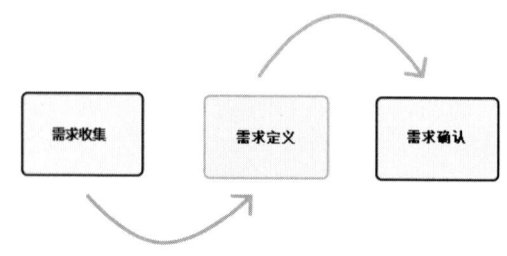

图 3.1　需求分析

需求分析第二步：需求定义。

（1）过滤收集到的信息并进行进一步分析，将分析结果整理成清晰、具体和一致的需求文档，该文档主要包括用户需求、系统需求、功能需求、非功能需求和用例描述等信息。

（2）对需求进行取舍，通过严谨的分析和筛选，判断需求之间的关联性和优先级，去除冗余和不切实际的部分。

（3）技术人员需要确保需求定义不会相互冲突，并且可以在项目中得到满足，为后续开发提供清晰、明确的指导。

那么贯穿项目的任务是什么呢？通过对本项目知识的学习后，读者需要在搭建好的项目工程基础上，在操作员管理模块中，实现添加多个操作员信息的功能，以及优化系统操作的合理性和便捷性。

任务 3.1　if 语句

简介中提到的问题，其实在不使用 if 语句的情况下利用前面所学知识也能解决，请看程序清单 3.1。

```java
import java.util.Scanner;

class TestIf1 {
    public static void main(String[] args) {
        int javaScore = -1;                  //Java 考试成绩
        Scanner input = new Scanner(System.in);
        System.out.print("请输入王云同学的 Java 考试成绩：");
        javaScore = input.nextInt();         //从控制台获取 Java 考试成绩
        //使用(表达式 1)?(表达式 2):(表达式 3)三目运算符判断输出结果
        System.out.println(javaScore >= 60 ?
            ("恭喜你，考试合格！") : ("很难过地通知你，考试不及格，需要补考！"));
    }
}
```

程序清单 3.1

程序清单 3.1 是通过三目运算符解决简介中提到的问题的，但这种方式不够灵活。如果判断的逻辑比较复杂，则实现起来会比较麻烦。通过 if 语句，可以更加清晰地编写条件判断程序。

3.1.1　基本语法

if 语句有 3 种语法形式。

if 语句的第一种语法形式为基本形式：

```
if(表达式){
    代码块
}
```

其语义是：如果表达式的值为 true，则执行其后的代码块，否则不执行该代码块。其执行过程如图 3.2 所示。

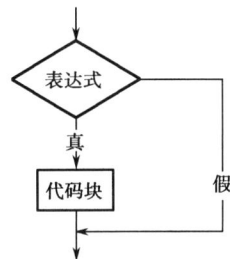

图 3.2 if 语句的执行过程（1）

需要强调的是，在 if 语句中，表达式的类型必须是布尔型。例如，可以写成 a == 3，但不能写成 a = 3（赋值语句）。还要注意的是，如果代码块中只有一条语句，那么(表达式)后面的大括号可以省略，即可以写成以下形式：

```
if(表达式)
    只有一条语句的代码块
```

if 语句的第二种语法形式如下：

```
if(表达式){
    代码块 A
}else{
    代码块 B
}
```

其语义是：如果表达式的值为 true，则执行其后的代码块 A，否则执行代码块 B。其执行过程如图 3.3 所示。可以发现，使用第二种语法形式的代码逻辑比较简单，其也可以写成等价的三目运算符形式。

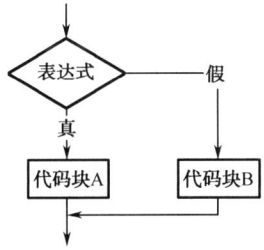

图 3.3 if 语句的执行过程（2）

将程序清单 3.1 中使用三目运算符完成的程序换成使用 if 语句完成，代码如程序清单 3.2 所示。

```
import java.util.Scanner;

class TestIf2 {
    public static void main(String[] args) {
        int javaScore= -1;                 //Java 考试成绩
        Scanner input = new Scanner(System.in);
```

```
        System.out.print("请输入王云同学的 Java 考试成绩：");
        javaScore= input.nextInt();              //从控制台获取 Java 考试成绩
        //使用 if...else...实现
        if (javaScore>= 60) {
                System.out.println("恭喜你，考试合格！");
        } else {
                System.out.println("很难过地通知你，考试不及格，需要补考！");
        }
    }
}
```

程序清单 3.2

假设程序清单 3.2 中的程序需求发生了变化，更改为：如果王云同学的 Java 考试成绩和 Web 考试成绩都大于或等于 60 分，则输出"恭喜你，获得 Java 初级工程师认证！"，否则输出"你有考试不及格，需要补考！"。代码如程序清单 3.3 所示。

```
import java.util.Scanner;

class TestIf3 {
    public static void main(String[] args) {
        int javaScore= -1;                      //Java 考试成绩
        int webScore = -1;                      //Web 考试成绩
        Scanner input = new Scanner(System.in);
        System.out.print("请输入王云同学的 Java 考试成绩：");
        javaScore= input.nextInt();             //从控制台获取 Java 考试成绩
        System.out.print("请输入王云同学的 Web 考试成绩：");
        webScore = input.nextInt();             //从控制台获取 Web 考试成绩
        //使用 if...else...实现
        if (javaScore>= 60 && webScore >= 60) {
                System.out.println("恭喜你，获得 Java 初级工程师认证！");
        } else {
                System.out.println("你有考试不及格，需要补考！");
        }
    }
}
```

程序清单 3.3

if 语句的第三种语法形式如下：

```
if(表达式 1){
    代码块 A
}else if(表达式 2){
    代码块 B
}else if(表达式 3){
    代码块 C
…
}else{
    代码块 X
}
```

这种形式的 if 结构被称为"多重选择结构"。其语义是：依次判断表达式的值，当出现某个表达式的值为 true 时，则首先执行其对应的代码块，然后跳到整个 if 语句之后继续执行程序。如果所有表达式的值均为 false，则首先执行代码块 X（即最后一个 else），然后继续执行后续程序。其执行过程如图 3.4 所示。

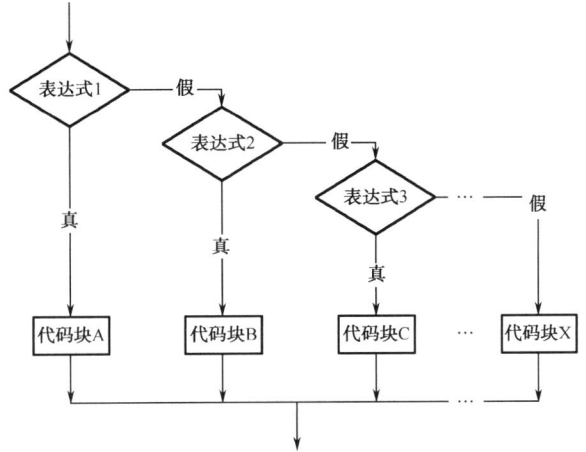

图 3.4　if 语句的执行过程（3）

使用简介中的案例，将需求更改为王云同学的 Java 考试成绩为 x，按以下要求输出结果。

- x≥85，输出"恭喜你，成绩优秀！"。
- 70≤x＜85，输出"恭喜你，成绩良好！"。
- 60≤x＜70，输出"恭喜你，成绩合格！"。
- x＜60，输出"很抱歉，成绩不合格！"。

实现该需求的代码如程序清单 3.4 所示。

```java
class TestIf4 {
    public static void main(String[] args) {
        int javaScore= -1;                    //Java 考试成绩
        Scanner input = new Scanner(System.in);
        System.out.print("请输入王云同学的 Java 考试成绩：");
        javaScore= input.nextInt();           //从控制台获取 Java 考试成绩
        //使用 if...else if...实现
        if (javaScore>= 85) {
            System.out.println("恭喜你，成绩优秀！");
        } else if (javaScore>= 70) {
            System.out.println("恭喜你，成绩良好！");
        } else if (javaScore>= 60) {
            System.out.println("恭喜你，成绩合格！");
        } else {
            System.out.println("很抱歉，成绩不合格！");
        }
    }
}
```

程序清单 3.4

注意：程序中判断表达式的前后顺序务必有一定的规则，要么从大到小，要么从小到大，否则会出现逻辑错误。如果把 javaScore>=70 表达式及其代码块和 javaScore>=60 表达式及其代码块换一下位置，编译并运行代码，当用户输入 75 时，就会输出"恭喜你，成绩合格！"，因为 75 也满足 javaScore>=60 的条件。

3.1.2 嵌套的 if 语句

有这样的需求：某小学需要从该校五年级、六年级学生中挑选一部分学生参加市数学竞赛。该校对所有五年级、六年级学生进行了一次摸底考试，根据考试成绩，大于或等于 80 分的学生可以参加数学竞赛，之后根据年级分别进入五年级组和六年级组。

首先要判断学生考试成绩是否大于或等于 80 分，在大于或等于 80 分的基础上再判断是进入五年级组还是进入六年级组。实现该需求可使用嵌套的 if 语句，其语法形式如下（具体执行过程见图 3.5）：

```
if(表达式 1){
    if(表达式 2){
        代码块 A
    }else{
        代码块 B
    }
}else{
    代码块 C
}
```

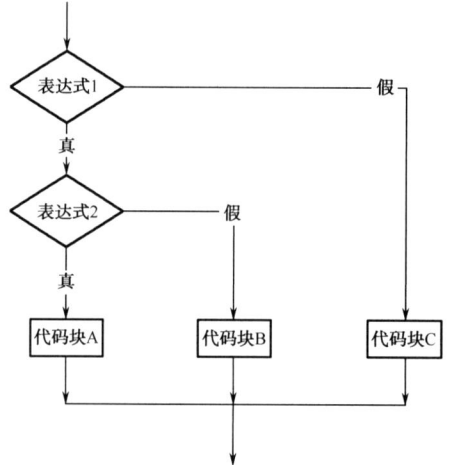

图 3.5　嵌套的 if 语句的执行过程

实现该需求的代码如程序清单 3.5 所示。

```java
import java.util.Scanner;

class TestIf5 {
    public static void main(String[] args) {
        int score = -1;                    //数学摸底考试成绩
        int grade = 5;                     //学生年级数
        Scanner input = new Scanner(System.in);
        System.out.print("请输入数学摸底考试成绩：");
        score = input.nextInt();           //从控制台获取数学摸底考试成绩
        //使用嵌套的 if 语句实现
        if (score >= 80) {
            System.out.print("请输入所属年级（只能输入"5"或"6"）：");
            grade = input.nextInt();       //从控制台获取所属年级
            if (grade == 5) {
```

```
                System.out.println("你将参加市五年级组数学竞赛！");
            } else {
                System.out.println("你将参加市六年级组数学竞赛！");
            }
        } else {
            System.out.println("抱歉，不能参加市数学竞赛！");
        }
    }
}
```

程序清单 3.5

任务 3.2　switch 语句

编写程序，完成如下需求。

学生张明参加了少年宫组织的美术学习班，在学习班课程结束时，其父亲告诉他：

- 如果学习班结业评价是 1 等，则"暑假去九寨沟旅游！"；
- 如果学习班结业评价是 2 等，则"奖励一个变形金刚！"；
- 如果学习班结业评价是 3 等，则"不奖不罚，需要继续努力！"；
- 如果学习班结业评价是 4 等，则"负责家里洗碗一周！"。

这样的需求，通过任务 3.1 中介绍的 if 语句完全可以实现。除此之外，使用 switch 语句也可以实现同样的功能。

3.2.1　基本语法

switch 语句的语法形式如下：

```
switch(表达式){
    case   常量 1:
        代码块 A;
        break;
    case   常量 2:
        代码块 B;
        break;
    …
    default:
        代码块 X;
        break;
}
```

switch 关键字表示"开关"，其针对的是后面表达式的值。尤其需要注意的是，这个表达式的值只允许是 byte、short、int 和 char 型（在 JDK 7 及后续版本中表达式的值可以是 String 型）。

case 后必须跟一个与表达式类型对应的常量，case 可以有多个且顺序可以改变，但是每个 case 后面的常量值必须不同。只有当表达式的实际值与 case 后的常量相等时，case 后的代码块才会被执行。

当表达式的实际值没有匹配到前面任何一个 case 常量时，default 后面的默认代码块会被执行，并且 default 通常放到 switch 语句的末尾。

break 表示跳出当前结构，这一点在编写代码时一定不要忘记。

3.2.2 示例

根据任务 3.2 开头描述的需求，使用 switch 语句编写代码，详见程序清单 3.6。

```java
import java.util.Scanner;

class TestSwitch1 {
    public static void main(String[] args) {
        int score = -1;                    //美术学习班结业评价

        Scanner input = new Scanner(System.in);
        System.out.print("请输入张明的美术学习班结业评价（只能输入 1、2、3、4）：");
        score = input.nextInt();           //从控制台获取张明的美术学习班结业评价

        switch (score) {
            case 1:
                System.out.println("暑假去九寨沟旅游！");
                break;
            case 2:
                System.out.println("奖励一个变形金刚！");
                break;
            case 3:
                System.out.println("不奖不罚，需要继续努力！");
                break;
            case 4:
                System.out.println("负责家里洗碗一周！");
                break;
            default:
                System.out.println("输入错误，请重新输入！");
                break;
        }
    }
}
```

程序清单 3.6

通过观察可以看出，switch 语句的判断条件只能是等值判断，不能像 if 语句那样判断一个数值区间（例如，不能使用 switch 语句模拟 "if(x>0.0)" 这种判断 x 是否在某个数值区间的情况），而且 switch 语句对表达式的类型有要求。

前面提到过，语句块后面一定要跟上 break，但如果忘了会出现什么情况呢？把程序清单 3.6 代码中的 break 语句全部去掉，编译并运行程序，程序运行结果如图 3.6 所示。

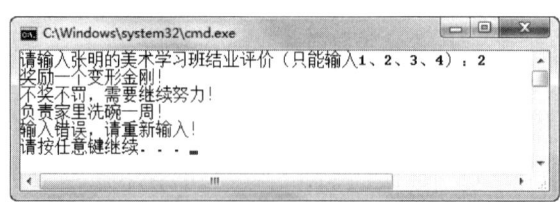

图 3.6 去除 break 的 switch 语句运行结果

从运行结果可以看出，当用户输入 "2" 后，执行 case 2 后面的代码块，而且不再判断 case 2 之后的所有 case 语句，直接执行后面所有的代码块。利用这个特点，可以完成针对几个不同的值执行一类代码块的操作。例如，将上面案例的需求进行如下调整。

- 如果学习班结业评价是 1 等或 2 等，则"暑假去九寨沟旅游！"。
- 如果学习班结业评价是 3 等或 4 等，则"不奖不罚，需要继续努力！"。

则对应的代码可以修改为程序清单 3.7 的形式（仅显示部分代码）。

```
switch(score){
    case 1:
    case 2:
        System.out.println("暑假去九寨沟旅游！");
        break;
    case 3:
    case 4:
        System.out.println("不奖不罚，需要继续努力！");
        break;
    default:
        System.out.println("输入错误，请重新输入！");
        break;
}
```

程序清单 3.7

任务 3.3　循环语句

为什么要使用循环语句呢？

如果需要在控制台中输出图 3.7 和图 3.8 所示的两组图形，那么应该如何实现呢？

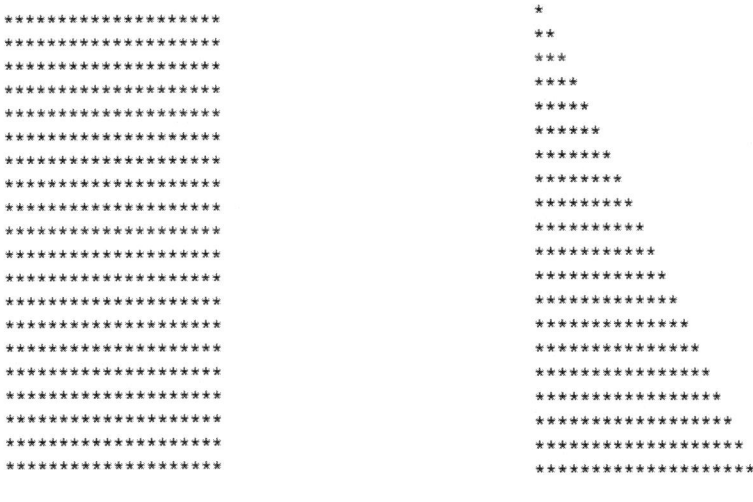

图 3.7　输出图形 1　　　　　　　图 3.8　输出图形 2

用之前学过的知识，可以输出这些图形，逐一输出每行的内容即可。但是，如果要输出 100 行、1000 行，那么应该怎么办呢？接下来，使用循环语句解决这个问题，下面将依次介绍 while、do...while 和 for 三种循环语句。

3.3.1　while 循环语句

while 循环语句的语法形式如下：

```
while(循环条件){
    循环代码块
}
```

其语义是：如果循环条件的值为 true，则执行循环代码块，直到循环条件变为 false 后跳出循环。其执行过程如图 3.9 所示。

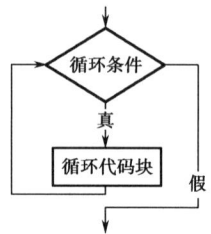

图 3.9　while 循环语句的执行过程

与 if 结构类似，如果 while 的循环代码块中只有一条语句，则可以省略(循环条件)后面的"{}"，后续介绍的 do...while 和 for 也有同样的特点。

使用 while 循环语句输出图 3.7 所示的图形，代码如程序清单 3.8 所示。

```
class TestWhile1 {
    public static void main(String[] args) {
        int i = 0;                  //声明循环参数
        //循环 20 次，每次输出 20 个*
        while (i < 20) {            //循环条件为 i<20
            System.out.println("********************");
            i++;                    //循环参数+1
        }
    }
}
```

程序清单 3.8

在使用 while 循环语句及后面介绍的 do...while 循环语句时必须注意：在循环体中必须改变循环条件中的参数（如程序清单 3.8 中的 i++）或者有其他跳出循环的语句，才能跳出循环，否则就会出现死循环。

下面再使用 while 循环语句完成一个案例，这个案例的需求如下。

程序的主界面如下。

```
1. 输入数据
2. 输出数据
3. 退出程序
请选择你的输入（只能输入 1、2、3）：
```

当用户输入 1 时，执行模块 1 的功能，执行完毕后继续输出主界面；当用户输入 2 时，执行模块 2 的功能，执行完毕后继续输出主界面；当用户输入 3 时，则退出程序。代码如程序清单 3.9 所示。

```
import java.util.Scanner;

class TestWhile2 {
    public static void main(String[] args) {
```

```
    int userSel = -1;                    //用户输入的值
    while (true) {//使用 while(true)，在单个模块功能执行结束后，重新输出主界面，继续循环
        System.out.println("1. 输入数据");
        System.out.println("2. 输出数据");
        System.out.println("3. 退出程序");
        System.out.print("请选择你的输入（只能输入1、2、3）: ");
        Scanner input = new Scanner(System.in);
        userSel = input.nextInt();          //从控制台获取用户输入的值
        switch (userSel) {
            case 1:
                System.out.println("执行 1.输入数据模块");
                System.out.println("******************");
                System.out.println("******************");
                break;
            case 2:
                System.out.println("执行 2.输出数据模块");
                System.out.println("******************");
                System.out.println("******************");
                break;
            case 3:
                System.out.println("退出程序！");
                break;
            default:
                System.out.println("输入数据不正确！");
                break;
        }
        if (userSel == 3)                //当用户输入 3 时，跳出 while 循环，退出程序
        {
            break;
        }
    }
}
```

程序清单 3.9

程序运行结果如图 3.10 所示。

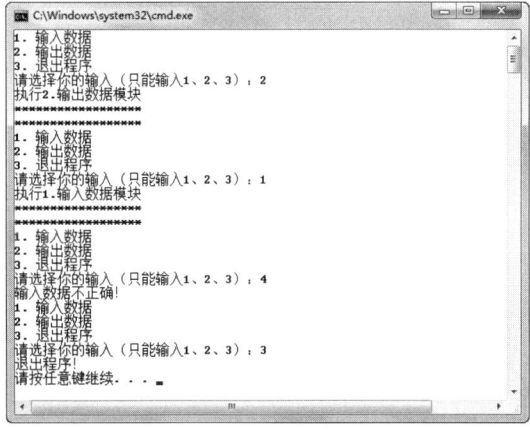

图 3.10 使用 while 循环语句输出主界面

如图 3.10 所示，当用户输入 2 时，执行 case 2 后面的代码并跳出 switch 语句，之后通过 if 语句判断用户输入的是否是 3。如果是 3，则跳出 while 循环（break 语句用于跳出最近一层循环），退出程序；如果不是 3，则继续执行 while 循环，输出主界面。

3.3.2　do…while 循环语句

do…while 循环语句的语法形式如下：

```
do{
    循环代码块
}while(循环条件);
```

do…while 循环语句和 while 循环语句类似，不同点在于，do…while 循环语句以 do 开头，先执行循环代码块，然后判断循环条件，如果循环条件满足，则继续执行 do…while 循环。由此可见，do…while 循环语句中的循环代码块至少会被执行一次。

下面来完成一个案例，这个案例的需求是只有当用户输入的程序密码正确之后才可以执行下面的代码，否则继续让用户输入，直到输入正确为止，代码如程序清单 3.10 所示。

```java
import java.util.Scanner;

class TestWhile3 {
    public static void main(String[] args) {
        //使用字符串 String 类存储密码，后续项目会详细介绍 String 类
        String userPass = "";                        //用户输入的程序密码
        String PASSWORD = "123456";                  //正确的程序密码为 123456
        Scanner input = new Scanner(System.in);
        do {
            System.out.print("请输入程序密码：");
            userPass = input.nextLine();             //从控制台获取用户输入的程序密码
            System.out.println();
        //字符串的 equals()方法用于判断两个字符串的值是否相同
        } while (!userPass.equals(PASSWORD)); //程序密码不正确，继续执行 do…while 循环语句，重新输入
        System.out.println("程序密码正确，继续执行！");
        }
    }
}
```

程序清单 3.10

程序运行结果如图 3.11 所示。

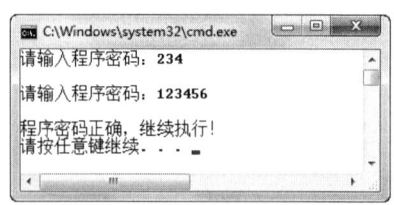

图 3.11　do…while 循环语句的运行结果

3.3.3　for 循环语句

3.3.1 节和 3.3.2 节分别介绍了 while 循环语句和 do…while 循环语句，其实程序员在编程过程中，使用最多的循环语句是 for。for 循环语句主要的特点是结构清晰、易于理解。在解决能确

定循环次数的问题时首选 for 循环语句。

for 循环语句的语法形式如下：

```
for(表达式 1;表达式 2;表达式 3){
    循环代码块
}
```

3.3.1 节通过 while 循环语句完成了图 3.7 所示图形的输出，下面使用 for 循环语句完成同样的功能，代码如程序清单 3.11 所示。

```
class TestFor1 {
    public static void main(String[] args) {
        int i;//声明循环参数
        //循环 20 次，每次输出 20 个*
        for (i = 0; i < 20; i++) {
            System.out.println("********************");
        }
    }
}
```

程序清单 3.11

for 循环语句的重点在于它的 3 个表达式，这 3 个表达式的定义如下。

（1）表达式 1 通常是赋值语句，属于循环结构的初始部分，用于为循环参数赋初值。表达式 1 可以省略。

（2）表达式 2 通常是条件语句，即循环条件，当满足该条件时进入循环，不满足则跳出循环。表达式 2 也可以省略，但省略后就没有了循环条件，也就形成了死循环。

（3）表达式 3 通常也是赋值语句，属于循环结构的迭代部分，当循环代码块执行完一次以后，程序会执行表达式 3，再次判断是否满足表达式 2 的循环条件。表达式 3 通常用来更改循环参数的值。表达式 3 也可以省略，如果省略，则需要在循环代码块中添加修改循环参数的语句。

综上所述，for 循环语句的执行顺序如图 3.12 所示。

下面来完成一个案例，这个案例的需求是求出 1～1000 所有奇数的和，代码如程序清单 3.12 所示。

```
class TestFor2 {
    public static void main(String[] args) {
        int sum = 0;                      //存储和
        //循环参数从 1 开始，步长为 2（奇数和），循环条件为 i<=1000
        for (int i = 1; i <= 1000; i = i + 2) {
            sum = sum + i;
        }
        System.out.println("1～1000 所有奇数的和为：" + sum);
    }
}
```

程序清单 3.12

假设系统中可以存储 10 个 Java 工程师信息，现在需要分别输入这 10 个 Java 工程师的底薪，并计算出底薪大于或等于 6000 元的高薪人员的比例，以及这些高薪人员的平均底薪。程序运行结果如图 3.13 所示。

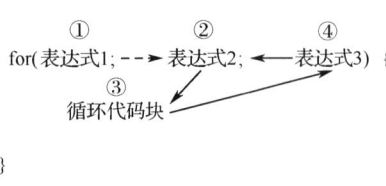

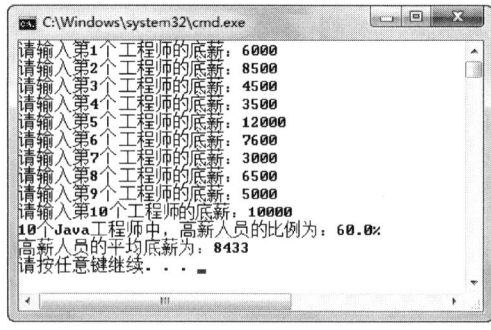

虚箭头代表不在循环过程中，是初始部分；实箭头代表在循环过程中，是循环部分。

图 3.12　for 循环语句的执行顺序　　　　图 3.13　计算高薪人员的比例及平均底薪

实现该需求的代码如程序清单 3.13 所示。

```java
import java.util.Scanner;

class TestFor3 {
    public static void main(String[] args) {
        int highNum = 0;                                    //底薪大于或等于 6000 元的 Java 工程师人数
        int sumBasSalary = 0;                               //高薪人员底薪总和
        Scanner input = new Scanner(System.in);
        for (int i = 1; i <= 10; i++) {
            System.out.print("请输入第" + i + "个工程师的底薪：");
            int basSalary = input.nextInt();
            if (basSalary >= 6000) {
                highNum = highNum + 1;                      //高薪人员计数
                sumBasSalary = sumBasSalary + basSalary;    //高薪人员底薪求和
            }
        }
        System.out.println("10 个 Java 工程师中，高薪人员的比例为：" + highNum / 10.0 * 100 + "%");
        System.out.println("高薪人员的平均底薪为：" + sumBasSalary / highNum);
    }
}
```

程序清单 3.13

细心的读者会发现，该程序在计算过程中有一个缺陷。sumBasSalary 是一个 int 型的整数，存储的是高薪人员底薪之和；highNum 也是一个 int 型的整数，存储的是高薪人员人数。两个 int 型的数相除，结果还是 int 型的数，会丢失小数点后面的精度。

3.3.4　双重 for 循环

在任务 3.1 中介绍 if 语句的时候，提到了嵌套的 if 语句。同样地，在 for 循环语句中，也可以嵌套 for 循环语句，如果只嵌套一次，就构成了双重 for 循环。

图 3.7 所示图形需要在控制台中输出 20 行，每行输出 20 个*，采用 for 语句执行 20 次循环，每次输出 20 个*，即可输出图 3.7 所示的图形。图 3.8 所示图形也需要在控制台中输出 20 行，不过每行输出的*的个数不同，第 i 行输出 i 个*，所以采用单次循环无法解决这个问题。接下来，通过双重 for 循环，输出图 3.8 所示的图形，代码如程序清单 3.14 所示。

```java
class TestFor4 {
    public static void main(String[] args) {
```

```
        int i, j;                              //声明循环参数
        for (i = 1; i <= 20; i++) {            //循环 20 次
            for (j = 1; j <= i; j++) {         //每次输出*的个数与当前行数相等
                System.out.print("*");
            }
            System.out.println();
        }
    }
}
```

程序清单 3.14

双重 for 循环的重点在于，内循环的循环条件往往和外循环的循环参数有关。例如，本案例中内循环的循环条件为 j <= i，其中 i 是外循环的循环参数。

下面再使用双重 for 循环完成一个案例，这个案例的需求很简单，输出 1～100 的质数。程序逻辑参考程序清单 3.15 中的注释，其中 continue 语句会在后面详细介绍。

```
class TestFor5 {
    //输出 1～100 的质数
    public static void main(String[] args) {
        int i, j;                              //声明循环参数
        outer:
        for (i = 2; i < 100; i++) {            //从 2 开始，逐个递增进行判断
        //Math.sqrt(i)方法用于求 i 的平方根
            for (j = 2; j <= Math.sqrt(i); j++) {  //从 2 开始，逐个递增到外循环的平方根
                if (i % j == 0)                //外循环数除以内循环数，余数为 0 则为非质数，跳出内循环
                    continue outer;            //跳出内循环，跳到 outer 标识的位置继续执行循环
            }
            System.out.println(i);             //否则显示质数
        }
    }
}
```

程序清单 3.15

3.3.5 跳转语句

在介绍 switch 语句时，首次接触了 break 语句，其作用是跳出 switch 代码块，执行 switch 语句后面的代码块。在介绍双重 for 循环时，用到了 continue 语句，其主要作用是跳出当次循环，继续执行下一次循环。其中，break、continue 及后面要学的 return 语句，都用于让程序从一部分跳转到另一部分，习惯上把它们都称为跳转语句。

在循环体内，break 语句和 continue 语句的区别在于：break 语句是跳出循环并执行循环之后的语句（即结束当前循环），而 continue 语句是跳出当次循环（即跳过本趟循环），继续执行下一次循环。在企业面试时，这个问题经常被问到，务必掌握。

知识梳理与总结

本项目讲解了两种非常重要的流程控制结构——选择结构和循环结构。选择结构可以使程序根据判断条件，形成一些不同的分支。在 Java 等编程语言中，支持基本选择结构、多重选择结构

和嵌套选择结构等多种语法形式的选择结构。而循环结构可以通过"循环条件"和"循环代码块"两部分，使程序反复地执行一些重复操作，从而极大地提高程序开发的效率。这两种结构是学习任何一种编程语言都要掌握的重点内容，也是后续学习的基础，希望读者一定认识到本项目内容的重要性，并通过反复练习来加深理解。同时，读者可以通过知识树来回顾和总结所学的内容，如图 3.14 所示。

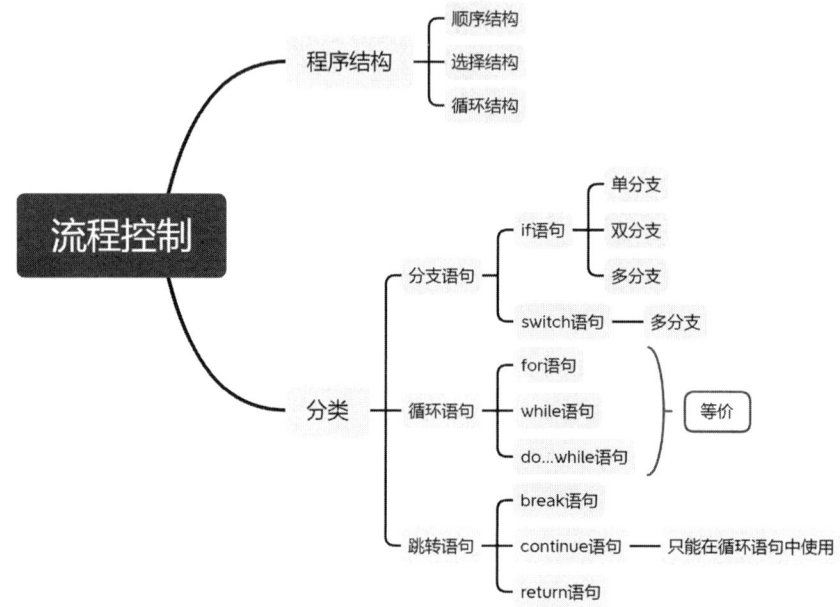

图 3.14　知识树

思考与练习

一、单选题

（1）在以下表达式中，（　　）不可作为循环条件。

    A．x = 10　　　　　　　　　　　　　　　B．y >=80

    C．inputPass == truePass　　　　　　　　D．x == 10

（2）以下说法错误的是（　　）。

    A．do...while 循环语句中的循环代码块至少会被执行一次

    B．for(表达式 1;表达式 2;表达式 3)中的所有表达式都可以省略

    C．switch 和多重选择结构是等价的，二者在任何时候都可以相互转换

    D．在某些情况下，三目运算符和 if...else...结构可以相互转换

（3）以下（　　）不是程序跳转语句。

    A．break　　　　　　B．continue　　　　C．return　　　　　D．case

（4）以下（　　）语句不会造成死循环。

    A．while(true){}

    B．int i=10 ;　while(i>0){ System.out.print("hello");　}

C. for(;;){}

    D. do{}while(false);

二、编程题

（1）使用循环结构实现：输入任意一个整数，输出乘数在 0 到这个整数范围内的乘法表。例如，输入值为 8 的程序运行结果如图 3.15 所示。

（2）某个系统有以下 11 个模块。

① 输入 Java 工程师资料。

② 删除指定 Java 工程师资料。

③ 查询 Java 工程师资料。

④ 修改 Java 工程师资料。

⑤ 计算 Java 工程师的月薪。

⑥ 保存新添加的 Java 工程师资料。

⑦ 对 Java 工程师信息进行排序。

⑧ 输出所有 Java 工程师信息。

⑨ 清空所有 Java 工程师数据。

⑩ 打印 Java 工程师数据报表。

⑪ 从文件重新导入 Java 工程师数据。

请编写代码实现：当用户输入某个正整数时，执行该数字对应的模块（本题只要求将"⑤计算 Java 工程师的月薪"这个模块进行具体实现，其他模块可以直接输出"本模块功能未实现"），并且在每个模块执行完毕后，输出主界面。当用户输入 0 时，退出程序。程序运行结果如图 3.16 所示。

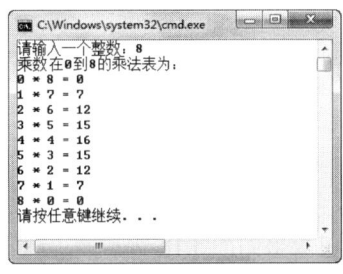

图 3.15　使用循环结构输出乘法表　　　　图 3.16　使用循环结构输出系统主界面

贯穿项目

在图书管理系统项目中，添加操作员是首先要执行的操作，有了操作员才能登录系统进行业务操作。

那么添加操作员具体的工作流程是怎样的呢？从图 3.17 所示的流程图可见，基本流程是先确定添加操作员的行为，然后根据提示录入操作员必要信息，如姓名、性别、用户名等，接着反馈操作信息（成功或失败），最后询问是否继续添加操作员，输入 1 表示继续添加，再次执行"根据提示录入操作员必要信息"流程，输入 0 则结束添加操作员行为。

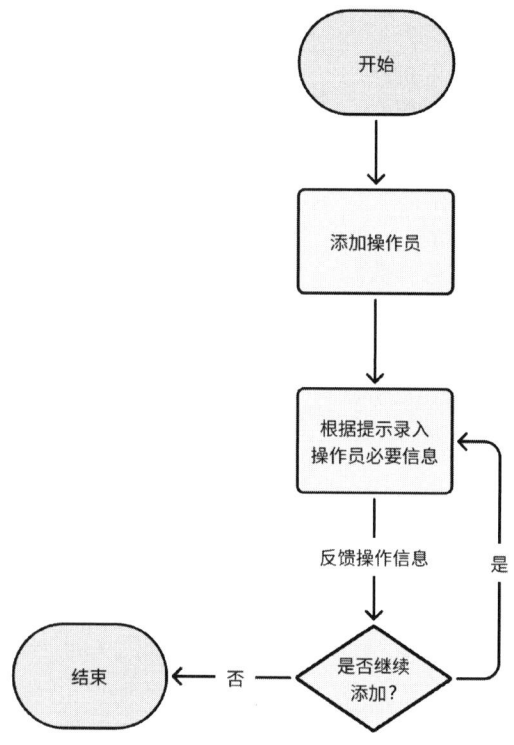

图 3.17　添加操作员流程图

本贯穿项目任务

- 完成操作员数据传递优化处理。
- 实现添加操作员功能。

贯穿项目中主要考察

- 流程控制语句的基本使用。
- 分支、循环、跳转语句的嵌套和配合使用。
- 考虑用户使用系统的合理性和便捷性。

在已创建的 libraryms 项目工程中实现项目功能，功能实现效果如图 3.18 所示。

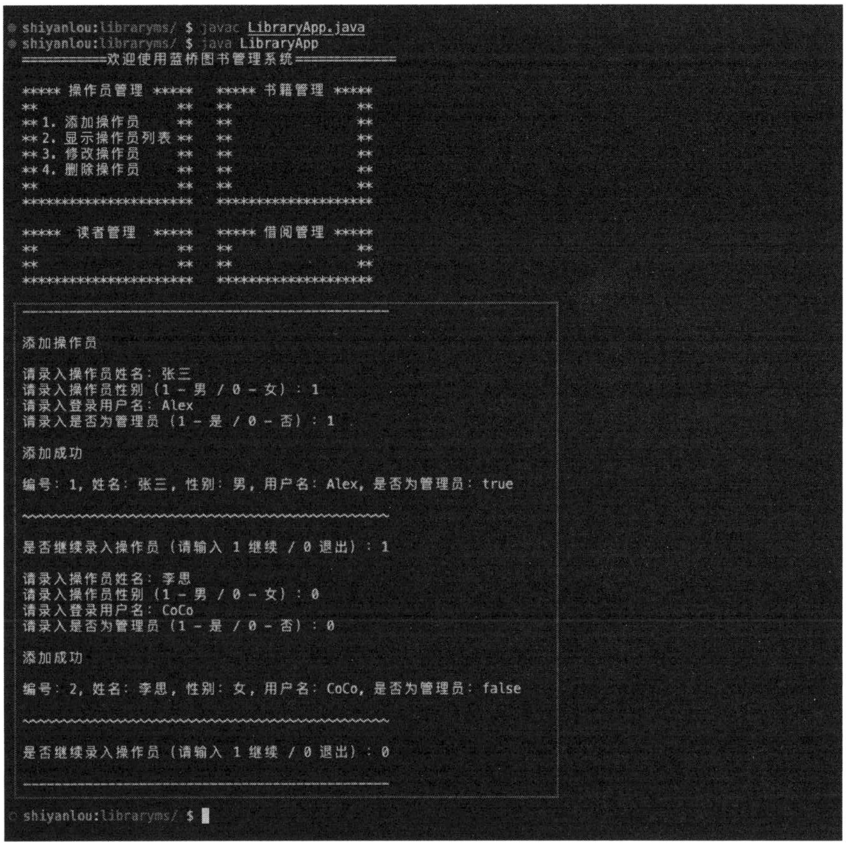

图 3.18　功能实现效果

思政小课堂

2019 年，华为发布了自主研发的**麒麟 990 5G 芯片**，这是全球首款集成 5G 基带的旗舰级 SoC（System-on-a-chip，系统级芯片），标志着中国在高端芯片设计领域迈出了重要一步。这款芯片不仅性能卓越，还具备强大的能效表现，为智能手机和物联网设备的发展提供了强有力的支持。

麒麟 990 5G 芯片成功的背后，离不开华为海思半导体团队多年来的努力与坚持。这支由上千名工程师组成的团队向我们展示了团队合作的重要性。每一名成员都发挥了自己的专业技能，同时又紧密协作，共同致力于一个目标，在芯片架构设计、信号处理、功耗优化等方面进行了大量创新。正是由于这种团队精神和对梦想的坚持，他们克服了技术难题，同时积极应对复杂的国际环境带来的挑战，最终实现了从跟随到领先的跨越，让华为在逆境中不断成长壮大，成为全球领先的 ICT（Information and Communications Technology，信息与通信技术）解决方案提供商之一。

这个案例告诉我们，无论是个人发展还是国家进步，都需要依靠集体的力量。作为新时代大学生，不仅要掌握扎实的专业知识，更要学会如何在团队中发挥作用，培养自己的责任感和使命感，为中国 IT 行业的发展贡献自己的力量。

一名优秀的程序员应具备的基本能力

具备遵守制度的能力：一名优秀的程序员是愿意遵守制度的，虽然个人英雄主义是程序员的天性，但开发一个正式的项目是一个团队的工作，是需要团队之间协同合作的，是需要领导规划的，而有集体就会有纪律。优秀的程序员会遵守规章制度，高效、严谨、一丝不苟地完成既定任务。

项目 4

方法与数组

简介

本项目以前，几乎所有的功能实现代码都写在 main()方法中，但随着代码量的快速增加，这个 main()方法将越来越庞大，阅读起来会非常困难，不利于开发和维护。怎么解决这个问题呢？接下来会通过在类中定义方法的形式来解决这个问题。

除了方法，本项目还要介绍的一个知识点是数组。如果一个系统中存储的是一个 Java 工程师的相关信息，如编号、姓名、底薪等，这类信息可以使用 engNo、engName、basSalary 等变量来存储具体的值。但如果这个系统需要存储 100 个 Java 工程师的相关信息，那么难道需要定义 100 个 engNo 变量、100 个 engName 变量和 100 个 basSalary 变量吗？显然，这种做法是不现实的。本项目将系统地介绍数组，通过使用数组来解决这个问题。

学习目标

- ✓ 掌握方法的定义和使用（重点）
- ✓ 熟悉方法的递归调用
- ✓ 掌握一维数组（重点）
- ✓ 掌握排序算法（重点+难点）
- ✓ 掌握二维数组（重点）

知识应用

- ❖ 编程 1：通过方法调用完善蓝桥 Java 工程师管理系统功能
- ❖ 编程 2：打印 5×5 个元素的螺旋矩阵

项目认知

需求分析阶段的成功非常关键，因为它确保了软件项目开发过程的起点是基于准确和清晰的需求的。如果需求不正确或不完整，则后续开发阶段将面临问题，可能会产生额外的成本和时间消耗。因此，进行深入细致的需求分析对项目的成功至关重要，如图 4.1 所示。

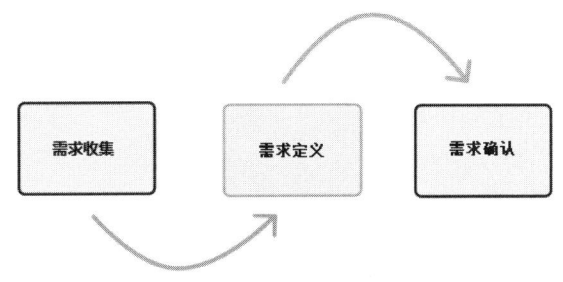

图 4.1　需求分析

需求分析第三步：需求确认。

（1）与用户和利益相关者确认需求文档的准确性和完整性。这有助于避免后续开发阶段出现不必要的变更和修复。

（2）建立一个需求变更跟踪和版本控制的机制，以便在整个项目周期中管理需求的变更和演进。

（3）创建详细的需求文档，以便开发人员充分理解需求并将其准确转化为软件系统。

那么贯穿项目的任务是什么呢？通过对本项目知识的学习后，读者需要在搭建好的项目工程基础上，将添加操作员的数据信息放入数组中保存，并优化代码，通过方法进行调用，实现显示操作员列表的功能。

任务 4.1　方法

方法（Method，专有名词）是 Java 中一个命名的代码块，本书之前使用的 main()就是一个方法。在其他编程语言中，这个代码块也被称为函数。

方法通常是为完成一定的功能，将程序中特定的代码块组合在一起构成的，其主要的优势体现在两方面：一是可以重复使用；二是使程序结构更加清晰。

4.1.1　方法概述

在项目 3 中，通过双重 for 循环完成了图 4.2 所示图形的输出。现在假设对需求做了调整，需要输出 3 个类似的图形（规则一样），其中第 1 个图形包含 5 行*，第 2 个图形包含 8 行*，第 3 个图形包含 12 行*，如图 4.3 所示，这个需求可由程序清单 4.1 所示的代码实现。

```java
class TestMethod1 {
    public static void main(String[] args) {
        //输出第 1 个图形，5 行*
        for (int i = 1; i <= 5; i++) {
            for (int j = 1; j <= i; j++) {
                System.out.print("*");
            }
            System.out.println();
        }
        //输出第 2 个图形，8 行*
        for (int i = 1; i <= 8; i++) {
            for (int j = 1; j <= i; j++) {
                System.out.print("*");
            }
```

```
            System.out.println();
        }
        //输出第 3 个图形，12 行*
        for (int i = 1; i <= 12; i++) {
            for (int j = 1; j <= i; j++) {
                System.out.print("*");
            }
            System.out.println();
        }
    }
}
```

程序清单 4.1

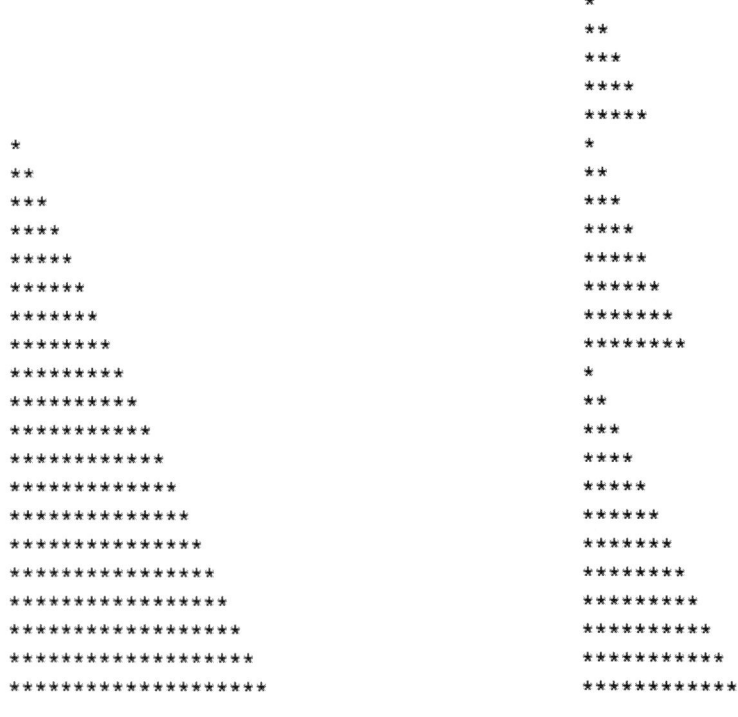

图 4.2 输出图形（1）　　　　　　图 4.3 输出图形（2）

虽然使用程序清单 4.1 所示的代码可以实现图 4.3 所示图形的输出，但其包含了大量重复的代码。同时，如果这个输出图形的规则发生了变化，则需要复制代码进行更改。

接下来用 Java 中的方法来解决这个问题。Java 方法声明的语法形式如下：

```
[修饰符]   返回值类型   方法名([形参列表]){
    方法体
}
```

其中，大括号前面的内容被称为方法头，大括号中的内容被称为方法体。下面具体介绍 Java 方法声明中的各个元素。

（1）修饰符：用来规定方法的可见范围等特征。例如，main()方法中的 public static 就是修饰符，public 表示 main()方法的可见范围，而 static 表示 main()方法是一个静态方法，这些内容将在后续进行详细介绍。

（2）返回值类型：表示该方法返回什么类型的值。在特殊情况下，如果方法无须返回值，则需要用 void 表示。不过一旦一个方法需要返回值，就必须在方法体中使用 return 语句返回此类型的值。示例如下：

```
public void drawCircular(){...}      //该方法的返回值为空
public int returnInt(){              //该方法的返回值为 int 型
    int x = 10;
    ...
    return x;
}
```

这里需要强调的是，return 也是一种跳转语句，与前面讲过的 break 语句和 continue 语句类似，不同点在于，return 语句用于退出方法，方法执行到 return 语句后会返回主调方法。

此外，一个方法只能有一个返回值，因此也只能有一个返回值类型。如果在逻辑上确实需要返回多个值，则可以将需要返回的"多个值"先转换为一个数组或一个对象，然后返回转换后的这"一个值"。数组和对象会在后续进行介绍，届时读者可以再深入思考。

（3）方法名：必须符合标识符的命名规则，并且能够望文知义，前面在介绍标识符时已详细介绍过。

（4）形参列表：参数用来接收外界传来的信息，可以有一个或多个，也可以没有参数，但无论是否有参数，都必须有小括号。方法中的这些参数被称为形式参数（简称形参），形参必须说明数据类型。示例如下：

```
public int returnAdd(int x,int y){
    return x + y;
}
```

这个方法中有两个形参，都是 int 型的，返回值也是 int 型的。

与形参对应的是实参（实际参数）。实参是指在调用方法时，给方法的参数传入的实际值。实参的用法会在后续进行介绍。

需要注意的是，如果声明了多个方法，那么多个方法之间不能相互嵌套。错误示例如下：

```
public void methodA(){
        …
    public void methodB(){
      …
    }
}
```

此外，之前学习过的选择、循环等逻辑代码，都必须写在方法内部。示例如下：

```
//正确：逻辑代码写在方法内部
public void methodC(){
    if(…){
        …
    }
    for(…){
        …
    }
}
//错误：逻辑代码写在方法外部
public void methodD(){
```

```
        …
    }
    if(…){
        …
    }
```

接下来，把前面输出图形的功能用一个方法来实现，这个方法没有返回值，方法名为
drawStar，有一个参数 x 代表要输出的行数，代码如程序清单 4.2 所示。

```
public static void drawStar(int x){
    for(int i = 1;i <= x;i++){
        for(int j = 1;j <= i;j++){
            System.out.print("*");
        }
        System.out.println();
    }
}
```

程序清单 4.2

上面的代码只是声明了方法，接下来介绍如何使用方法，即方法的调用。这里只介绍类内部
方法的调用，关于调用其他类的方法，会在后续项目中介绍。在类内部调用方法很简单，只需给
出方法名及方法的实参列表（实参列表的数据类型必须与形参列表的一致，或可以自动转换成形
参列表的数据类型）即可。如果方法有返回值，则可将返回值赋给相应类型的变量。例如：

```
int x = returnAdd(3 + 5);
drawStar(8);
```

综合以上学习的内容，采用方法调用的方式实现图 4.3 所示图形的输出，代码如程序清单 4.3
所示。

```
class TestMethod2 {
    public static void main(String[] args) {
        drawStar(5);        //调用 drawStar 方法(), 实参为 5, 表示行数
        drawStar(8);        //调用 drawStar 方法(), 实参为 8, 表示行数
        drawStar(12);       //调用 drawStar 方法(), 实参为 12, 表示行数
    }

    //输出一个图形, 共 x 行, 每行输出*的个数与行数相等
    public static void drawStar(int x) {
        for (int i = 1; i <= x; i++) {
            for (int j = 1; j <= i; j++) {
                System.out.print("*");
            }
            System.out.println();
        }
    }
}
```

程序清单 4.3

通过比较实现相同功能的两组不同代码可以看出，使用方法调用的形式，代码结构更清晰，
方法声明可以被复用。

程序清单 4.3 中的 drawStar()方法是用户自定义的方法。除此之外，JDK 也提供了很多方法。例如，System.out.println()表示调用 JDK 提供的方法向控制台输出，nextInt()方法（Scanner 类）表示从控制台获取用户输入的整数等。想要了解更多的 JDK 方法，可查阅 JDK API 文档。

4.1.2　方法案例

项目 3 在介绍 while 循环语句时，完成了图 4.4 所示功能的程序，其中所有的实现代码都写在 main()方法中。接下来使用方法调用的方式组织程序结构，完成相同的功能。

图 4.4　使用方法调用组织程序结构的示例功能

程序包含如下方法。

（1）public static int showMenu(){…}：该方法用于显示程序主界面，返回用户输入的值。

（2）public static void inputData(){…}：该方法用于执行模块 1，完成输入数据的功能。

（3）public static void outputData(){…}：该方法用于执行模块 2，完成输出数据的功能。

（4）public static void main(String[] args)：程序入口方法，使用 while 循环语句输出主界面，调用 showMenu()方法获得用户输入的值，根据用户输入的值使用 switch 语句分别调用 inputData()和 outputData()方法。代码如程序清单 4.4 所示。

```java
import java.util.Scanner;

class TestMethod3 {
    public static void main(String[] args) {
        while (true) {
            //调用 showMenu()方法获得用户输入的值
            int userSel = showMenu();
            switch (userSel) {
                case 1:
                    //调用 inputData()方法
                    inputData();
                    break;
                case 2:
                    //调用 outputData()方法
                    outputData();
```

```
                break;
            case 3:
                System.out.println("退出程序！");
                break;
            default:
                System.out.println("输入数据不正确！");
                break;
            }
            //当用户输入 3 时，跳出 while 循环，退出程序
            if (userSel == 3) {
                break;
            }
        }
    }

    //该方法用于显示程序主界面，返回用户输入的值
    public static int showMenu() {
        System.out.println("1. 输入数据");
        System.out.println("2. 输出数据");
        System.out.println("3. 退出程序");
        System.out.print("请选择你的输入（只能输入 1、2、3）：");
        Scanner input = new Scanner(System.in);           //从控制台获取用户输入的值
        return input.nextInt();
    }

    //该方法用于执行模块 1，完成输入数据的功能
    public static void inputData() {
        System.out.println("执行 1.输入数据模块");
        System.out.println("******************");
        System.out.println("******************");
    }

    //该方法用于执行模块 2，完成输出数据的功能
    public static void outputData() {
        System.out.println("执行 2.输出数据模块");
        System.out.println("******************");
        System.out.println("******************");
    }
}
```

程序清单 4.4

4.1.3　递归调用

递归调用是指一个方法在它的方法体内调用其自身。Java 允许方法的递归调用，在递归调用中，主调方法同时是被调方法。执行递归方法将反复调用其自身，每调用一次就再进入一次本方法。

递归调用最容易出现的问题是，如果递归调用没有退出的条件，则递归方法将无休止地调用其自身，这显然是不正确的。为了防止递归调用无休止地进行，必须在方法内设置终止递归调用的条件。通常的做法就是增加条件判断，当满足某条件后就不再进行递归调用，并逐层返回。

接下来使用递归调用计算整数 n 的阶乘，代码如程序清单 4.5 所示。

```java
public class TestMethod4 {
    public static void main(String[] args) {
        System.out.println(factorial(5));
    }

    //求 n 的阶乘的方法
    static long factorial(int n) {
        if (n == 1) {                     //判断条件，一旦满足就不再进行递归调用，并逐层返回
            return 1;
        }
        long sum = factorial(n - 1);      //递归调用
        return sum * n;                   //逐层返回求阶乘
    }
}
```

程序清单 4.5

使用递归调用虽然可以使程序编写更简单，但其不易理解，并且存在效率低下的问题，读者在实际编程过程中一定要慎重选择。

任务 4.2 一维数组

在简介中提到，假设一个系统需要存储 100 个 Java 工程师的相关信息，难道需要定义 100 个 engNo 变量、100 个 engName 变量和 100 个 basSalary 变量吗？显然，编程语言不会这样做。Java 提供了一种被称为数组的数据类型，数组不是基本数据类型，而是引用数据类型。

将相同类型的多个数据元素按一定顺序组织起来，这些按序排列的同类型数据元素的集合被称为数组。数组中的数据元素在内存中是连续存储的。数组中的数据元素既可以是基本数据类型，也可以是引用数据类型。

4.2.1 一维数组概述

在使用数组时，需要执行声明数组、创建数组、赋值并使用数组这 3 个步骤。

1. 声明数组

声明数组的语法形式如下（推荐使用前一种）：

```
数据类型[] 数组名;
```

或

```
数据类型  数组名[];
```

声明数组就是告诉内存该数组中的数据元素是什么类型的。例如：

```java
int engNo[];
double[] engSalary;
String[] engName;     //String 是引用数据类型，engName 数组中存储的是引用数据类型元素
```

必须注意的是，在 Java 中声明数组时不可以指定数组长度。例如，"int engNo[100]"是非法的。

2．创建数组

所谓创建数组，是指为数组分配内存空间，不分配内存空间是不能存储数组元素的。创建数组就是在内存中划分出几个连续的空间，用于依次存储数组中的数据元素。

其语法形式如下：

数组名 = new 数据类型[数组长度];

也可以把声明数组和创建数组合并，其语法形式如下：

数据类型[]　数组名 = new 数据类型[数组长度];

其中，数组长度就是数组中存储的数据元素个数，必须是非负整数。例如：

```
int[] engNo = new int[5];
String[] engName = new String[5];
```

3．赋值并使用数组

创建数组之后，就可以为数组赋值并使用数组了。在使用数组时，主要通过下标来访问数组元素。给数组赋值的语法形式如下：

数组名[数组下标] = 数组元素值;

尤其需要注意的是，数组下标是从 0 开始编号的，数组名[0]代表数组中的第 1 个元素，数组名[1]代表数组中的第 2 个元素……数组下标的最大值为数组长度减 1，如果下标值大于或等于数组长度，则会出现数组下标越界问题。例如：

```
engNo[0] = 1001;
engNo[1] = 1002;
engName[4] = "张三";
engName[5] = "李四";   //错误，engName 数组的最大长度是 5，因此最后一个数组元素是 engName[4]
```

项目 3 中有这样一个案例：假设系统中可以存储 10 个 Java 工程师信息，现在需要分别输入这 10 个 Java 工程师的底薪，并计算出底薪大于或等于 6000 元的高薪人员的比例，以及这些高薪人员的平均底薪。

之前的做法是：使用 for 循环语句，在用户输入底薪时立刻进行判断，统计出高薪人员的人数和高薪人员的底薪总和，并通过计算得出结果。但如果需要保留这 10 个 Java 工程师的底薪信息，并需要根据用户选择输出对应工程师的底薪，如图 4.5 所示，就无法使用 for 循环语句完成该功能了。接下来采用数组完成这个案例的功能，代码如程序清单 4.6 所示。

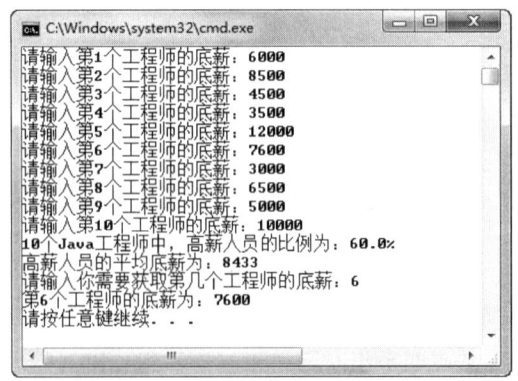

图 4.5　用数组存储 Java 工程师的底薪

```java
import java.util.Scanner;

class TestArray1 {
    public static void main(String[] args) {
        //底薪大于或等于 6000 元的 Java 工程师人数
        int highNum = 0;
        //高薪人员的底薪总和
        int sumBasSalary = 0;
        //创建一个长度为 10 的整型数组
        int[] basSalary = new int[10];

        Scanner input = new Scanner(System.in);
        for (int i = 1; i <= 10; i++) {
            System.out.print("请输入第" + i + "个工程师的底薪：");
            //依次让用户输入需要获取第 i 个工程师的底薪，注意下标是 i-1
            basSalary[i - 1] = input.nextInt();
            if (basSalary[i - 1] >= 6000) {
                //高薪人员计数
                highNum = highNum + 1;
                //高薪人员底薪求和
                sumBasSalary = sumBasSalary + basSalary[i - 1];
            }
        }
        System.out.println("10 个 Java 工程师中，高薪人员的比例为：" + highNum / 10.0 * 100 + "%");
        System.out.println("高薪人员的平均底薪为：" + sumBasSalary / highNum);

        System.out.print("请输入你需要获取第几个工程师的底薪：");
        int index = input.nextInt();
        System.out.println("第" + index + "个工程师的底薪为：" + basSalary[index - 1]);
    }
}
```

程序清单 4.6

在前面的案例中，采用 for 循环语句为数组赋值。接下来介绍一维数组的静态初始化，即在声明、创建的同时直接为数组赋值。例如：

```java
int[] engNo = new int[]{1001,1002,1003,1004,1005};
String[] engName = new String[]{"柳海龙","孙传杰","孙悦"};
```

甚至可以直接写成：

```java
int[] engNo = {1001,1002,1003,1004,1005};
String[] engName = {"柳海龙","孙传杰","孙悦"};
```

静态初始化适用于一开始就知道数组内容的情况。

4. 数组内存结构

任务 2.3 在介绍 Java 基本数据类型的时候提到过，Java 数据类型分为两大类，分别是基本数据类型和引用数据类型。内存存储形式的不同是基本数据类型和引用数据类型的本质区别。

（1）引用数据类型的名称实际代表的是存储数据的地址，而不是数据本身，基本数据类型反之。例如，对于"String name="颜群""，name 存储的是字符串"颜群"的地址；对于"int age=30;"， age 存储的是数值 30 本身。"int[] engNo"中的 engNo 是引用数据类型变量，所以其存储的是数组的地址。

（2）Java 的内存分为栈内存和堆内存。基本数据类型的变量和数据都存储在栈内存中；引用数据类型的变量（地址）存储在栈内存中，数据存储在堆内存中。前面说的"地址"完整地说是"堆内存地址"。

数组不是基本数据类型的（尽管其内部存储的元素可能是基本数据类型的），而是引用数据类型的。因此，在语句"int[] engNo = new int[]{1001,1002,1003,1004,1005};"中，数组是在堆内存中开辟的空间，该空间的地址存储在栈内存中并命名为 engNo，如图 4.6 所示。

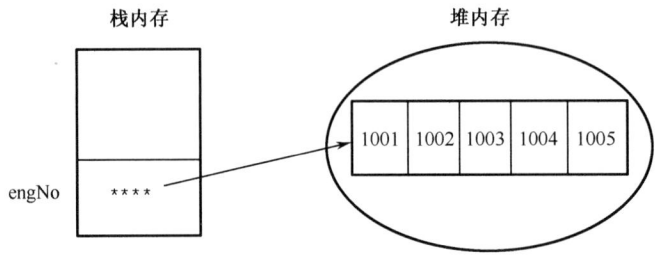

图 4.6　数组内存结构

5．int 型数组内存演变过程

（1）声明，"int[] engNo;"——在栈内存中分配 1 个空间并命名为 engNo，用于存储整型数组的地址（在声明的时候这个地址还不存在，默认是 null）。

（2）创建，"int[] engNo = new int[5];"——在堆内存中分配 5 个连续空间，并把空间地址赋给 engNo，使 engNo 指向这 5 个连续的内存空间，这 5 个空间中存储着默认初始值为 0（整数的默认值）的元素，如图 4.7 所示。

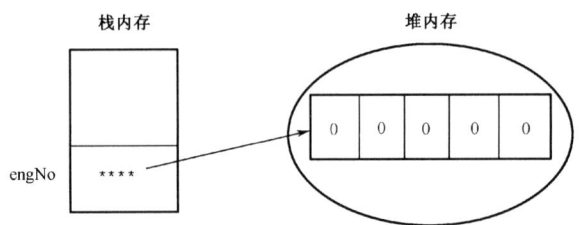

图 4.7　int 型数组的初始化

（3）赋值，"engNo[0] = 1001;"——将整数 1001 放到 engNo 数组的第 1 个元素空间中，如图 4.8 所示。

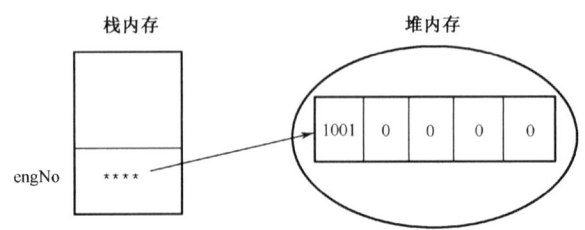

图 4.8　为 int 型数组赋值（1）

（4）赋值，"engNo[1] = 1002;"——将整数 1002 放到 engNo 数组的第 2 个元素空间中，如图 4.9 所示。

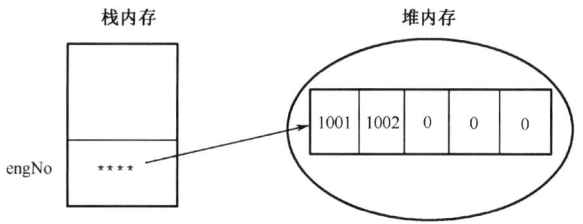

图 4.9 为 int 型数组赋值（2）

6．String 型数组内存演变过程

前面讲过，引用数据类型的名称实际代表的是存储数据的地址。因此，如果数组中的元素是 String 型的，那么数组元素存储的就是 String 型的引用，即数据的地址。

在使用"String[] names = new String[4];"创建字符串数组时，会在堆内存中分配 4 个连续空间，并把空间地址赋给 names，使 names 指向这 4 个连续的内存空间。这 4 个空间中存储着默认初始值为 null（String 型数据的默认值）的元素，如图 4.10 所示。

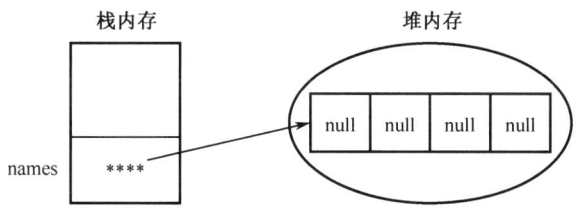

图 4.10 String 型数组的初始化

"names[0] = "王云";"——因为数组的元素是引用数据类型，因此会将"王云"的地址放到 names 数组的第 1 个元素空间中。

之后，依次将"刘静涛""南天华""雷静"的地址存储到 names 数组的对应元素空间中，如图 4.11 所示。

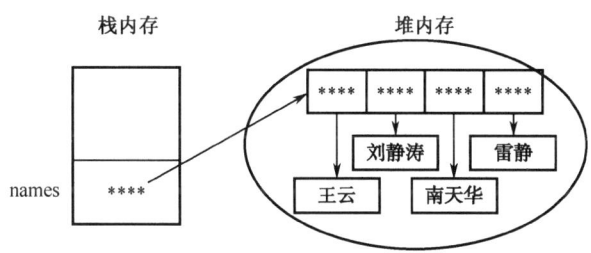

图 4.11 为 String 型数组赋值

4.2.2 数组作为参数传递

首先说明，在 Java 中只存在值传递，并不存在引用传递。有些资料上写的"引用传递"，实际上传递的是引用对象的地址。接下来请看程序清单 4.7。

```
class TestArray2 {
    public static void main(String[] args) {
        int engNo1 = 1001;
        int engNo2 = 1002;
        System.out.println("传递值交换数值：");
        //调用前
```

```
        System.out.println("调用前工程师 1、工程师 2 的编号为：" + engNo1 + "\t" + engNo2);
        //传递值，传递的实质是数值的副本，所以没有交换原值
        exchange1(engNo1, engNo2);
        //调用后
        System.out.println("调用后工程师 1、工程师 2 的编号为：" + engNo1 + "\t" + engNo2);

        int[] engNo = new int[2];
        engNo[0] = 1001;
        engNo[1] = 1002;
        System.out.println("传递引用交换数值：");
        //调用前
        System.out.println("调用前工程师 1、工程师 2 的编号为：" + engNo[0] + "\t" + engNo[1]);
        //传递引用数据类型，传递的实质是指向数组的地址，所以交换了数组里的值
        exchange2(engNo);
        //调用后
        System.out.println("调用后工程师 1、工程师 2 的编号为：" + engNo[0] + "\t" + engNo[1]);
    }

    //传递基本数据类型，交换 int 型 a 和 b 的值
    public static void exchange1(int a, int b) {
        int temp = a;
        a = b;
        b = temp;
    }

    //传递引用数据类型，交换数组 x 中第 1 个元素和第 2 个元素的值
    public static void exchange2(int[] x) {
        int temp = x[0];
        x[0] = x[1];
        x[1] = temp;
    }
}
```

程序清单 4.7

在传递基本数据类型时，其传递的实质是数值的副本，所以在调用使用值传递交换数据的方法时（即调用 exchange1()方法时），只是在方法内将值的副本的数据内容进行了交换，其原值并没有发生变化。

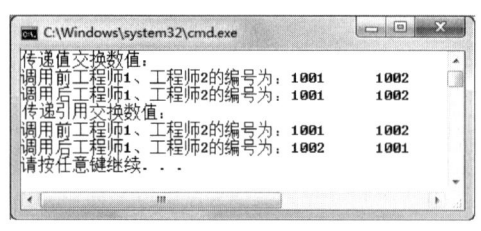

图 4.12　传递基本数据类型和引用数据类型

而在传递引用数据类型时，其传递的实质是引用的地址，本例中传递的是数组的地址，在调用使用"引用地址"传递交换数据的方法时（即调用 exchange2()方法时），是对这个地址指向的数据进行了交换，即对原数组的值进行了交换。

程序运行结果如图 4.12 所示。

在图 4.5 所示的案例中，系统可以存储 10 个 Java 工程师信息，并允许用户输入这 10 个 Java 工程师的底薪，当时的需求如下。

（1）计算出底薪大于或等于 6000 元的高薪人员的比例，以及这些高薪人员的平均底薪。

（2）输出用户需要获取的某个工程师的底薪。

现在调整需求，在用户输入这 10 个 Java 工程师的底薪后，对他们进行加薪，加薪标准如下。

（1）底薪大于或等于 6000 元的高薪人员加薪 5%。

（2）非高薪人员加薪 10%。

最后输出用户需要获取的某个工程师加薪后的底薪，代码如程序清单 4.8 所示。

```java
import java.util.Scanner;

class TestArray3 {

    static Scanner input = new Scanner(System.in);

    public static void main(String[] args) {
        //创建一个长度为 10 的整型数组，用来存储 Java 工程师的底薪
        int[] basSalary = new int[10];
        //调用 inputEngSalary()方法输入 Java 工程师的底薪并执行加薪操作
        inputEngSalary(basSalary);          //传递引用
        System.out.print("请输入你需要获取第几个工程师加薪后的底薪：");
        int index = input.nextInt();
        System.out.println("第" + index + "个工程师加薪后的底薪为：" + basSalary[index - 1]);
    }

    public static void inputEngSalary(int[] salary) {
        for (int i = 1; i <= 10; i++) {
            System.out.print("请输入第" + i + "个工程师的底薪：");
            salary[i - 1] = input.nextInt();
            if (salary[i - 1] >= 6000) {
                //高薪人员加薪 5%
                salary[i - 1] = salary[i - 1] + (int) (salary[i - 1] * 0.05);
            } else {
                //非高薪人员加薪 10%
                salary[i - 1] = salary[i - 1] + (int) (salary[i - 1] * 0.1);
            }
        }
    }
}
```

程序清单 4.8

程序运行结果如图 4.13 所示。

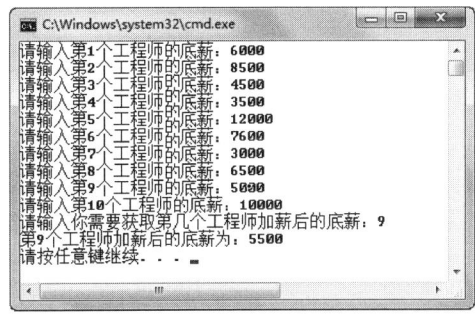

图 4.13　传递引用数据类型的数据

对于程序清单 4.8 中的代码，有读者可能会问："能否将接收数据的变量 input 以局部变量的

形式分别放到 inputEngSalary()和 main()两个方法中？"答案是可以，但不建议这样做，因为全局变量可以被类中的所有方法共享。程序中只需要定义一个全局变量 input，就可以被 inputEngSalary()和 main()方法共享；但如果 input 是局部变量，就需要分别在 inputEngSalary()和 main()方法中各定义一次。

4.2.3　增强 for 循环

截至目前，我们已经学习了 while、do…while 和 for 这 3 种循环结构。除此之外，Java 等很多编程语言还支持一种增强 for 循环结构（在有的语言中，被称为 foreach）。增强 for 循环可以在不知道初始值和终止值的情况下，对数组、集合等容器类型的元素进行遍历，其语法形式如下：

```
for(数据类型 变量名 : 数组或集合){
    循环代码块
}
```

例如，可以使用增强 for 循环遍历一个整型数组，代码如程序清单 4.9 所示。

```
public class TestForeach {
    public static void main(String[] args) {
        int[] nums = {1, 3, 5, 7, 9};
        for (int num : nums) {
            System.out.println(num);
        }
    }
}
```

程序清单 4.9

程序运行结果如图 4.14 所示。

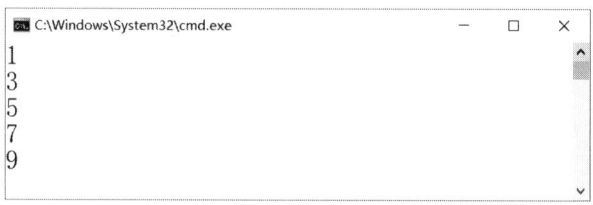

图 4.14　使用增强 for 循环遍历数组

任务 4.3　排序算法

从实际编程的角度看，使用 Java 工具类中的排序方法就可以实现排序的功能。但为了加深对数组操作的理解，编写一些简单的排序算法是很有益处的。

所谓排序，是指将一串记录（通常存储在数组中）按照某种算法递增或递减排列。排序的算法有很多种，各种算法对空间的要求及时间效率也各不相同。关于空间要求和时间效率的问题，有兴趣的读者可以查阅相关参考资料进行深入研究。

4.3.1　冒泡排序

冒泡排序的核心就是依次比较相邻的两个数，当按照升序排列时，将小数放到前面，大数放到后面。排序算法一般需要进行多趟比较。以下是冒泡排序的升序排列比较过程。

第1趟：首先比较第1个数和第2个数，将小数放到前面，大数放到后面；然后比较第2个数和第3个数，将小数放到前面，大数放到后面；如此继续，直到比较最后两个数，将小数放到前面，大数放到后面。至此第1趟结束，将最大的数放到了最后。

第2趟：仍从第1个数和第2个数开始比较，将小数放到前面，大数放到后面，一直比较到倒数第2个数（倒数第一的位置上已经是最大的数），第2趟结束，在倒数第二的位置上得到整个数列中第二大的数。

总结来说，第1～$n-1$趟中（n为数组长度，下同），第i趟的作用是把第i大的数放到数组的$n-i$下标处。按此规律操作，直至最终完成排序。由于在排序过程中总是将大数往后放，类似于气泡往上升，因此将其称作冒泡排序。

通过上面的分析可以看出，假设需要排序的序列个数是n，则需要经过$n-1$趟才能完成排序。在第1趟中，比较的次数是$n-1$次，之后每趟减少1次。

用Java的双重for循环可以实现冒泡排序，代码如程序清单4.10所示。

```java
static void bubbleSort(int[] a) {
    int temp;
    //需要比较 n-1 趟
    for (int i = 0; i < a.length - 1; i++) {
        //根据 a.length-i-1，每趟需要比较的次数逐趟减少 1 次
        for (int j = 0; j < a.length - i - 1; j++) {
            //相邻数进行比较，若符合条件，则进行替换
            if (a[j] > a[j + 1]) {
                temp = a[j];
                a[j] = a[j + 1];
                a[j + 1] = temp;
            }
        }
    }
}
```

程序清单 4.10

4.3.2　插入排序

本节介绍最基础的插入排序算法——直接插入排序。它将待排序的数据分为两部分：第1部分中的数据是已经排好序的（初始时，第1个数据被划入第1部分）；第2部分中的数据是无序的。之后，每次从第2部分取出头部（即第1个）元素，把它插入第1部分的合适位置，使插入后的第1部分仍然有序。直接插入排序的具体流程如下。

第1趟：以下标为1的元素（记为a_1，后面类似）为头部向前寻找插入的位置，如果$a_1 \geq a_0$，则维持现状；否则a_1向前插（a_0后移，将a_1放入位置0处）。

第2趟：以a_2为头部向前寻找插入的位置，如果$a_2 \geq a_1$，则维持现状；否则a_1向后挪一位。继续与a_0比较，此时如果$a_2 \geq a_0$，则在位置1处放入a_2，如果$a_0 > a_2$，则将a_0向后挪一位，在位置0处放入a_2。

总的来说，第i趟时，a_i为待定位的数据，通过与前序数据比较并将更大的数据向后移（如有必要）的方式找到合适的位置插入a_i，使得数组的前$i+1$个元素有序。一共要进行$n-1$趟。

用Java实现直接插入排序的代码如程序清单4.11所示。

```
static void insertSort(int[] a) {
    for(int i = 1;i < a.length;i++) {
        //从第 2 部分取出第 1 个元素赋值给 temp
        int temp = a[i];
        int t = i-1;
        //不断往前寻找，直到 a[t]<=temp 或者 t<0 时终止
        while(t >= 0 && a[t] > temp) {
            a[t + 1] = a[t];
            t--;
        }
        a[t+1] = temp;
    }
}
```

程序清单 4.11

4.3.3 快速排序

快速排序是对冒泡排序的一种改进，通过每一趟排序，将要排序的数组（或集合）分割成两个独立的部分，其中一部分的所有数据比另一部分的所有数据都要小。然后通过递归重复这种操作，对分割后的两部分数据分别进行快速排序，最终实现整个数据都是有序排列的。本节介绍两种快速排序算法，即单向扫描法和双向扫描法。

假定要排序的数组是"int[] arr = new int[]{4,5,6,7,3,2,1};"。

1. 单向扫描法

（1）选定数组中的一个元素，将其称为"主元"。之后，扫描一趟数组，将大于或等于主元的元素放到主元的右边，把小于主元的元素放到主元的左边，这个过程被称为用主元分割数组，具体做法是：

① 选定数组中的第 1 个元素（即 arr 数组中的元素 4）作为主元。

② 定义两个标记变量 sp 和 bigger，它们都是数组下标。其中，sp 表示在从左往右扫描一趟数组的过程中当前正在扫描的位置，它会向右移动；bigger 是边界，其右边的数据大于或等于主元。初始时，sp 指向数组的第 2 个元素，bigger 指向数组的最后一个元素，如图 4.15 所示。

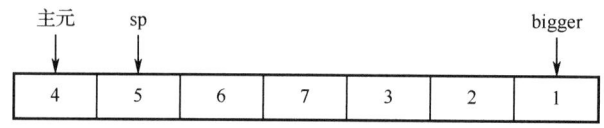

图 4.15　单向扫描法初始值

③ 假设数组名是 arr，第 1 趟的比较流程是：在 sp<=bigger 的情况下循环，比较"arr[sp]<=主元"是否成立，如果成立，则 sp 右移一位；否则，就交换 arr[sp]和 arr[bigger]，并将 bigger 的位置左移一位（注意 sp 原地不动）。第 1 次比较过程如图 4.16 至图 4.18 所示。

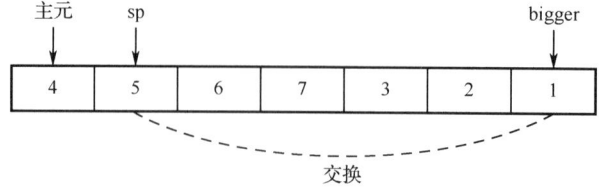

图 4.16　数据交换前（1）

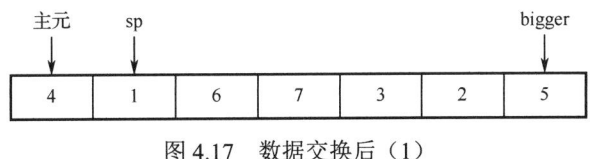

图 4.17 数据交换后（1）

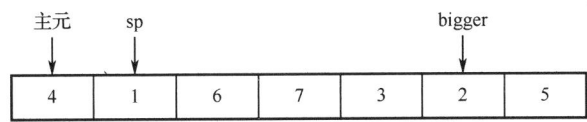

图 4.18 bigger 左移一位（1）

④ 继续循环，重复③中描述的过程：

a．接图 4.18，因为当前的"arr[sp]<=主元"（1<4）成立，所以 sp 右移一位，即 sp++；

b．此时"arr[sp]<=主元"（6>4）不成立，所以交换 arr[sp]和 arr[bigger]，并将 bigger 左移一位。第 2 次比较过程如图 4.19 至图 4.21 所示。

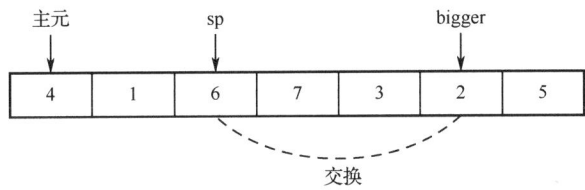

图 4.19 数据交换前（2）

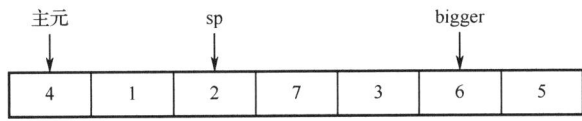

图 4.20 数据交换后（2）

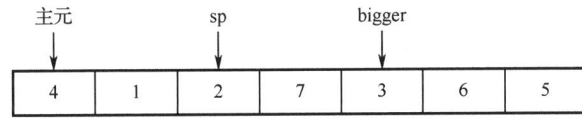

图 4.21 bigger 左移一位（2）

c．因为"arr[sp]<=主元"（2<4）成立，所以 sp 右移一位，如图 4.22 所示。

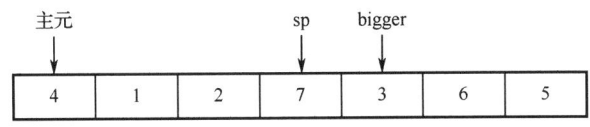

图 4.22 sp 右移一位

d．因为"arr[sp]<=主元"（7>4）不成立，所以交换 arr[sp]和 arr[bigger]，并将 bigger 左移一位。第 3 次比较过程如图 4.23 至图 4.25 所示。

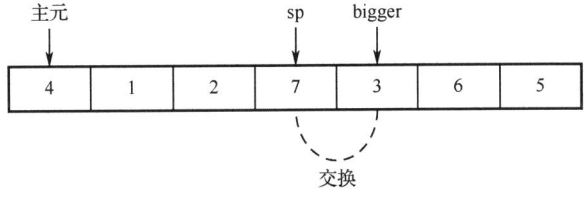

图 4.23 数据交换前（3）

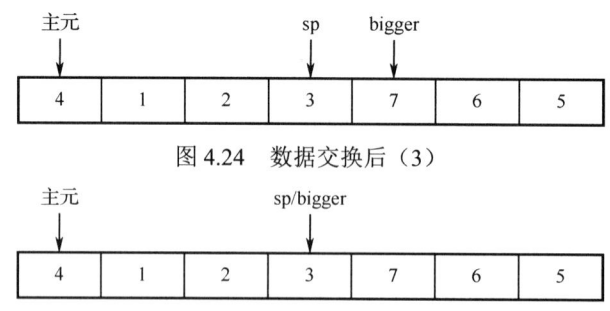

图 4.24　数据交换后（3）

图 4.25　bigger 左移一位（3）

此时，"sp==bigger"，仍要继续判断，因为"arr[sp]<=主元"（3<4）成立，所以 sp 还会右移一次变为大于 bigger，而 bigger 保持不动。

至此，循环结束，bigger 右边的数据全部大于或等于主元。注意：bigger 本身指向的数据是小于主元的，下面通过交换 arr[bigger] 和主元就可以完成以主元分割数组的任务。

⑤ 交换 arr[bigger] 和主元，如图 4.26 所示。

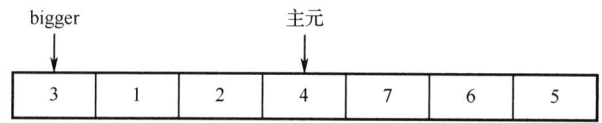

图 4.26　交换 arr[bigger] 和主元

（2）此时，主元左边的元素都小于主元，主元右边的元素都大于或等于主元，即主元已经处在排好序的位置了。

（3）将此时的数组以主元为界，分割为两部分，分别对两部分进行递归处理，即从第（1）步开始——选取新的主元（见图 4.27 中的新主元 1 和新主元 2）。

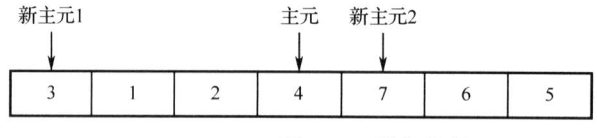

图 4.27　递归处理

用同样的方法，将新的主元也放置到排好序的位置。

（4）递归的结束条件是：子数组中只有 1 个元素或者 0 个元素。

用单向扫描法实现快速排序的代码如程序清单 4.12 所示。

```java
//单指针扫描的每一趟
static int pv(int[] arr, int l, int r) {
    //主元
    int p = arr[l];
    //扫描指针
    int sp = l + 1;
    int bigger = r;
    while (sp <= bigger) {
        if (arr[sp] <= p)
            sp++;
        else {
            swap(arr,sp,bigger) ;
```

```
                    bigger--;
                }
            }
            swap(arr,l,bigger) ;
            System.out.println(Arrays.toString(arr));
            return bigger;
}

//递归调用单指针扫描方法
static void quickSort(int[] arr, int l, int r) {
    if (l < r) {
        int q = pv(arr, l, r);
        quickSort(arr, l, q - 1);
        quickSort(arr, q + 1, r);
    }
}

//交换 arr[index1]和 arr[index2]
static void swap(int[] arr, int index1, int index2) {
    int tmp = arr[index1];
    arr[index1] = arr[index2];
    arr[index2] = tmp;
}
```

程序清单 4.12

2. 双向扫描法

双向扫描法仍然是首先选取第 1 个元素作为主元，然后在主元以外的元素里向左右两侧同时扫描，如图 4.28 中的 left、right 所示。

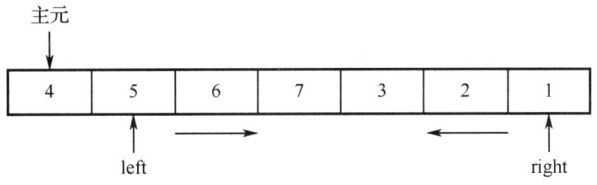

图 4.28　双向扫描法

left 在向右扫描（移动）的过程中，如果"arr[left]<=主元"成立，则 left 右移，否则停止移动；right 在向左扫描的过程中，如果"arr[right]>主元"成立，则 right 左移，否则停止移动。当 left 和 right 都停止移动时，如果这时 left<=right（表示 left 在 right 左侧，或者 left 与 right 在同一位置，下同），则交换 arr[left]和 arr[right]，如图 4.29 和图 4.30 所示。

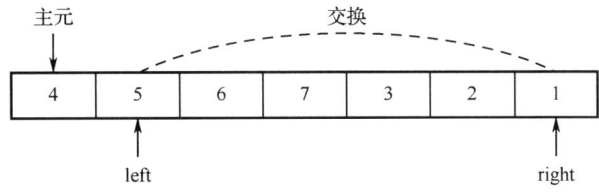

图 4.29　扫描停止并准备交换数据

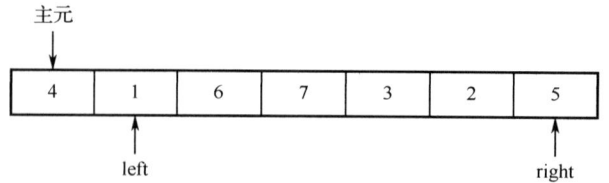

图 4.30　交换后的数据

之后继续向中间扫描，直到 left> right 为止，过程如下：

① 在图 4.30 中，"arr[left]<=主元"成立，所以 left 右移；"arr[right]>主元"成立，所以 right 左移，如图 4.31 所示。

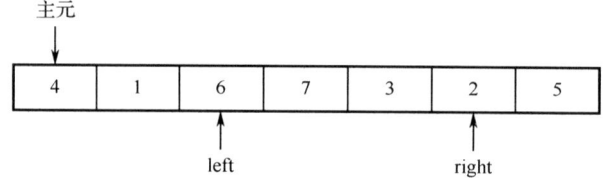

图 4.31　left 右移，right 左移（1）

此时，left<=right，且 left 和 right 满足停止条件，因此需要交换 arr[left]和 arr[right]，如图 4.32 和图 4.33 所示。

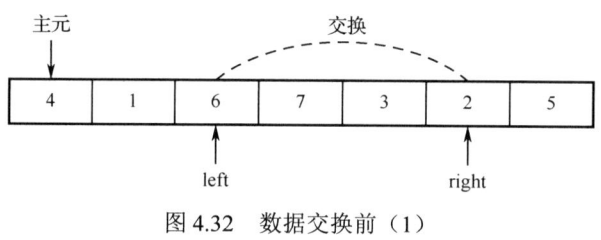

图 4.32　数据交换前（1）

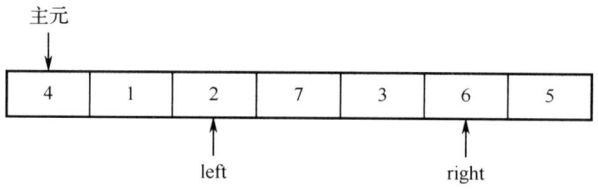

图 4.33　数据交换后（1）

② 在图 4.33 中，"arr[left]<=主元"成立，所以 left 右移；"arr[right]>主元"成立，所以 right 左移，如图 4.34 所示。

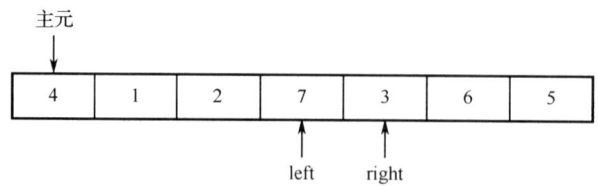

图 4.34　left 右移，right 左移（2）

此时，left<=right，且 left 和 right 满足停止条件，因此需要交换 arr[left]和 arr[right]，如图 4.35 和图 4.36 所示。

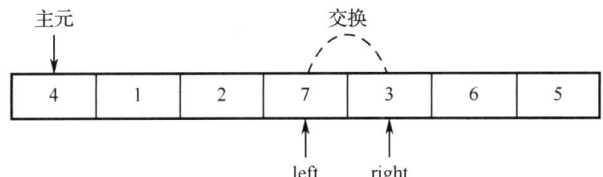

图 4.35 数据交换前（2）

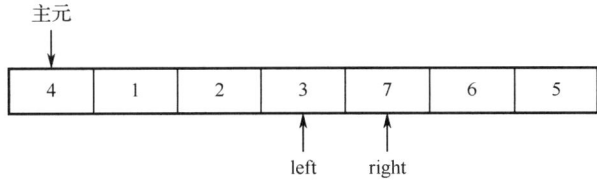

图 4.36 数据交换后（2）

③ 在图 4.36 中，"arr[left]<=主元"成立，所以 left 右移；"arr[right]>主元"成立，所以 right 左移，如图 4.37 所示。

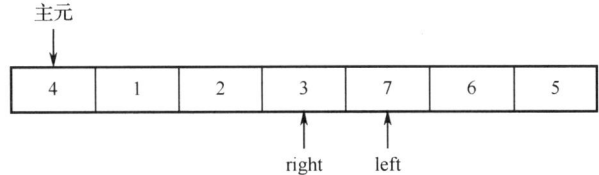

图 4.37 left 右移，right 左移（3）

此时，已达到循环退出条件，即 left> right，因此循环终止。

④ 交换主元与 arry[right]，如图 4.38 和图 4.39 所示。

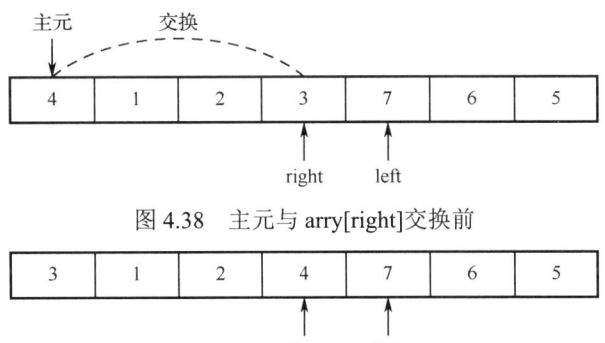

图 4.38 主元与 arry[right]交换前

图 4.39 主元与 arry[right]交换后

至此，主元也处在了合适的位置上，一趟排序结束。

使用递归，将主元左边和右边的子数组视为两个需要排序的数组，重复以上步骤即可实现对整个数组的排序。用双向扫描法实现快速排序的代码如程序清单 4.13 所示。

```
static int pv2(int[] arr, int l, int r) {
    int p = arr[l];
    int left = l + 1;
    int right = r;
    while (left <= right) {
        // left 向右移，直到遇见大于主元的元素
```

```
            while (left <= right && arr[left] <= p)
                left++;
            // right 向左移，直到遇见小于或等于主元的元素
            while (left <= right && arr[right] > p)
                right--;
            if (left < right) {
                swap(arr, left, right);
            }
        }
        // while 退出时，left 和 right 两者交换，且 right 指向最后一个小于或等于主元的元素
        //  也就是主元应该在的位置
        swap(arr, l, right);
        System.out.println(Arrays.toString(arr));
        return right;
    }

    //递归调用双指针扫描方法
    static void quickSort(int[] arr, int l, int r) {
        if (l < r) {
            int q = pv2(arr, l, r);
            quickSort(arr, l, q - 1);
            quickSort(arr, q + 1, r);
        }
    }
```

程序清单 4.13

快速排序已成为工业界的排序标准，因为其易于实现且性能稳定。本书介绍排序算法的主要目的是使读者加深对数组、方法和递归的理解，不准备深入探讨算法。读者可以对快速排序的主元的选择等方面的优化策略做进一步研究。

任务 4.4　二维数组

前面介绍的数组只有一个维度，被称为一维数组，其数组元素也只有一个下标。在实际应用中经常会遇到二维或多维的数组，Java 允许构造多维数组并存储多维数据。多维数组的数组元素有多个下标，以标识它在数组中的位置。在编程中经常会用到二维数组，更高维度数组的实现原理与二维数组是类似的，并且在实际编程中很少使用，所以这里仅介绍二维数组。

4.4.1　二维数组概述

声明并创建二维数组的语法形式如下：

数据类型[][]　数组名 ；

或

数据类型　数组名[][];
数组名 = new 数据类型[第一维长度] [第二维长度];

在创建数组时，可以同时设置第一维长度和第二维长度，也可以仅设置第一维长度，但不可以仅设置第二维长度。例如：

```
int[][] arr = new int[3][4];
int[][] arr = new int[3][];
```

从直观上看，上面的案例就是定义了一个 3 行 4 列的二维数组，数组名为 arr。该数组的下标共有 12（3×4）个，即：

```
arr [0][0], arr [0][1], arr [0][2], arr [0][3]
arr [1][0], arr [1][1], arr [1][2], arr [1][3]
arr [2][0], arr [2][1], arr [2][2], arr [2][3]
```

二维数组本质上是一维数组的叠加，二维数组的所有元素都是引用数据类型的，这些元素分别指向不同的一维数组，其内存结构和之前介绍的一维数组类似。例如，二维数组 arr 指向了由 arr[0]、arr[1] 和 arr[2] 组成的数组，而 arr[0]、arr[1] 和 arr[2] 自身也是一维数组。也就是说，arr[0]、arr[1] 和 arr[2] 这三者既是二维数组的数组元素，又各自是一个独立的一维数组，如果把地址看作钥匙，则引用（可认为是变量名）可被看作钥匙盒。

（1）arr[0]、arr[1] 和 arr[2] 是二维数组的 3 个钥匙盒，即 3 个元素，它们是并排的。

（2）arr[0]、arr[1] 和 arr[2] 所引用的是 3 个独立的数组，由于 new 操作符总是会开辟新的空间且无法保证连续，因此 arr[0]、arr[1] 和 arr[2] 中的"钥匙"（即地址）不是连续的，如图 4.40 所示。

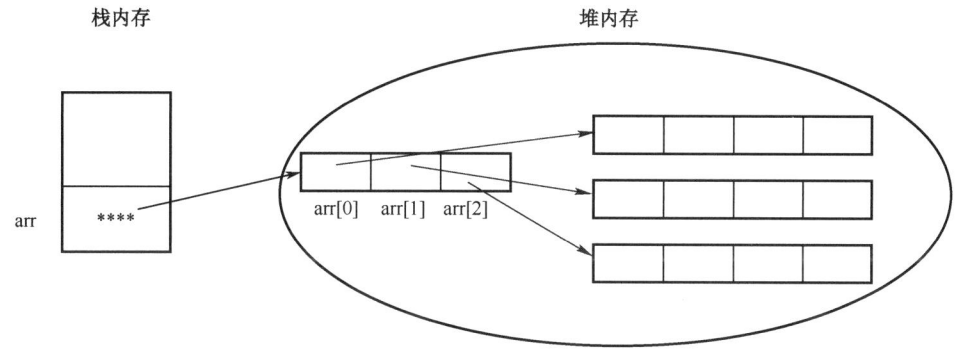

图 4.40　二维数组的内存模型

二维数组的赋值和使用与一维数组类似，都是通过下标访问数组元素的，不同的是一维数组只有一个下标，而二维数组有两个下标，分别表示该元素所在数组的行数和列数。例如，arr[0][3] 表示的是数组 arr 中第 1 行第 4 列的元素。

在声明并创建数组（int[][] arr = new int[3][4];）之后，可使用的数组下标范围为 arr[0][0]～arr[2][3]，这一点和一维数组类似，需要注意数组下标越界的问题。

与一维数组一样，二维数组在创建的时候也可以实现初始化。例如：

```
int[][] arr1= {{2,3},{1,5},{3,9}};//初始化一个 3 行 2 列的整型二维数组
int[][] arr2= {{1,2,3},{1,5},{3,9}};//初始化一个 3 行的整型二维数组
```

其中，数组 arr2 的第一行有 3 个元素，第二行和第三行都有 2 个元素，对于这类每行元素个数不同的二维数组，在使用时尤其需要注意数组下标越界的问题。

如何遍历二维数组呢？二维数组是二维的，是由"行"和"列"构成的。因此，需要先遍历每行，再遍历每行中的每列。其中的"行"，就是构成二维数组的元素——一维数组。遍历二维数组的伪代码如下所示。

```
//遍历二维数组中的每行
for (int i = 0; i < 二维数组.length; i++) {
    //遍历每行中的每列
    for (int j = 0; j < 二维数组[i].length; j++) {
        //遍历二维数组中的每个元素，即"二维数组[i][j]"
    }
}
```

4.4.2 二维数组案例

接下来使用二维数组完成一个案例：某学习小组有 4 个学生，每个学生有 3 门科目的考试成绩，如表 4.1 所示。求各科目的平均成绩和所有科目的平均成绩。

表 4.1 学生成绩表   单位：分

科　　目	姓　　名			
	王云	刘静涛	南天华	雷静
Java 基础	77	65	91	84
前端技术	56	71	88	79
后端技术	80	81	85	66

本程序的编写思路如下。

（1）数据存储：用一维数组 course 保存 3 门科目的名称；用一维数组 name 保存 4 个学生的名字；用二维数组 stuScore 保存所有学生各科目的成绩。

（2）方法设计：用 inputScore()方法实现"输入所有学生各科目的成绩"这一功能；用 eachAvgScore()方法实现"计算各科目的平均成绩"这一功能；用 totalAvgScore()方法实现"计算所有科目的平均成绩"这一功能。最后通过 main()方法将三者组织起来。

完整的代码如程序清单 4.14 所示。

```java
import java.util.Scanner;

class Test2Array {

    static Scanner input = new Scanner(System.in);
    static String[] course = {"Java 基础", "前端技术", "后端技术"};
    static String[] name = {"王云", "刘静涛", "南天华", "雷静"};
    //存储所有学生各科目的成绩
    static int[][] stuScore = new int[3][4];

    //输入成绩
    public static void inputScore() {
        for (int i = 0; i < 3; i++) {
            for (int j = 0; j < 4; j++) {
                System.out.print("请输入科目：" + course[i] + " 学生：" + name[j] + " 的成绩：");
                //读取学生成绩
                stuScore[i][j] = input.nextInt();
            }
        }
    }

    //计算各科目的平均成绩，将结果存储在 singleSum 数组中，并返回
```

```java
public static int[] eachAvgScore() {
    int[] singleSum = new int[]{0, 0, 0};
    //对单科成绩进行累加
    for (int i = 0; i < 3; i++) {
        for (int j = 0; j < 4; j++) {
            //单科成绩累加
            singleSum[i] = singleSum[i] + stuScore[i][j];
        }
    }
    for (int i = 0; i < 3; i++) {
        System.out.println("科目：" + course[i] + "的平均成绩：" + singleSum[i] / 4.0);
    }
    return singleSum;
}
//计算所有科目的平均成绩
public static void totalAvgScore(int[] singleSum) {
    int allScore = 0;
    //对总成绩进行累加
    for (int i = 0; i < 3; i++) {
        allScore = allScore + singleSum[i];
    }
    System.out.println("所有科目的平均成绩:" + allScore / 12.0);
}

public static void main(String[] args) {
    //输入成绩
    inputScore();
    //计算各科目的平均成绩
    int[] singleSum = eachAvgScore();
    //计算所有科目的平均成绩
    totalAvgScore(singleSum);
}
}
```

程序清单 4.14

程序运行结果如图 4.41 所示。

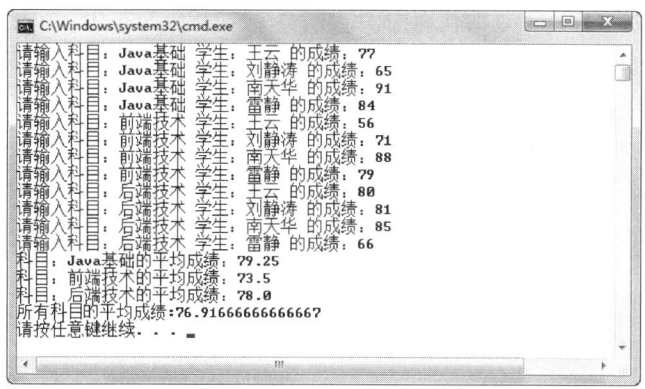

图 4.41　二维数组的应用

知识梳理与总结

本项目介绍了"方法"与"数组"这两个重要内容。本项目的内容较多，初学者可能比较难以理解，但本项目是后续学习其他内容的重要基础。建议读者在学习本项目知识时，先搞懂基础内容，然后通过反复上机练习加深理解，最后学习较复杂的知识。例如，在学习"方法"时，先将基础的无参且无返回值类型的方法学懂，然后通过上机练习加深理解，最后研究有参和有返回值类型的方法究竟如何使用。一定要通过循序渐进和反复上机练习来掌握本项目的所有内容。

鉴于篇幅有限，本项目在讲解排序算法时，只介绍了冒泡排序、插入排序和快速排序。除此之外，常见的排序算法还有选择排序、希尔排序、归并排序、堆排序、基数排序、桶排序、计数排序，这些和本项目讲解的 3 个排序算法一起被称为十大排序算法。读者可以通过知识树来回顾和总结所学的内容，如图 4.42 所示。

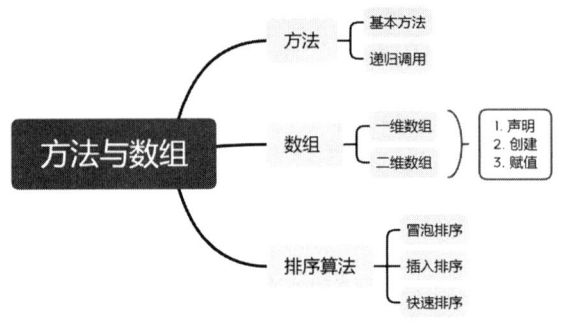

图 4.42　知识树

思考与练习

一、单选题

（1）假设有名为 arr 的数组，获取其长度的形式为（　　　）。

    A．arr.size   B．arr.size()   C．arr.length   D．arr.length()

（2）以下关于使用数组 nums 的代码中，（　　　）会在运行时报错。

    A．nums[nums.length]   B．nums[0]

    C．nums[nums.length/2]   D．nums[nums.length-1]

（3）以下关于调用 test()方法的代码中，（　　　）是正确的。

```java
public int test(int num,String str){
    return num+str;
}
```

    A．test("1", 2);   B．test();   C．test(1);   D．test(1,"2");

（4）以下关于声明及使用数组的代码中，（　　　）是正确的。

    A．int[] nums ; nums = {3,1,2};   B．int[] nums = {3,1,2};

    C．int[] nums = new int[]{3,1,2.2};   D．int[] nums = new int[3]{3,1,2};

（5）以下关于排序算法的描述中，（　　　）是错误的。

A. 冒泡排序的核心就是依次比较相邻的两个数，升序排序时将小数放到前面，大数放到后面

B. 快速排序在每一趟比较中都能选出一个最小值（或最大值）

C. 快速排序通过每一趟排序，将要排序的数组分割成两个独立的部分，其中一部分的所有数据比另一部分的所有数据都要小

D. 插入排序算法将待排序的数据分为两部分，第一部分中的数据是已经排好序的，第二部分中的数据是无序的

（6）以下关于数组内存空间的描述中，（   ）是错误的。

A. 数组名保存在栈内存中，数组元素保存在堆内存中

B. 在定义数组时，如果不给数组的元素赋初值，那么数组的元素会使用相应数据类型的默认值

C. 由基本数据类型元素构成的数组和由引用数据类型元素构成的数组，其内存结构是一致的，都是由栈内存保存数组名，直接指向了堆内存中的数据

D. 数组名实际代表的是数组在堆内存中的地址，不是数组元素本身

（7）以下关于数组和方法的描述中，（   ）是错误的。

A. "int[][] a = new int[10][];" 没有定义第二维长度，因此会在编译时报错

B. 整型数组本身是引用数据类型，但数组元素是基本数据类型

C. 在定义方法时，存在一种类型的方法是没有返回值的

D. 方法可以使功能模块化，使程序更加简洁易懂

（8）以下关于 test() 方法的定义中，（   ）是错误的。

A. void test(int index1, int index2) {...}

B. static test(int index1, int index2) {...}

C. public static void test(int index1, int index2) {...}

D. public void test(int index1, int index2) {...}

二、编程题

（1）在项目 3 的思考与练习模块的编程题（2）里，我们完成了"蓝桥 Java 工程师管理系统"的界面输出功能，并且已经将"5. 计算 Java 工程师的月薪"这个具体模块进行了实现。但受限于当时所学的知识，所有的代码都写在了 main() 方法里。现在，为了使代码结构清晰，易于维护，我们要重新组织代码结构。

目前，"蓝桥 Java 工程师管理系统"中模块 1～模块 11 的功能已经被分别封装到 inputEnginnerInfo()、deleteEnginnerInfo()、queryEnginnerInfo()、updateEnginnerInfo()、calAvgSalary()、saveEnginnerInfo()、rankEnginners()、showEnginners()、emptyEnginners()、printEnginnersData()、importEnginnersData() 这 11 个方法中，界面的输出功能被封装到 showMenu() 方法中。具体请阅读以下代码：

```
import java.util.Scanner;

class JavaEngineer {
    //Java 工程师月薪
    static double avgSalary = 0.0;
    //月底薪
    static int basSalary = 3000;
    //月工作完成分数（最小值为 0，最大值为 150）
```

```java
static int comResult = 100;
//月实际工作天数
static double workDay = 22;
//月保险
static double insurance = 3000 * 0.105;
//从控制台获取输入的对象
static Scanner input = new Scanner(System.in);
//用户选择的选项
static int userSel = -1;

public static void main(String[] args) {

}

public static int showMenu() {
    //显示主界面
    System.out.println("------------------------------------------------------------");
    System.out.println("|                  蓝桥 Java 工程师管理系统                    |");
    System.out.println("------------------------------------------------------------");
    System.out.println("1. 输入 Java 工程师资料");
    System.out.println("2. 删除指定 Java 工程师资料");
    System.out.println("3. 查询 Java 工程师资料");
    System.out.println("4. 修改 Java 工程师资料");
    System.out.println("5. 计算 Java 工程师的月薪");
    System.out.println("6. 保存新添加的 Java 工程师资料");
    System.out.println("7. 对 Java 工程师信息进行排序（1 表示按编号升序排列, 2 表示按姓名升序排列）");
    System.out.println("8. 输出所有 Java 工程师信息");
    System.out.println("9. 清空所有 Java 工程师数据");
    System.out.println("10. 打印 Java 工程师数据报表");
    System.out.println("11. 从文件重新导入 Java 工程师数据");
    System.out.println("0. 结束（编辑工程师信息后提示保存）");
    System.out.print("请输入您的选择：");
    userSel = input.nextInt();
    switch (userSel) {
        case 1:
            inputEnginnerInfo();
            break;
        case 2:
            deleteEnginnerInfo();
            break;
        case 3:
            queryEnginnerInfo();
            break;
        case 4:
            updateEnginnerInfo();
            break;
        case 5:
            calAvgSalary();
            break;
        case 6:
            saveEnginnerInfo();
```

```
                    break;
            case 7:
                rankEnginners();
                break;
            case 8:
                showEnginners();
                break;
            case 9:
                emptyEnginners();
                break;
            case 10:
                printEnginnersData();
                break;
            case 11:
                importEnginnersData();
                break;
            case 0:
                System.out.println("程序结束！");
                break;
            default:
                System.out.println("数据输入错误！");
                break;
        }
        return userSel;
}

//计算 Java 工程师的月薪
public static void calAvgSalary() {

}

public static void inputEnginnerInfo() {
    System.out.println("本模块功能未实现");
}

public static void deleteEnginnerInfo() {
    System.out.println("本模块功能未实现");
}

public static void queryEnginnerInfo() {
    System.out.println("本模块功能未实现");
}

public static void updateEnginnerInfo() {
    System.out.println("本模块功能未实现");
}

public static void saveEnginnerInfo() {
    System.out.println("本模块功能未实现");
}
```

```java
public static void rankEnginners() {
    System.out.println("本模块功能未实现");
}

public static void showEnginners() {
    System.out.println("本模块功能未实现");
}

public static void emptyEnginners() {
    System.out.println("本模块功能未实现");
}

public static void printEnginnersData() {
    System.out.println("本模块功能未实现");
}

public static void importEnginnersData() {
    System.out.println("本模块功能未实现");
}
}
```

现在的要求如下：

① 完善 calAvgSalary()方法，实现"计算 Java 工程师的月薪"这一具体功能（提示：此功能的代码在项目 3 中已经实现，本项目只需要将实现的代码封装在 calAvgSalary()方法中）。

② 完善 main()方法，实现"界面的循环打印"及"当用户输入 0 时，结束程序"功能，如图 4.43 所示。

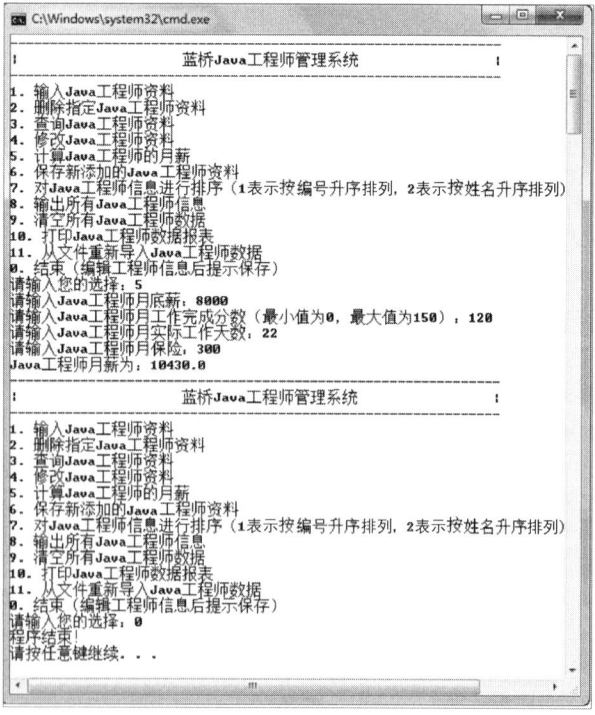

图 4.43 使用方法调用优化程序

（2）请编写程序实现：给定一个包含 *m*×*n* 个元素的矩阵（*m* 行 *n* 列），按照顺时针螺旋顺序打印矩阵中的所有元素。图 4.44 所示打印的是 5×5 个元素的螺旋矩阵。

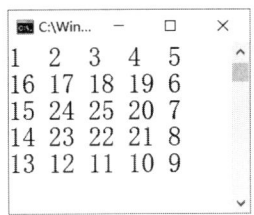

图 4.44　打印 5×5 个元素的螺旋矩阵

提示：

① 可以用二维数组表示矩阵。

② 顺时针打印可以分为向右打印、向下打印、向左打印和向上打印，并用 switch 或多重 if 结构区分每个方向的打印。

③ 具体在打印每行（或每列）时，需要分析打印二维数组元素的起始和末尾两个位置，以及在切换打印方向时需要改变的值。例如，假设二维数组名是 arr，在"向右打印"时，第一次打印的是"1 2 3 4 5"，即起始位置是 arr[0][0]，末尾位置是 arr[0][4]；在"向下打印"时，第一次打印的是"6 7 8 9"，即起始位置是 arr[1][4]，末尾位置是 arr[4][4]。此次从"向右打印"切换到"向下打印"时，需要将打印的起始行号自增 1，例如，本次的"向右打印"是从第 0 行开始的，而"向下打印"就是从第 1 行开始的。

贯穿项目

在项目 3 中，我们完成了添加操作员的功能，那么读者是否思考过，这些数据应该存储在哪里，才能被更好地统一管理呢？

我们希望在图书管理系统中，不管是操作员信息、书籍信息，还是读者信息，都可以存储在各自的数组中被统一管理，并且需要进行代码优化。所以不能将所有的功能代码都放到 main() 方法中，在此需要将 main() 方法中的业务逻辑代码拆分到各个方法中，如图 4.45 所示，然后在 main() 方法中进行调用，这样操作就是为了提高代码的可读性。

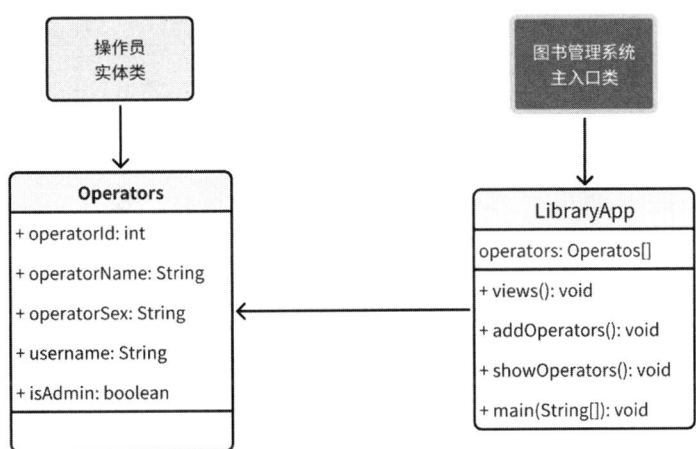

图 4.45　系统结构类图（部分）

本贯穿项目任务

- 将业务逻辑代码写入不同的方法中，能够使它们各司其职。
- 将添加的操作员信息存储到数组中进行管理。
- 实现显示操作员列表的功能。

贯穿项目中主要考察

- 方法的定义。
- 一维数组的定义。
- 方法和数组的合理使用。

在已创建的 libraryms 项目工程中实现项目功能，功能实现效果如图 4.46 所示。

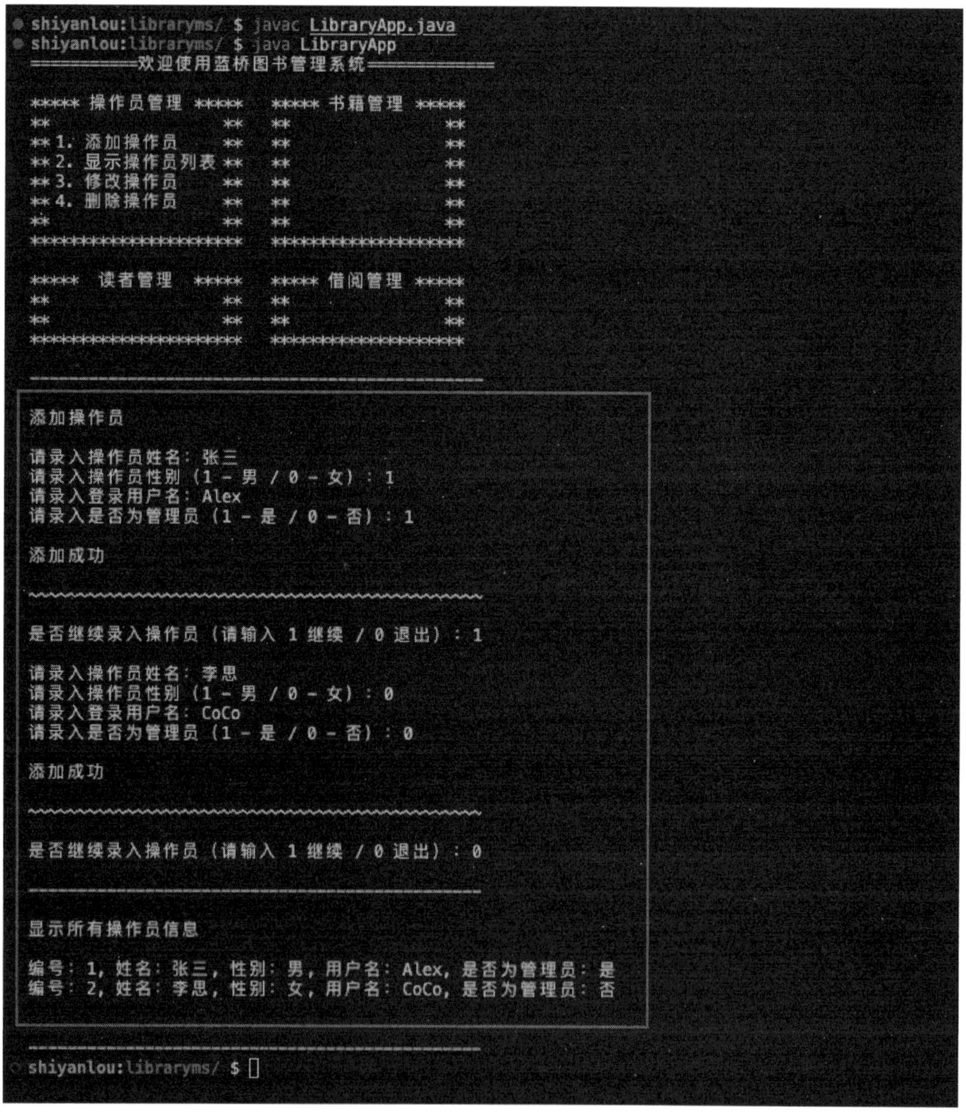

图 4.46　功能实现效果

思政小课堂

在 IT 行业内，资深程序员带新人是一种比较常见的培养模式，企业往往会根据实际情况从三方面入手培养：其一是从具体的岗位任务入手；其二是从技术结构入手；其三是从开发过程入手。这种培养模式能够在短时间内让新人融入开发团队，快速形成生产力。

一名优秀的程序员应具备的基本能力

具备理解外界传达的信息、帮助他人的能力：一名优秀的程序员往往能站在对方的立场上思考问题，能理解外界传达的各种信息，总能用最大的耐心来理解和帮助他人快速成长，明白帮助别人也是帮助自己的道理。

String 类及常用类的使用

简介

通过前面几个项目的学习，我们已经知道 String 是一个引用数据类型，并且也了解了 String 的声明和赋值等基本使用方法。String 是 Java 中非常重要的一个类，我们应该更进一步地去学习它。在本项目中，将系统地学习 String 类及其常用方法。除了 String 类，StringBuffer、Date、SimpleDateFormat 等也是 JDK 提供的常用类，这些都会在本项目中进行介绍。

学习目标

- ✓ 掌握 Java API 文档的用法
- ✓ 掌握 String 类的创建方式（重点）
- ✓ 掌握 String 类的常用方法（重点）
- ✓ 理解 String 类的特性（重点）
- ✓ 掌握 StringBuffer 类的创建和常用方法（重点）
- ✓ 理解 String、StringBuffer 和 StringBuilder 类的区别
- ✓ 掌握 SimpleDateFormat 类的基本用法（重点）
- ✓ 掌握 JDK 8 新增日期 API 的基本用法

知识应用

- ❖ 编程 1：统计字符串中子字符串出现的次数
- ❖ 编程 2：完成 Java 工程师注册功能
- ❖ 编程 3：继续完善蓝桥 Java 工程师管理系统功能
- ❖ 编程 4：完成提交论文时信息校验的功能

项目认知

系统设计阶段是软件项目开发过程中的另一个关键阶段，该阶段的主要任务是将需求分析阶

段中整理好的数据需求信息转化为具体的系统结构和设计方案。在这个阶段，开发团队根据需求定义来统筹系统的整体设计，包括架构设计、模块设计、数据库设计、用户界面设计、安全设计、性能设计和可维护性设计，如图 5.1 所示。本项目主要强调前两部分的设计。

图 5.1　系统设计阶段

【架构设计】主要完成的工作如下。

（1）确定系统项目的整体结构，包括组件或模块之间的关系和衔接方式。

（2）需要合理选择适合项目需求的架构模式，如客户端-服务器模式、分层架构模式或微服务架构模式等。

【模块设计】主要完成的工作如下。

（1）根据需求将系统划分为独立的模块或组件，并定义它们之间的接口和交互方式。

（2）每个模块会负责特定的功能或子系统，以便实现高内聚和低耦合。

那么贯穿项目的任务是什么呢？通过对本项目知识的学习后，读者需要在搭建好的项目工程基础上，实现项目系统首界面的选择操作功能和完善各模块的菜单列表，以及实现工作人员登录功能。

任务 5.1　Java API 文档简介

从现在开始，读者将会陆续地接触各种各样的“类”，如本项目中将提到的 String、Date、SimpleDateFormat 类等。这些类包含了非常丰富的方法，例如，JDK 8 的 String 类就定义了 90 多个方法。那么我们应该如何记住它们呢？答案是：记不住，也不用记。

Java 给程序员提供了 Java API 文档，供 Java 程序员随时查阅。Java API 文档描述了类库中的类及其方法的输入、输出和功能，Java 程序员可依据文档直接调用，无须关注实现细节。

在使用 Java API 文档时，需要注意 API 文档的版本号必须和 JDK 的版本号一致，否则可能出现文档与实际使用的类库不一致的情况。接下来介绍 Java API 文档的结构，以及如何使用 Java API 文档，这里以.chm 格式的 Java API 文档为例进行介绍。

以 JDK 8 为例，Java API 文档的结构如图 5.2 所示。

如果要查找 String 类的其他方法，则可以在“索引”选项卡中输入“String”，在弹出的对话框（见图 5.3）中选择相关主题，单击“显示”按钮，就会显示 String 类的相关内容，如图 5.4 所示。

在 String 类的文档中，主要包括以下内容：类的继承和被继承关系、类的声明、类的功能说明、属性列表和方法列表等。其中每个属性和方法都包含一个超链接，通过单击该超链接可以查看更详细的说明。

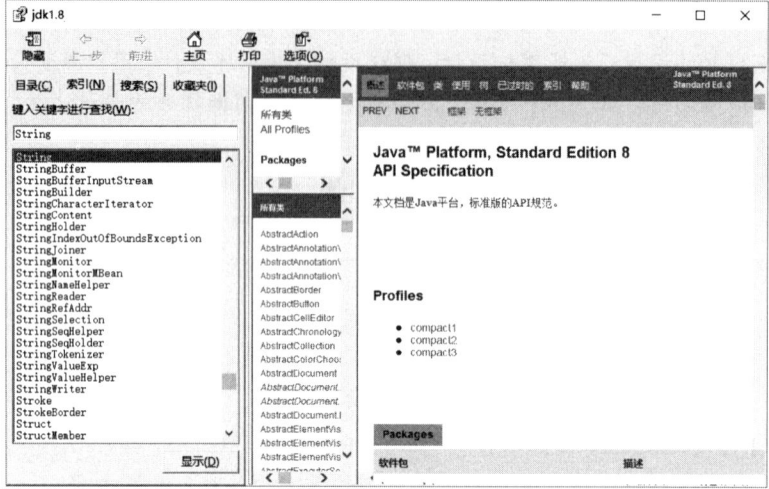

图 5.2　Java API 文档的结构

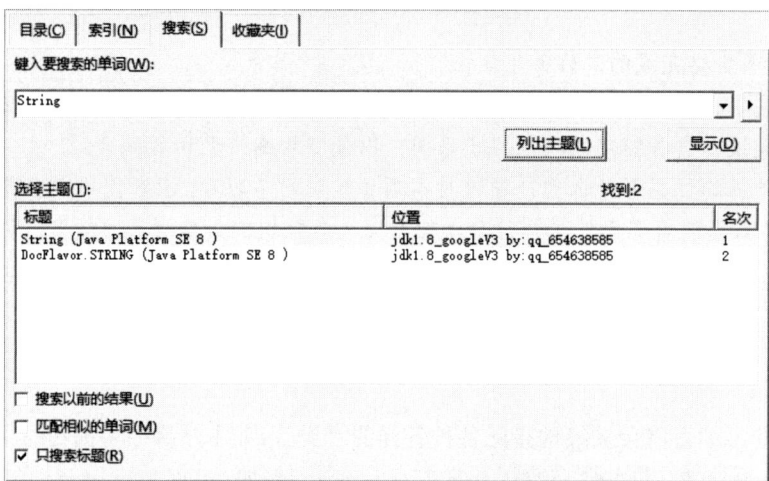

图 5.3　在 Java API 文档中选择主题

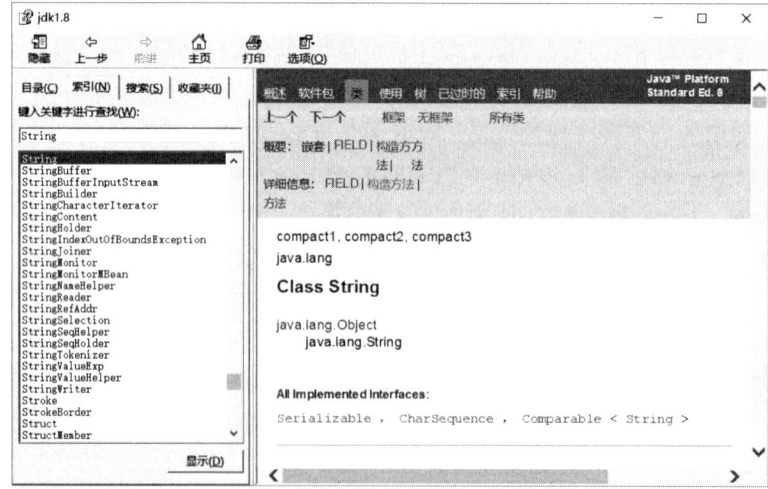

图 5.4　Java API 文档查询结果

任务 5.2 String 类简介

String 类表示字符串，Java 程序中的所有字符串（如"蓝桥"）都作为此类的对象存在。String 不是基本数据类型，而是一个类。因为对象的初始化默认值是 null，所以 String 类对象的初始化默认值也是 null。String 是一种特殊的对象。

（1）String 字符串是常量，字符串的值在创建之后不能被更改。

（2）String 类是使用 final 修饰的最终类，因此不能被继承。

1．创建 String 对象

如何使用 String 类操作字符串呢？首先要定义并初始化字符串。在初始化时，可以直接使用双引号来创建一个字符串字面值常量，这也是在实际编程中最常用的方法，如"String h="hello";"。还可以借助以下 String 类包含的构造方法（构造方法的方法名和类名一致，会在后续项目中进行介绍）来创建 String 对象。

（1）String(String s)：创建一个新的 String 对象，其内容为参数 s 中的字符序列。

（2）String(char[] value)：创建一个新的 String 对象，其内容为参数 value 中的字符序列。

（3）String(char[] value, int offset, int count)：创建一个新的 String 对象，其内容为字符数组参数 value 的一个子序列。offset 参数是子数组第一个字符的索引（从 0 开始建立索引），count 参数指定了子数组的长度。

示例如下：

```
String stuName1 = new String("王云");
char[] charArray = {'刘','静','涛'};
String stuName2 = new String(charArray);
String stuName3 = new String(charArray,1,2);        //从"静"字开始，截取两个字符，结果是"静涛"
```

2．String 对象的不可变性

在实际编程过程中，常常有这样的需求，需要在一个字符串后面增加一些内容。例如，需要在 stuName1 后面增加字符串"同学"。通过查询相关资料，可以知道 String 类提供了一个名为 concat(String str) 的方法，其可以在 String 类字符串后面增加字符串，代码如程序清单 5.1 所示。

```
public class TestString1 {
    public static void main(String[] args) {
        String stuName1 = new String("王云");
        stuName1.concat("同学");
        System.out.println(stuName1);
    }
}
```

程序清单 5.1

其输出结果是"王云"，而不是"王云同学"，为什么呢？

我们知道 String 字符串是常量，字符串的值在创建之后不能被更改。concat(String str) 方法实际创建了一个新 String 字符串，用来存储 stuName1 字符串加上"同学"的结果，而不是在原来 stuName1 字符串的后面增加内容。stuName1 是常量，内容并没有发生变化，如图 5.5 所示。

如果想输出"王云同学"，则可以先将"stuName1.concat("同学")"表达式的结果赋给一个新的字符串，然后输出该字符串。

图 5.5　concat()方法的应用

再看程序清单 5.2 所示的代码。

```java
public class TestString2 {
    public static void main(String[] args) {
        String stuName1 = new String("王云");
        System.out.println(stuName1);
        stuName1 = "刘静涛";
        System.out.println(stuName1);
    }
}
```

程序清单 5.2

其输出结果如下：

```
王云
刘静涛
```

不是说 String 字符串是不可变的常量吗？为什么两次输出 stuName1 却发生变化了呢？究其原因，主要是这里说的不可变是指在堆内存中创建出来的 String 字符串不可变。事实上，"stuName1 = "刘静涛";"语句已经新创建了一个 String 字符串，并让 stuName1 指向了这个新的 String 字符串，原来存储"王云"的 String 字符串并没有发生变化，如图 5.6 所示。

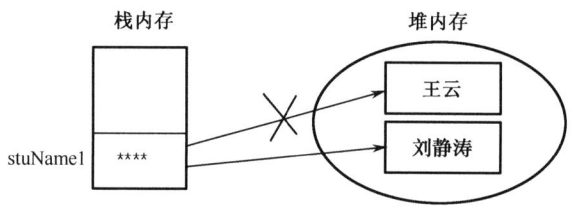

图 5.6　引用数据类型变量重新赋值

3．String 对象的运算符

String 对象还有一个特别之处，Java 为其重载了两个运算符——"+"和"+="，其他的类没有这样的情况。之所以为 String 对象重载"+"运算符，是因为字符串的连接操作非常频繁。其用法也比较简单，此前已经见过，现在我们用程序清单 5.3 所示的代码进行强化，其运行结果如图 5.7 所示。

```java
public class TestStringConcat {
    public static void main(String[] args) {
        //使用"+"进行字符串连接
        System.out.println("使用'+'进行字符串连接");
        String s1 = "您好";
        s1 = s1 + ",蒋老师!";    //创建一个新字符串用来连接两个字符串，并让 s1 指向这个新字符串
        System.out.println(s1);
        //使用 public String concat(String str)方法连接
```

```
        System.out.println("使用 public String concat(String str)方法连接");
        String s2 = "您好";
        //创建一个新字符串用来连接两个字符串，但没有变量指向这个新字符串
        s2.concat(",田老师!");
        //创建一个新字符串用来连接两个字符串，并让 s3 指向这个新字符串
        String s3 = s2.concat(",田老师!");
        System.out.println(s2);
        System.out.println(s3);
    }
}
```

程序清单 5.3

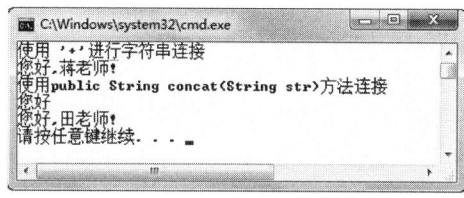

图 5.7　连接 String 字符串

4．字符串的"相等"比较

比较字符串常用的两种方法是运算符"=="和 String 类的 equals()方法。

使用"=="比较两个字符串，是比较两个对象在内存中的地址是否一致，本质上就是判断两个变量是否指向同一个对象，如果是，则返回 true，否则返回 false。而 String 类的 equals()方法则是比较两个 String 字符串的内容是否一致，返回值也是布尔型的。

在比较字符串时还要知道"常量池"的概念：在第一次生成某个字符串时，这个字符串就会被复制到 JVM 的一个特定的内存中，这个内存区域就被称为"常量池"。以后，如果再次创建了相同内容的字符串，JVM 就直接返回常量池中已有的字符串。

请看程序清单 5.4 所示的代码。

```
public class TestStringEquals {
    public static void main(String[] args) {
        String s1 = "Java 基础";
        String s2 = "Java 基础";
        System.out.println(s1 == s2);          //返回 true，因为 s2 所指的字符串来自常量池
        System.out.println(s1.equals(s2));      //返回 true
        String s3 = new String("前端技术");
        String s4 = new String("前端技术");
        System.out.println(s3 == s4);          //返回 false，new 一定会开辟新的内存空间
        System.out.println(s3.equals(s4));      //返回 true
    }
}
```

程序清单 5.4

对"=="而言，s1 和 s2 的内容相同，因此二者都指向了常量池中的同一个字符串内容，即 s1 和 s2 实际引用的是同一个内存地址上的内容；而 s3 和 s4 都是 new 出来的字符串实例，因此二者指向了不同的堆内存。对 equals()方法而言，只要字符串的内容相同，比较的结果就是 true。

程序的运行结果如图 5.8 所示。

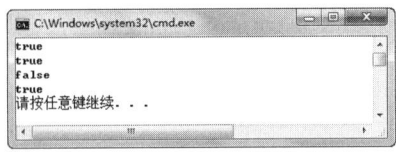

图 5.8　比较 String 字符串

任务 5.3　String 类的常用方法

以下是 String 类的常用方法。

（1）public char charAt(int index)：返回 index 指定索引处的字符。

（2）public int length()：返回此字符串的长度。这里需要和获取数组长度区分开，数组长度是通过"数组名.length"获取的。

（3）public int indexOf(String str)：返回指定子字符串 str 在此字符串中第一次出现处的索引，如果未找到该子字符串，则返回-1。

（4）public int indexOf(String str,int fromIndex)：返回指定子字符串 str 在此字符串中第一次出现处的索引，并且从指定的索引 fromIndex 处开始搜索，如果未找到该子字符串，则返回-1。

（5）public boolean equalsIgnoreCase(String another)：将此 String 与另一个字符串 another 比较，比较时不区分字母大小写。

（6）public String replace(char oldChar,char newChar)：返回一个新的字符串，它是通过用 newChar 替换此字符串中出现的所有 oldChar 得到的。

这里重申一下，String 类的方法中的索引都是从 0 开始编号的。请仔细阅读程序清单 5.5 所示的代码，程序运行结果如图 5.9 所示。

```java
public class TestArrayMethod {
    public static void main(String[] args) {
        String s1 = "blue bridge";
        String s2 = "Blue Bridge";
        System.out.println(s1.charAt(1));              //查找第 2 个字符，结果为 l
        System.out.println(s1.length());               //求 s1 的长度，结果为 11
        System.out.println(s1.indexOf("bridge"));      //查找 bridge 字符串在 s1 中的位置，结果为 5
        System.out.println(s1.indexOf("Bridge"));      //查找 Bridge 字符串在 s1 中的位置，结果为-1
        System.out.println(s1.equals(s2));             //区分字母大小写比较字符串，返回 false
        System.out.println(s1.equalsIgnoreCase(s2));   //不区分字母大小写比较字符串，返回 true

        String s = "我是学生，我在学 Java!";
        String str = s.replace('我', '你');              //把"我"替换成"你"
        System.out.println(str);
    }
}
```

程序清单 5.5

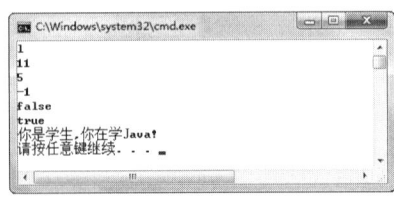

图 5.9　String 类常用方法综合实例（1）

（7）public boolean startsWith(String prefix)：判断此字符串是否以 prefix 指定的前缀开头。

（8）public boolean endsWith(String suffix)：判断此字符串是否以 suffix 指定的后缀结尾。

（9）public String toUpperCase()：将此字符串中的所有小写字符都转换为大写字符。

（10）public String toLowerCase()：将此字符串中的所有大写字符都转换为小写字符。

（11）public String substring(int beginIndex)：返回一个从 beginIndex 开始到结尾的新的子字符串。

（12）public String substring(int beginIndex,int endIndex)：返回一个从 beginIndex 开始到 endIndex 结尾（不含 endIndex 所指字符）的新的子字符串。

（13）public String trim()：返回字符串的副本，忽略原字符串前后的空格。

下面继续通过一个案例，说明上述 String 类的方法的用法。执行程序清单 5.6 所示的程序，运行结果如图 5.10 所示。

```java
public class TestStringMethod2 {
    public static void main(String[] args) {
        String fileName = "20140801 柳海龙 Resume.docx";
        System.out.println(fileName.startsWith("2014"));    //判断字符串是否以"2014"开头
        System.out.println(fileName.endsWith("docx"));      //判断字符串是否以"docx"结尾
        System.out.println(fileName.endsWith("doc"));       //判断字符串是否以"doc"结尾
        System.out.println(fileName.toLowerCase());         //将大写字符转换为小写字符
        System.out.println(fileName.toUpperCase());         //将小写字符转换为大写字符
        System.out.println(fileName.substring(8));          //从第 9 个字符开始到结尾截取字符串
        System.out.println(fileName.substring(8, 11));      //从第 9 个字符开始到第 11 个字符结尾截取字符串
        String fileName2 = "   20150801 柳海龙 Resume    .docx ";
        System.out.println(fileName2.trim());               //忽略原字符串前后的空格
    }
}
```

程序清单 5.6

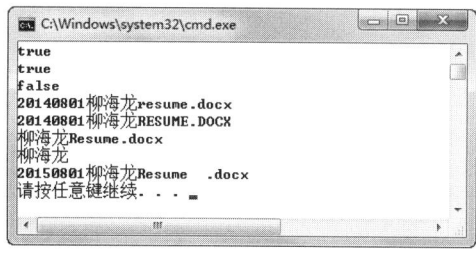

图 5.10　String 类常用方法综合实例（2）

（14）public static String valueOf(基本数据类型参数)：返回基本数据类型参数的字符串表示形式。例如：

```
public static String valueOf(int i)
public static String valueOf(double d)
```

这两个方法是 String 类的静态方法。关于"静态"的内容将会在后续项目中详细介绍，这里需要读者注意的是，静态方法是通过"类名.方法名"直接调用的。例如：

```
String result = String.valueOf(100);//将 int 型的 100 转换为字符串"100"
```

（15）public String[] split(String regex)：通过 regex 指定的分隔符分隔字符串，并返回分隔后

的字符串数组。

通过下面这个案例，说明上述两个方法的用法。执行程序清单 5.7 所示的程序，运行结果如图 5.11 所示。

```java
import java.util.Scanner;
public class TestStringMethod3 {
    public static void main(String[] args) {
        String result = String.valueOf(100);
        Scanner input = new Scanner(System.in);
        System.out.print("请输入您去年一年的薪水总和：");
        int lastSalary = input.nextInt();
        //通过 String 类的静态方法将 lastSalary 从 int 型转换为字符串
        String strSalary = String.valueOf(lastSalary);
        System.out.println("您去年一年的薪水总和是：" + strSalary.length() + "位数！");
        String date = "Mary,F,1976";
        String[] splitStr = date.split(",");//用","将字符串分隔成一个新的字符串数组
        System.out.println("Mary,F,1976 使用,分隔后的结果：");
        for (int i = 0; i < splitStr.length; i++) {
            System.out.println(splitStr[i]);
        }
    }
}
```

程序清单 5.7

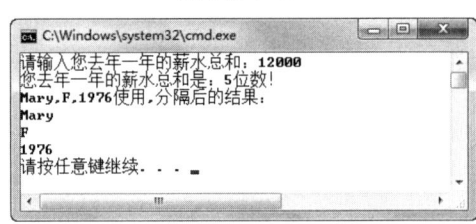

图 5.11　String 类常用方法综合实例（3）

在上面的案例中，用","将字符串"Mary,F,1976"分隔成一个新的字符串数组，即{"Mary","F","1976"}。假设原来的字符串是",Mary,F,1976"（第一个字符就是","）或" ,Mary,F,1976"（注意：第一个字符是空格，第二个字符是","），其结果又是什么呢？请读者通过练习获得结果。

任务 5.4　StringBuffer 类

5.4.1　StringBuffer 类概述

在任务 5.2 中提到 String 字符串是常量，字符串的值在创建之后不能被更改。我们之前"改变"字符串值的方式，其实是先产生新的字符串，然后将原引用指向新的字符串，这样看起来就像改变了字符串的值一样。显然，如果需要频繁修改字符串的值，则使用 String 类就显得低效了。是否存在一个类，既可以存储字符串，又能对这个字符串自身进行修改而尽量少地产生新字符串呢？答案是存在，这个类就是 StringBuffer。StringBuffer 字符串代表的是可变的字符序列，StringBuffer 类可以对字符串对象的内容进行修改。

以下是 StringBuffer 类常用的构造方法。

（1）StringBuffer()：构造一个空白的字符串缓冲区，其初始容量为 16 个字符。

（2）StringBuffer(String str)：构造一个字符串缓冲区，并将其内容初始化为指定的字符串内容。

5.4.2　StringBuffer 类案例

以下是通过 StringBuffer 类的构造方法创建 StringBuffer 字符串的代码：

```
StringBuffer strB1 = new StringBuffer();
System.out.println(strB1.length());
```

以上通过 strB1.length()返回的字符串长度是 0。但实际上，strB1 的底层创建了一个长度为 16 的字符数组，从而为接收字符串内容做准备。

```
StringBuffer strB2 = new StringBuffer("柳海龙");
System.out.println(strB2.length());
```

以上通过 strB2.length()返回的字符串长度是 3，实际在 strB2 的底层创建了一个长度为 3+16 的字符数组。

StringBuffer 类中的主要操作使用的是 append()和 insert()方法，它们分别用于将字符追加到或插入字符串缓冲区中。append()方法始终将字符添加到缓冲区的末端，而 insert()方法则在指定的位置添加字符。

以下是 StringBuffer 类的常用方法。

（1）public StringBuffer append(String str)：将 str 指定的字符串追加到此字符序列的末尾。

（2）public StringBuffer append(StringBuffer str)：将 str 指定的 StringBuffer 字符串追加到此字符序列的末尾。

（3）public StringBuffer append(char[] str)：将 str 指定的字符数组追加到此字符序列的末尾。

（4）public StringBuffer append(char[] str,int offset,int len)：自索引 offset 开始截取 str 的 len 个字符并追加到此字符序列的末尾。

（5）public StringBuffer append(double d)：将 double 型的变量 d 的字符串表示形式追加到此字符序列的末尾。

（6）public StringBuffer append(Object obj)：将参数 obj 的字符串表示形式追加到此字符序列的末尾。

（7）public StringBuffer insert(int offset,String str)：将字符串 str 插入此字符序列中，offset 表示插入位置。

下面通过一个案例，说明上述 StringBuffer 类常用方法的用法，执行程序清单 5.8 所示的程序，运行结果如图 5.12 所示。

```
public class TestStringBuffer {
    public static void main(String[] args) {
        System.out.println("创建 StringBuffer 对象");
        //使用 StringBuffer()构造方法创建对象
        StringBuffer strB1 = new StringBuffer();
        System.out.println("new StringBuffer()创建对象的长度为："+ strB1.length());
        //使用 StringBuffer(String str)构造方法创建对象
        StringBuffer strB2 = new StringBuffer("柳海龙");
        System.out.println("new StringBuffer(\"柳海龙\")创建对象的长度为："+ strB2.length());
        System.out.println("strB2 里的内容为："+ strB2);
        //使用 append()、insert()方法追加、插入字符串
```

```
            System.out.println("使用 append()方法追加字符串");
            strB2.append(", 您好！ ");              //在末尾增加"，您好！"
            System.out.println(strB2);
            strB2.insert(3,"工程师");              //从第 4 个位置开始，插入"工程师"
            System.out.println(strB2);
        }
    }
```

程序清单 5.8

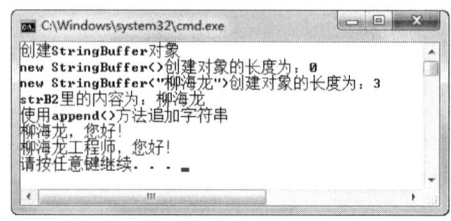

图 5.12　StringBuffer 类常用方法综合实例

除了 StringBuffer 类，还存在另一个可变的字符串类 StringBuilder。StringBuilder 类是在 Java 5 中被提出的，它和 StringBuffer 类之间的最大不同在于，StringBuilder 类的方法是非线程安全的，而 StringBuffer 类是线程安全的。非线程安全意味着 StringBuilder 类不会在每个方法被调用时进行同步操作，因此它的速度更快。对于大多数应用程序，特别是在单线程环境中，StringBuilder 类已经足够高效，因此在目前阶段建议初学者优先使用 StringBuilder 类，如果将来涉及多线程编程或高并发场景，再根据实际情况考虑是否使用 StringBuffer 类。

5.4.3　内存模型

StringBuffer 是一个内容可变的字符序列，或者说它是一个内容可变的字符串型。当使用 "StringBuffer strB1 = new StringBuffer("柳海龙");" 语句创建 StringBuffer 对象时，StringBuffer 内存结构示意图如图 5.13 所示。

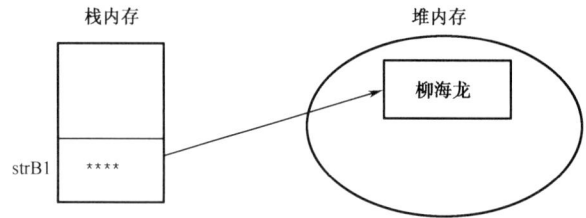

图 5.13　StringBuffer 内存结构示意图（1）

当使用 strB1.append("工程师")方法时，将之前创建的 StringBuffer 对象的内容"柳海龙"修改成"柳海龙工程师"，StringBuffer 内存结构示意图如图 5.14 所示。

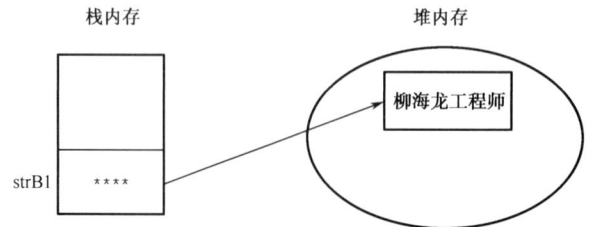

图 5.14　StringBuffer 内存结构示意图（2）

任务 5.5　其他常用工具类简介

5.5.1　Date 类

Java 中有两套常用的 Date 类：一套是从 JDK 1.0 开始并经过了多次升级的 Date 类；另一套是从 JDK 8 开始提供的新 Date 类。

1．JDK 8 以前的 Date 类

JDK 8 以前的 Date 类用于定义当前的日期和时间。例如，在程序清单 5.9 中创建了一个 Date 对象，它就表示当前的日期和时间。

```
public class TestDate1{
    public static void main(String[] args) {
        Date date = new Date();
        System.out.println(date);
    }
}
```

程序清单 5.9

程序运行结果如图 5.15 所示。

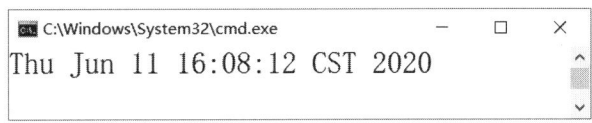

图 5.15　显示当前日期和时间

以下是 Date 类的常用方法。

（1）Date(long millisec)：带一个参数的 Date 构造方法，该参数是从 1970 年 1 月 1 日零点起的毫秒数。

（2）long getTime()：返回自 1970 年 1 月 1 日零点以来，此 Date 对象经过的毫秒数。

（3）boolean after(Date date)：判断当前对象是否在参数 date 指定的日期和时间之后。如果在，则返回 true，否则返回 false。

（4）boolean before(Date date)：判断当前对象是否在参数 date 指定的日期和时间之前。如果在，则返回 true，否则返回 false。

Date 类常用方法的使用详见程序清单 5.10。

```
public class TestDate2 {
    public static void main(String[] args) {
        //定义从 1970 年 1 月 1 日零点起，经过 10000000 毫秒的 Date 对象
        Date date1 = new Date(10000000);
        //定义表示当前日期和时间的 Date 对象
        Date date2 = new Date();
        //判断 date1 是否在 date2 指定的日期和时间之前
        boolean isBefore = date1.before(date2);
        //判断 date1 是否在 date2 指定的日期和时间之后
        boolean isAfter = date1.after(date2);
        System.out.println(isBefore);
        System.out.println(isAfter);
```

```
        }
    }
```

程序清单 5.10

2．JDK 8 提供的新 Date 类

在 JDK 8 提供的新日期 API 中，所有的类都是不可变的，这就对高并发编程提供了友好支持。同时，新的日期 API 使"时间"的概念更加精细化，提供了日期（Date）、时间（Time）、日期时间（DateTime）、时间戳（Unix Timestamp）及时区等细化的时间类。

JDK 8 新增的日期 API 都在 java.time 包下，其中常见的 API 如表 5.1 所示。

表 5.1　JDK 8 新增的常见日期 API

API	含　义
Instant	时间戳
LocalDate	日期，如 2020-06-16
LocalTime	时刻，如 11:52:52
LocalDateTime	具体时间，如 2020-06-16 11:52:52

日期 API 的具体使用详见程序清单 5.11。

```java
public class TestNewDate1 {
    public static void main(String[] args) {
        Instant instant = Instant.now();                              //获取当前时间戳
        LocalDate localDate = LocalDate.now();                        //获取当前日期
        LocalTime localTime = LocalTime.now();                        //获取当前时刻
        LocalDateTime localDateTime = LocalDateTime.now();            //获取当前具体时间
        ZonedDateTime zonedDateTime = ZonedDateTime.now();            //获取带有时区的时间
    }
}
```

程序清单 5.11

JDK 8 新增的日期 API 也可以与 Date 对象进行转换。当然，在转换时需要借助一些工具类，读者可以查阅 Java API 文档进行学习。程序清单 5.12 所示是将 LocalDate 对象转换为 Date 对象的一个示例。

```java
public class TestNewDate2 {
    public static void main(String[] args) {
        //获取当地的时区 zoneId 对象
        ZoneId zoneId = ZoneId.systemDefault();
        LocalDate localDate = LocalDate.now();
        //将 zoneId 对象转换为 ZonedDateTime 对象
        ZonedDateTime zdt = localDate.atStartOfDay(zoneId);
        //将 ZonedDateTime 对象转换为 Date 对象
        Date date = Date.from(zdt.toInstant());
        System.out.println("LocalDate : " + localDate);
        System.out.println("Date : " + date);
    }
}
```

程序清单 5.12

程序运行结果如图 5.16 所示。

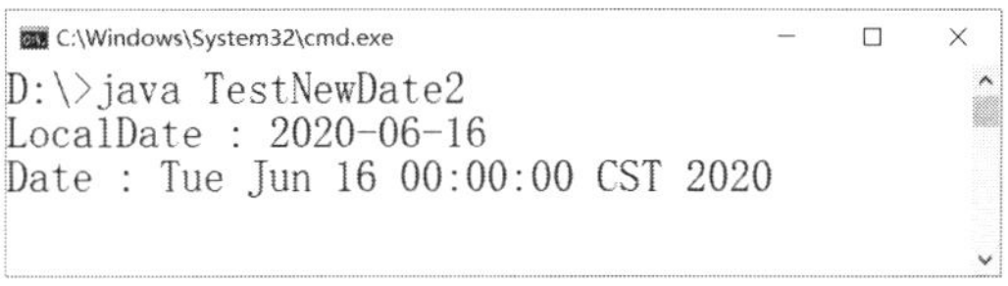

图 5.16　将 LocalDate 对象转换为 Date 对象的运行结果

5.5.2　SimpleDateFormat 类

Date 类默认支持的是西方国家的时间格式，例如，运行程序清单 5.9 中的代码，运行结果的形式是"Thu Jun 11 16:08:12 CST 2020"。能否自定义 Date 类的输出格式呢？使用 SimpleDateFormat 类就可以做到。

SimpleDateFormat 类是通过构造方法指定 Date 类的输出格式的，并且在设置这些格式时需要使用时间通配符，常见的时间通配符如表 5.2 所示。

表 5.2　常见的时间通配符

通　配　符	含　　义
y	年
M	月
d	日
H	时
m	分
s	秒

例如，"yyyy-MM-dd HH:mm:ss"就代表了"4 位数年-2 位数月-2 位数日 2 位数时:2 位数分:2 位数秒"的日期显示格式，代码如程序清单 5.13 所示。

```
public class TestSimpleDateFormat1 {
    public static void main(String[] args){
        Date date = new Date();
        String strDateFormat = "yyyy-MM-dd HH:mm:ss";
        SimpleDateFormat sdf = new SimpleDateFormat(strDateFormat);
        System.out.println(sdf.format(date));
    }
}
```

程序清单 5.13

程序运行结果如图 5.17 所示。

2020-06-11 16:07:24

图 5.17　使用 SimpleDateFormat 类设置日期的显示格式

除了将 Date 类以固定格式输出，SimpleDateFormat 类还可以通过 parse()方法，将某个固定格式的字符串转换为一个 Date 类型，代码如程序清单 5.14 所示。

```
public class TestSimpleDateFormat2 {
    public static void main(String[] args) throws Exception{
        String strDateFormat = "yyyy-MM-dd HH:mm:ss";
        SimpleDateFormat sdf = new SimpleDateFormat(strDateFormat);
        //将字符串"2020-06-11 17:00:00"转换为 Date 类型
```

```
            Date date = sdf.parse("2020-06-11 17:00:00");
        }
    }
```

程序清单 5.14

需要注意的是，待转换字符串"2020-06-11 17:00:00"的格式必须与 SimpleDateFormat 类构造方法中参数的形式保持一致。此外，本程序中的 throws Exception 用于告诉编译器和调用者该方法可能抛出一个异常。在 Java 中，异常是指程序运行过程中发生的错误或意外情况，可能导致程序无法正常执行。因此，在编写代码时，使用 throws Exception 可以明确告知调用者该方法存在潜在的异常风险，以便调用者可以采取适当的措施。

5.5.3 其他工具类

除了 Date 和 SimpleDateFormat 类，JDK 还提供了非常丰富的其他工具类。例如，Calendar 类为特定时间与日历字段（YEAR、MONTH、DAY_OF_MONTH、HOUR 等）之间的转换，以及操作日历字段提供了一些方法；而 Math 类可以方便地进行一些数学运算。有关 Calendar、Math 类及其他工具类的具体使用，读者可以查阅 Java API 文档进行进一步学习。

知识梳理与总结

本项目介绍了如何使用 Java API 文档，并详细地讲解 String 类和 StringBuffer 类的具体用法。如果对字符串的修改不是很频繁，则建议使用 String 类；反之，如果在程序中需要频繁地修改字符串的内容，则需要使用 StringBuffer 类或 StringBuilder 类来提高程序的性能。本项目的最后，还介绍了 Date、SimpleDateFormat 等常用类的用法。在平时学习时，读者可以通过查阅 Java API 文档快速地学习各个类的常用方法，并通过知识树来回顾和总结所学的内容，如图 5.18 所示。

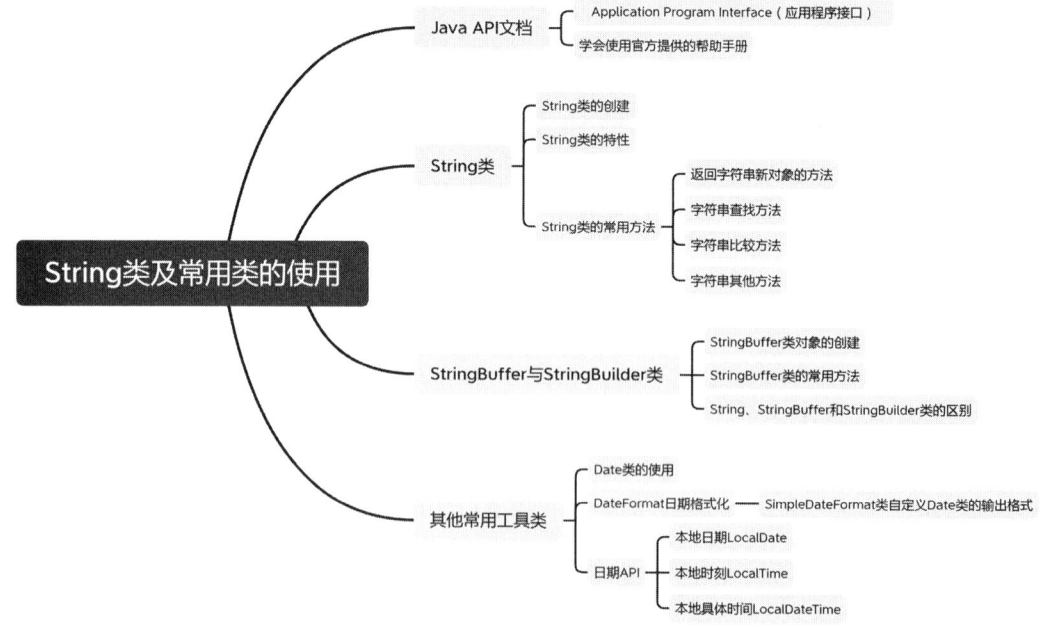

图 5.18 知识树

思考与练习

一、单选题

（1）下列 String 类的（　　）方法实现了"将一个字符串按照指定的分隔符分隔，并返回分隔后的字符串数组"的功能。

  A．substring(...) B．split(...)   C．valueOf(...) D．replace(...)

（2）执行以下程序，stuName 的值是（　　）。

```
String stuName = new String("张三");
stuName.concat("李四");
```

  A．null   B．张三   C．李四   D．张三李四

（3）以下（　　）方法存在于 StringBuffer 类中，但不存在于 String 类中。

  A．insert(...)   B．charAt(...)   C．indexOf(...)   D．substring(...)

（4）执行以下程序，运行结果是（　　）。

```
String str1 = "abc";
String str2 = "abc";
System.out.println(str1 == str2);
System.out.println(str1.equals(str2));
System.out.println(str1 == new String(str2));
System.out.println(str1.equals(new String(str2)));
```

  A．true false false true   B．false true false true

  C．true true false true   D．true true false false

（5）执行以下程序，运行结果是（　　）。

```
String str1 = "abc";
String str2 = new String("abc");
System.out.println(str1 == str2);
System.out.println(str1.equals(str2));
System.out.println(str1 == new StringBuffer(str1));
System.out.println(str1.equals((new StringBuffer(str1))));
```

  A．true false false true   B．false true false true

  C．true true false true   D．编译出错

二、编程题

（1）统计字符串中子字符串出现的次数：让用户分别输入字符串和要查找的字符串（子字符串），输出子字符串出现的次数，程序运行结果如图 5.19 所示。

（2）完成 Java 工程师注册功能，具体需求如下。

① 用户名长度不能小于 6。

② 密码长度不能小于 8。

③ 两次输入的密码必须一致。

程序运行结果如图 5.20 所示。

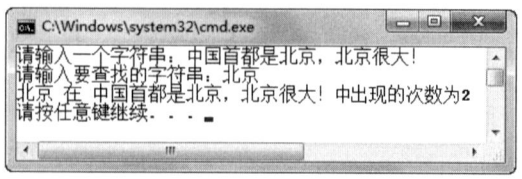

图 5.19　统计子字符串出现的次数

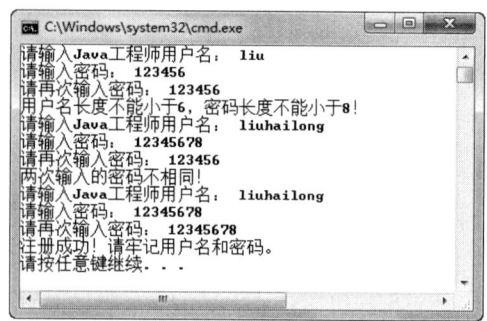

图 5.20　Java 工程师注册功能的实现

（3）在项目 4 的思考与练习模块的编程题（1）里，我们已经将"蓝桥 Java 工程师管理系统"的各个功能封装到了不同的方法中，并且实现了"5. 计算 Java 工程师的月薪"这一具体功能。现在，请改造本项目"编程题（2）"的代码，实现"蓝桥 Java 工程师管理系统"中的"1. 输入 Java 工程师资料"和"3. 查询 Java 工程师资料"功能。

（4）完成提交论文时信息校验的功能，具体需求如下。

① 需要检查论文文件名，文件名必须以".docx"结尾。

② 需要检查接收论文反馈的邮箱格式，邮箱必须含"@"和"."，且"."在"@"之后。程序运行结果如图 5.21 至图 5.23 所示。

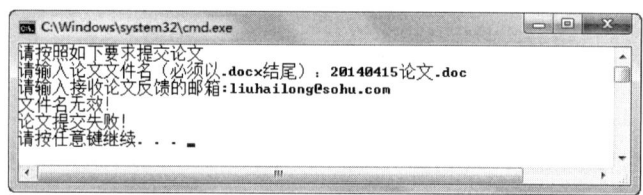

图 5.21　检查论文文件名和接收论文反馈的邮箱格式（1）

图 5.22　检查论文文件名和接收论文反馈的邮箱格式（2）

图 5.23　检查论文文件名和接收论文反馈的邮箱格式（3）

贯穿项目

在本项目中，我们需要实现工作人员登录功能，以及首界面的选择操作功能，同时需要将之前罗列的各个模块中的菜单列表补全。完成这些功能需要在主入口类中，添加不同的业务逻辑方法，如图 5.24 所示。

在图书管理系统中，首界面需要有 4 个选项，分别为书籍浏览、书籍查询、登录系统和退出系统。其中，对于书籍浏览和书籍查询，任何人员无须登录就可以进行操作，而登录系统则分为工作人员登录和读者登录两类。在本项目中，仅实现工作人员登录功能，工作人员可分为管理员和操作员。在登录系统时，用户需要提供用户名和是否为管理员两部分信息供系统校验，正确登录后管理员和操作员看到的界面是不一样的。另外，非工作人员访问系统也需要给出提示信息。图 5.25 所示是工作人员登录系统的流程图。

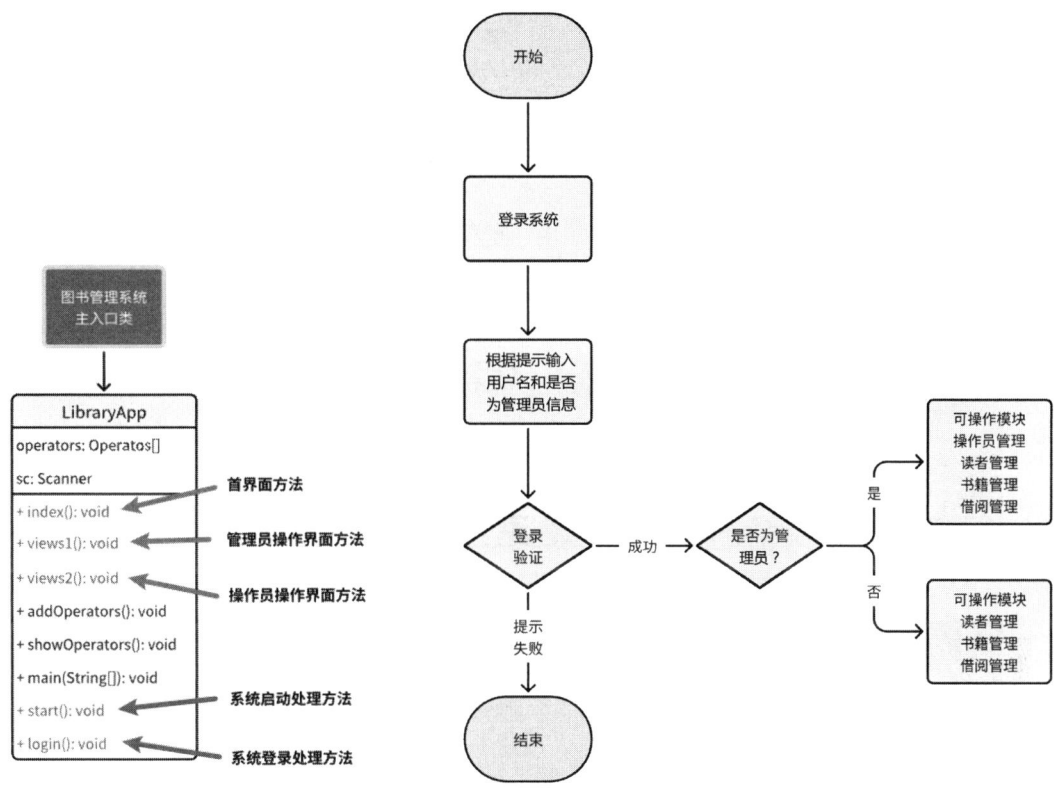

图 5.24　主入口类类图（部分）　　　　图 5.25　工作人员登录系统的流程图

本贯穿项目任务

- 提供图书管理系统首界面
- 补充完整各个模块的菜单列表
- 实现首界面选择操作功能
- 实现工作人员登录功能

贯穿项目中主要考察

- 对前四个项目知识点的综合运用
- 常用工具类的使用

在已创建的 libraryms 项目工程中实现项目功能，功能实现效果如图 5.26 至图 5.31 所示。

图 5.26　图书管理系统首界面效果

图 5.27　在首界面中选择 1 或 2 的功能实现效果

图 5.28　在首界面中选择 0 或不存在序号的功能实现效果

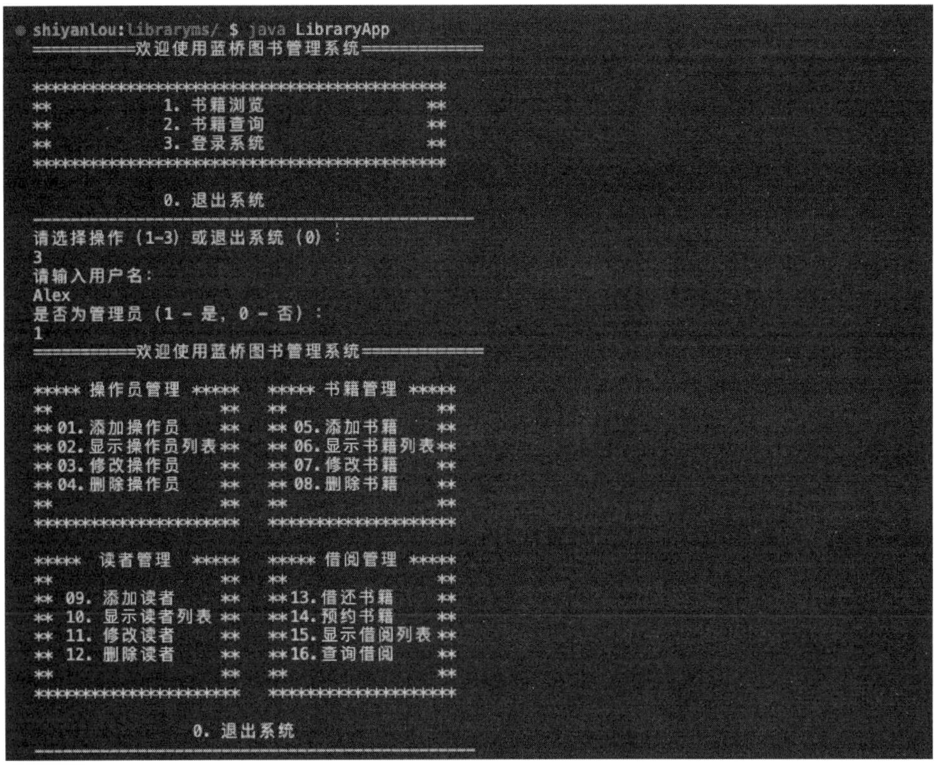

shiyanlou:libraryms/ $ java LibraryApp
===========欢迎使用蓝桥图书管理系统===========

****
**　　　　　　　　1. 书籍浏览　　　　　　　　**
**　　　　　　　　2. 书籍查询　　　　　　　　**
**　　　　　　　　3. 登录系统　　　　　　　　**
****

　　　　　　　　0. 退出系统

请选择操作（1-3）或退出系统（0）：
3
请输入用户名：
Alex
是否为管理员（1 - 是，0 - 否）：
1
===========欢迎使用蓝桥图书管理系统===========

***** 操作员管理 *****　　***** 书籍管理 *****
**　　　　　　　　　　**　　**　　　　　　　　　**
** 01. 添加操作员　　**　　** 05. 添加书籍　　**
** 02. 显示操作员列表 **　　** 06. 显示书籍列表 **
** 03. 修改操作员　　**　　** 07. 修改书籍　　**
** 04. 删除操作员　　**　　** 08. 删除书籍　　**
**　　　　　　　　　　**　　**　　　　　　　　　**
*********************　　*********************

　　　　读者管理 *****　　***** 借阅管理 *****
**　　　　　　　　　　**　　**　　　　　　　　　**
** 09. 添加读者　　　**　　** 13. 借还书籍　　**
** 10. 显示读者列表　**　　** 14. 预约书籍　　**
** 11. 修改读者　　　**　　** 15. 显示借阅列表 **
** 12. 删除读者　　　**　　** 16. 查询借阅　　**
**　　　　　　　　　　**　　**　　　　　　　　　**
*********************　　*********************

　　　　　　　　0. 退出系统

图 5.29　管理员登录成功的效果

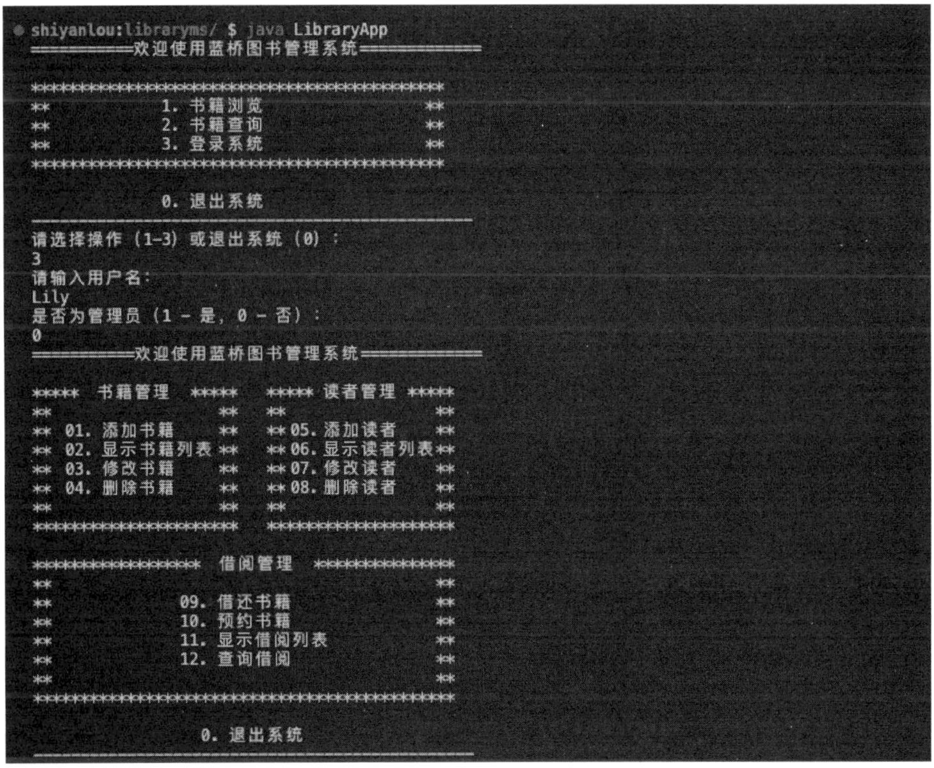

shiyanlou:libraryms/ $ java LibraryApp
===========欢迎使用蓝桥图书管理系统===========

****
**　　　　　　　　1. 书籍浏览　　　　　　　　**
**　　　　　　　　2. 书籍查询　　　　　　　　**
**　　　　　　　　3. 登录系统　　　　　　　　**
****

　　　　　　　　0. 退出系统

请选择操作（1-3）或退出系统（0）：
3
请输入用户名：
Lily
是否为管理员（1 - 是，0 - 否）：
0
===========欢迎使用蓝桥图书管理系统===========

***** 书籍管理 *****　　***** 读者管理 *****
**　　　　　　　　　　**　　**　　　　　　　　　**
** 01. 添加书籍　　　**　　** 05. 添加读者　　**
** 02. 显示书籍列表　**　　** 06. 显示读者列表 **
** 03. 修改书籍　　　**　　** 07. 修改读者　　**
** 04. 删除书籍　　　**　　** 08. 删除读者　　**
**　　　　　　　　　　**　　**　　　　　　　　　**
*********************　　*********************

***************** 借阅管理 *****************
**　　　　　　　　　　　　　　　　　　　　　　**
**　　　　　　　09. 借还书籍　　　　　　　　**
**　　　　　　　10. 预约书籍　　　　　　　　**
**　　　　　　　11. 显示借阅列表　　　　　　**
**　　　　　　　12. 查询借阅　　　　　　　　**
**　　　　　　　　　　　　　　　　　　　　　　**
****

　　　　　　　　0. 退出系统

图 5.30　操作员登录成功的效果

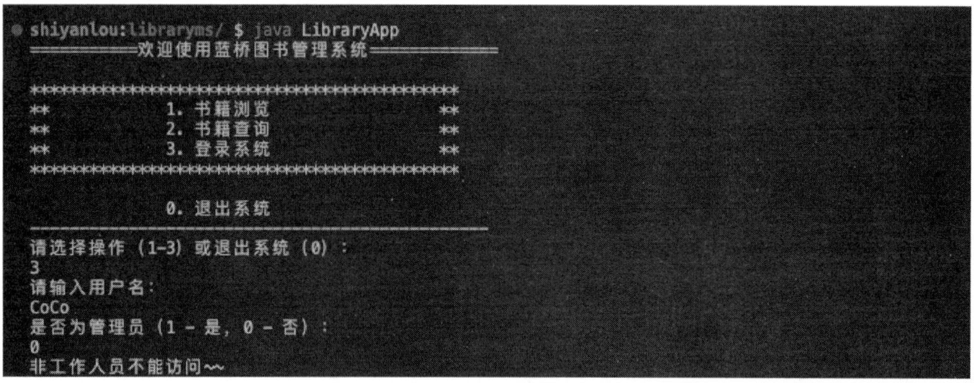

图 5.31 非工作人员登录的效果

思政小课堂

习近平总书记在知识分子、劳动模范、青年代表座谈会上的讲话中指出：人类是劳动创造的，社会是劳动创造的。劳动没有高低贵贱之分，任何一份职业都很光荣。广大劳动群众要立足本职岗位诚实劳动。无论从事什么劳动，都要干一行、爱一行、钻一行。在工厂车间，就要弘扬"工匠精神"，精心打磨每一个零部件，生产优质的产品。在田间地头，就要精心耕作，努力赢得丰收。在商场店铺，就要笑迎天下客，童叟无欺，提供优质的服务。只要踏实劳动、勤勉劳动，在平凡岗位上也能干出不平凡的业绩。

一名优秀的程序员应具备的基本能力

具备坚韧不拔的能力：优秀的程序员是热爱编程的，甚至到了废寝忘食的地步，他们喜欢钻研代码中的问题，享受指挥计算机来帮助人们解决现实生活中的问题带来的满足感。他们意志坚定，干一行爱一行。

项目 6

类和对象

简介

在项目 1 中介绍 Java 特点时，提到过 Java 是一种面向对象的程序设计语言。为什么要用面向对象的方法设计程序？什么是面向对象？面向对象有哪些特征？如何使用面向对象的程序设计语言开发程序？这些问题是本项目要介绍的核心内容。

面向对象是 20 世纪 90 年代开始兴起的软件开发方法，现在主流的应用软件基本都采用面向对象的方法进行设计与开发。所以，面向对象的程序设计是程序员必须掌握的技能之一。

学习目标

- ✓ 理解面向过程和面向对象的区别
- ✓ 掌握 Java 类的基本结构及类的声明方法（重点）
- ✓ 掌握属性的声明方法（重点）
- ✓ 掌握方法的声明方法（重点）
- ✓ 掌握变量的作用域
- ✓ 掌握对象的创建和用法（重点）
- ✓ 掌握构造方法及构造初始化过程
- ✓ 理解方法重载的概念及用法
- ✓ 掌握 this 关键字的用法

知识应用

编程：计算股票的涨跌

项目认知

系统设计阶段的主要目标是制定一个清晰、一致和可执行的设计方案，为后续的编码，以及实现项目功能提供指导。一个良好的系统设计方案能够确保软件系统的稳健性、可扩展性和可维护性，从而提高软件质量和可靠性。本项目主要强调数据库和用户界面两部分的设计，如图 6.1 所示。

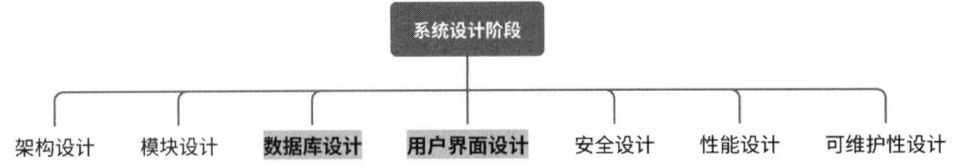

图 6.1　系统设计阶段

【数据库设计】主要完成的工作如下。

（1）设计数据库结构，包括表的设计、字段的定义、关系的建立和数据存储方式的设计等。

（2）其中需要考虑系统的数据存储需求和性能要求。

【用户界面设计】主要完成的工作如下。

（1）设计系统的用户界面，需确保用户能够方便地与系统进行交互和操作。

（2）主要包括界面布局设计、控件选择、导航流程设计和用户体验等方面。

那么贯穿项目的任务是什么呢？通过对本项目知识的学习后，读者需要在之前完成的项目工程基础上，将主入口类中的代码，按照不同的层级进行分类存放，完善传递数据的实体类，以及实现根据不同的身份登录图书管理系统的功能。

任务 6.1　类和对象概述

面向对象编程（Object Oriented Programming，OOP）简称面向对象，是一种对现实世界进行理解和抽象的方法，是计算机编程技术发展到一定阶段后的产物。早期的计算机编程是面向过程的，典型的代表是 C 语言，解决的都是一些相对简单的问题。随着 IT 行业的不断发展，计算机被用于解决越来越复杂的问题。通过面向对象的方法，可以将现实世界的事物抽象成对象，将现实世界中的关系抽象成关联、继承、实现、依赖等关系，从而帮助人们实现对现实世界的抽象与建模。面向对象的方法，更利于人们理解，以及更利于人们对复杂系统进行分析、设计与开发。同时，面向对象能有效提高编程的效率，通过封装技术和消息机制，开发者可以像搭积木一样快速开发出一个全新的系统。

6.1.1　面向过程与面向对象

什么是面向过程？面向过程与面向对象的区别是什么？下面通过一个案例来帮助读者理解面向过程和面向对象的区别。

用面向过程的设计思路编写一个五子棋游戏，其分析步骤如下。

（1）开始游戏，绘制基本画面。

（2）黑棋先走，绘制走完画面。

（3）判断黑棋是否赢棋。

（4）白棋走棋，绘制走完画面。

（5）判断白棋是否赢棋。

（6）返回步骤（2），继续执行。

（7）输出五子棋游戏输赢结果。

根据之前学过的流程控制和 Java API 方法，上述问题可以采用面向对象的方法解决。而面向对象则完全采用了另外一套设计思路，整个五子棋游戏系统可以分为以下 3 部分。

（1）棋盘部分：负责绘制基本画面，以及黑棋、白棋走完后的画面。

（2）黑棋、白棋：除颜色不一样外，其行为是一样的。

（3）规则部分：负责判定输赢和是否犯规。

有了上述 3 部分，整个五子棋游戏系统的运作方式如下。

（1）棋盘部分负责绘制基本画面。

（2）黑棋、白棋部分负责接收用户输入，执行黑棋、白棋部分的行为，并告知棋盘部分。

（3）棋盘部分负责接收黑棋、白棋部分的行为，并绘制黑棋、白棋走完后的画面。

（4）棋盘部分发生变化后，规则部分对棋局进行判定。

通过上述内容，可以明显地看出，面向对象是根据各部分（对象）来划分系统的，而不是根据步骤，每个对象都拥有自己的属性（如棋的颜色）和行为（如绘制基本画面）。编写程序就是呼叫不同对象来执行它的行为，影响其他对象的属性或再呼叫其他对象来执行它的行为，最终完成程序的功能。

采用面向对象的方法有这样的好处，例如，同样是绘制棋盘画面，这样的行为在面向过程的设计中分散在了很多步骤中，需求变动后要在不同的地方进行修改；而在面向对象的设计中，绘制棋盘画面只可能在棋盘部分出现，更便于维护。后面我们还可以看到：得益于封装这项技术，修改绘制基本画面的代码不会影响原有的调用和新的调用。

功能上的统一保证了面向对象程序设计的可扩展性。例如，程序员要加入悔棋的功能，如果采用的是面向过程的设计，则需要修改面向过程代码中所有走棋、棋盘画面绘制部分；如果采用的是面向对象的设计，则只需要改动棋盘部分就行了，棋盘部分保存了黑棋、白棋双方的棋谱，简单回溯就可以，不用调整其他部分，同时整体代码中调用方法的顺序都没有发生变化，只是在"棋盘"方法的内部进行了局部改动。

总的来说：

- 面向对象编程以对象来划分系统。
- 面向对象编程将属性和行为放入对象。
- 面向对象编程通过呼叫对象使其执行行为来完成功能。
- 面向对象编程使程序更易于维护和扩展。

6.1.2 类和对象的概念

前面多次提到"类"和"对象"，现在我们有必要对这两个概念进行深入探讨。

在编程世界中，万物皆对象。例如，一辆具体的汽车、一间具体的房子、一张具体的支票、一张具体的桌子都是对象，甚至一项具体的计划、一种具体的思想都是对象。

下面以现实生活中的两个对象为例来进行介绍。例如，讲授"Java 基础"课程的王老师是一个对象，王老师具有的属性包括姓名、性别、年龄、学历等，具有的行为包括讲课、批改作业等。王老师开的小轿车也是一个对象，小轿车这个对象具有的属性包括品牌、颜色、价格等，具有的行为包括行驶、停止、鸣笛等。

在 Java 面向对象编程中，将这些对象的属性仍然称为属性，而将对象具有的行为称为方法。例如，教师具有姓名、性别、年龄、学历等属性，小轿车具有品牌、颜色、价格等属性，这些属性具体的值被称为属性值。教师具有讲课、批改作业等行为，小轿车具有行驶、停止、鸣笛等行为，这些行为被称为方法。可见，方法是一种动态的行为，而属性是一种静态的特征。细心的读者已经发现，属性通常是名词，行为或方法通常是动词。

什么是类？类是对具有相同属性和相同行为的对象的抽象。例如，班级中有学生王云、刘静涛、南天华、雷静，他们都是现实世界中的学生对象，而"学生"这个角色是我们大脑中的抽象概念，泛指一切学生。对应到面向对象编程世界中，"学生"就是"类"。通过"学生"这个类，可以创建出一个个具体的对象，通常也称实例化一个个对象，如图 6.2 所示。

通过对王云、刘静涛、南天华、雷静这些现实世界中学生对象的抽象，可以分析出学生这个类具有的属性包括姓名、年龄、性别、年级等，具有的方法包括听课、写作业等，如图 6.3 所示。

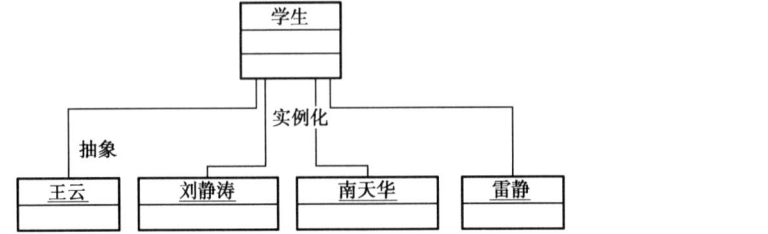

图 6.2　对象和类的关系　　　　　图 6.3　学生类具有的属性和方法

总的来说：

- 对象是具体事物，类是对一类对象的抽象。
- 对象有属性和行为，属性和行为由对象所属的类统一描述。
- 从类产生对象的过程，被称为实例化。

任务 6.2　Java 中的类

Java API 提供了一些现成的类，程序员可以使用这些类来创建对象，如项目 5 提到的 String 类。除了使用现成的 Java 类，程序员还可以自定义 Java 类。接下来会详细地介绍如何定义和使用 Java 类。

6.2.1　基本语法

我们在编写第一个 Java 程序时已经知道，类是 Java 程序的基本单元。Java 是面向对象的程序设计语言，所有程序都是由类组织起来的，也可以说，"类是 Java 的一等公民"。以下是类定义的语法形式：

```
public class 类名 {
    //定义类属性
    属性 1 类型:属性 1 名;
    属性 2 类型:属性 2 名;
    …
    //定义类方法
    方法 1 定义
    方法 2 定义
    …
}
```

在 Java 中，class 是用来定义类的关键字，class 关键字后面是要定义的类的名称，类名后面有一对大括号，大括号里写的是类的主要内容。

类的主要内容分为两部分：第一部分是类的属性定义，在任务 2.4 中学习过，在类内部、方法外部定义的变量被称为成员变量，也可以被称为成员属性，或简称为"属性"；第二部分是类的方法定义，通过方法的定义可以描述类（对象）具有的动态行为，这些方法也可以被称为成员方法，或简称为"方法"。

接下来通过定义学生类 Student 来熟悉 Java 类定义的写法，代码如程序清单 6.1 所示。

```
public class Student {
    String stuName;        //学生姓名
    int stuAge;            //学生年龄
    int stuSex;            //学生性别
    int stuGrade;          //学生年级

    //定义听课的方法，在控制台中直接输出
    public void learn() {
        System.out.println(stuName + "正在认真听课！");
    }

    //定义写作业的方法，输入时间，返回字符串
    public String doHomework(int hour) {
        return "现在是北京时间" + hour + "点，" + stuName + " 正在写作业！";
    }
}
```

程序清单 6.1

需要注意的是，Student 类里面没有 main() 方法，所以只能编译，不能运行。

定义好 Student 类后，就可以根据这个类创建（实例化）对象了。类相当于一个模板，可以创建多个对象。创建对象的语法形式如下：

```
类名 对象名 = new 类名();
```

在学习使用 String 类时，已经使用过这种语法，所以读者对这样的语法形式并不陌生。在创建对象时，要使用 new 关键字，其后面要跟着类名（构造方法名），类名后面的括号内可传递构造参数。

根据上面创建对象的语法形式，创建 wangYun 这个学生对象，代码如下：

```
Student wangYun = new Student();
```

这里，只创建了 wangYun 这个对象，并没有给这个对象的属性赋值。考虑到每个对象的属性值不一样，所以通常在创建对象后直接给对象的属性赋值。在 Java 中，通过 "." 操作符来引用对象的属性和方法，具体的语法形式如下：

```
对象名.属性;
对象名.方法();
```

通过上面的语法形式，可以给对象的属性赋值，也可以更改对象属性的值或者调用对象的方法，具体的代码如下：

```
wangYun.stuName ="王云";
wangYun.stuAge = 22;
wangYun.stuSex = 1;              //1 代表男，2 代表女
wangYun.stuGrade = 4;           //4 代表大学四年级
wangYun.learn();                //调用学生听课的方法
wangYun.doHomework(22);         //调用学生写作业的方法，输入值 22 代表现在是 22 点
```

接下来通过创建一个测试类 TestStudent（这个测试类需要和之前编译过的 Student 类位于同一个目录）来测试 Student 类的创建和使用，代码如程序清单 6.2 所示。

```
public class TestStudent {
    public static void main(String[] args) {
        Student wangYun = new Student();              //创建 wangYun 学生对象
        wangYun.stuName = "王云";
        wangYun.stuAge = 22;
        wangYun.stuSex = 1;                           //1 代表男，2 代表女
        wangYun.stuGrade = 4;                         //4 代表大学四年级
        wangYun.learn();                              //调用学生听课的方法
        String rstString = wangYun.doHomework(22);    //调用学生写作业的方法，输入值 22 代表现在是 22 点
        System.out.println(rstString);
    }
}
```

程序清单 6.2

图 6.4　创建和使用 Student 类

编译并运行该程序，运行结果如图 6.4 所示。

这个程序虽然简单，但这是我们第一次使用两个类来完成程序。其中，TestStudent 类是测试类，测试类中包含 main()方法，提供程序运行的入口。在 main()方法内，首先创建 Student 类的对象并给对象属性赋值，然后调用对象的方法。

这个程序有两个 Java 文件，每个 Java 文件中编写了一个 Java 类，编译完成后形成两个.class文件。也可以将两个 Java 类写在一个 Java 文件里，但其中只能有一个类用 public 修饰，并且这个 Java 文件的名称必须用这个 public 类的类名命名，代码如程序清单 6.3 所示。

```
public class TestStudent2 {
    public static void main(String[] args) {
        Student wangYun = new Student();              //创建 wangYun 学生对象
        wangYun.stuName = "王云";
        wangYun.stuAge = 22;
        wangYun.stuSex = 1;                           //1 代表男，2 代表女
        wangYun.stuGrade = 4;                         //4 代表大学四年级
        wangYun.learn();                              //调用学生听课的方法
        String rstString = wangYun.doHomework(22);    //调用学生写作业的方法，输入值 22 代表现在是 22 点
        System.out.println(rstString);
    }
}


class Student2                                        //不能使用 public 修饰
{
    String stuName;                                   //学生姓名
    int stuAge;                                       //学生年龄
    int stuSex;                                       //学生性别
    int stuGrade;                                     //学生年级

    //定义听课的方法，在控制台中直接输出
    public void learn() {
        System.out.println(stuName + "正在认真听课！");
    }

    //定义写作业的方法，输入时间，返回字符串
```

```
        public String doHomework(int hour) {
            return "现在是北京时间" + hour + "点，" + stuName + "正在写作业！";
        }
    }
```

程序清单 6.3

在上面的案例中，对对象的属性都是先赋值再使用的。如果没有赋值就直接使用对象的属性，那么会产生什么样的结果呢？

下面将 TestStudent 测试类的代码修改成程序清单 6.4 所示的形式。

```
public class TestStudent3 {
    public static void main(String[] args) {
        Student wangYun = new Student();                  //创建 wangYun 学生对象
        System.out.println("未赋值前的学生姓名为：" + wangYun.stuName);
        System.out.println("未赋值前的学生年龄为：" + wangYun.stuAge);
        System.out.println("未赋值前的学生性别数值为：" + wangYun.stuSex);
        System.out.println("未赋值前的学生年级为：" + wangYun.stuGrade);
        //给对象的属性赋值
        wangYun.stuName = "王云";
        wangYun.stuAge = 22;
        wangYun.stuSex = 1;                               //1 代表男，2 代表女
        wangYun.stuGrade = 4;                             //4 代表大学四年级
        System.out.println("赋值后的学生姓名为：" + wangYun.stuName);
        System.out.println("赋值后的学生年龄为：" + wangYun.stuAge);
        System.out.println("赋值后的学生性别数值为：" + wangYun.stuSex);
        System.out.println("赋值后的学生年级为：" + wangYun.stuGrade);
    }
}
```

程序清单 6.4

程序运行结果如图 6.5 所示。

从图 6.5 所示的程序运行结果可以看出，在未给对象属性赋值前使用属性时，使用的都是属性对应数据类型的默认值，即如果该属性为引用数据类型，则其初始默认值为 null；如果该属性是 int 型，则其初始默认值为 0。

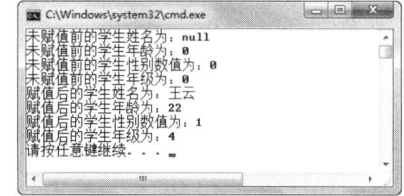

图 6.5　未赋值就使用和赋值后再使用对象属性的运行结果

6.2.2　案例

在 6.2.1 节中，定义了 Student 类后，首先使用 TestStudent 测试类创建了一个 Student 类的对象 wangYun，然后给 wangYun 对象的属性赋值并调用对象的方法。接下来定义一个老师类 Teacher，其具有的属性和方法如图 6.6 所示。

下面新定义一个 TestStuTea 类，用于组织这个新程序的程序结构。该程序中包含 2 个老师对象（基本信息见表 6.1）和 4 个学生对象（基本信息见表 6.2）。

表 6.1　老师对象的基本信息

姓　　名	专　　业	课　　程	教龄/年
蒋涵	计算机应用	Java 基础	5
田斌	软件工程	前端技术	10

表 6.2　学生对象的基本信息

姓　名	年龄/岁	性　别	年　级
王云	22	男	4
刘静涛	21	女	3
南天华	20	男	3
雷静	22	女	4

程序要完成的功能如下。

（1）在程序开始运行时，用户需要在控制台中依次输入所有老师和学生的基本信息。

（2）在控制台中输入完这些老师和学生的基本信息后，调用第 1 个老师讲课的方法，在控制台中输出"**（该老师的姓名）正在辛苦讲：**（该老师所授课程）课程"的信息。

（3）依次调用所有学生听课的方法，在控制台中输出"**（该学生的姓名）正在认真听课!"的信息。

（4）依次调用所有学生写作业的方法，在控制台中输出"现在是北京时间 20 点，**（该学生的姓名）正在写作业!"的信息，其中，20 作为参数传递给写作业的方法。

（5）调用第 2 个老师批改作业的方法，依次批改所有学生的作业，在控制台中输出"讲授**（该老师所授课程）课程的老师**（该老师的姓名）已经批改完**（该学生的姓名）的作业!"。

程序运行结果如图 6.7 所示。

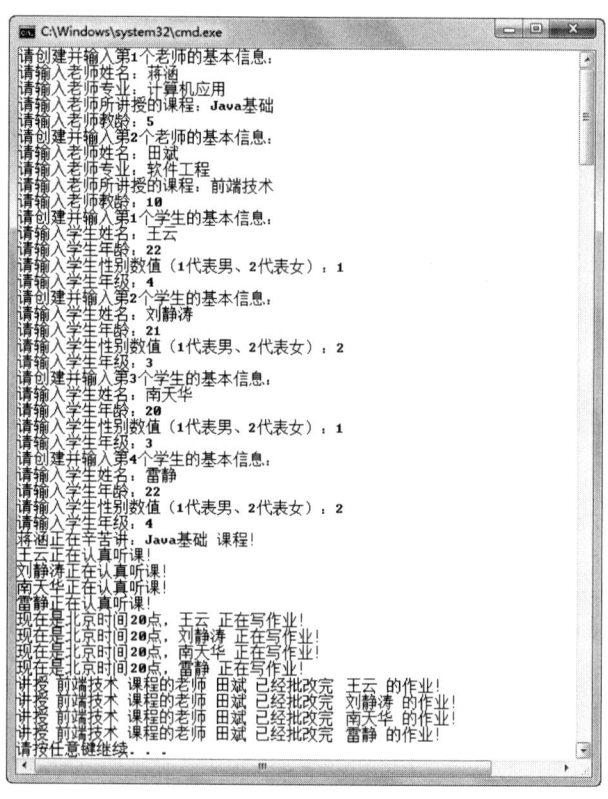

```
老师
+姓名
+专业
+课程
+教龄
+讲课()
+批改作业()
```

图 6.6　老师类具有的属性和方法　　　　　图 6.7　Java 类的简单运用

程序清单 6.5 所示的代码使用了 2 个数组，分别用于存储 2 个老师对象和 4 个学生对象（在对象被创建以前，数组中的元素值都是 null），并使用 createTeacher()、createStudent() 方法创建了具体的老师对象和学生对象并分别为对象的属性赋值，之后通过对 teach()、learn() 等方法的调用，输出老师对象和学生对象中的各个功能。

```java
import java.util.Scanner;

public class TestStuTea {
    static Scanner input = new Scanner(System.in);

    public static void main(String[] args) {
        Teacher[] tea = new Teacher[2];        //创建长度为 2 的数组 tea，用于存储 2 个老师对象
        Student[] stu = new Student[4];        //创建长度为 4 的数组 stu，用于存储 4 个学生对象
        for (int i = 0; i < tea.length; i++) {
            System.out.println("请创建并输入第" + (i + 1) + "个老师的基本信息：");
            tea[i] = createTeacher();          //调用 createTeacher()方法创建第 i+1 个老师对象并赋值
        }
        for (int j = 0; j < stu.length; j++) {
            System.out.println("请创建并输入第" + (j + 1) + "个学生的基本信息：");
            stu[j] = createStudent();          //调用 createStudent()方法创建第 j+1 个学生对象并赋值
        }
        //调用第 1 个老师讲课的方法，在控制台中输出
        tea[0].teach();
        //依次调用所有学生听课的方法，在控制台中输出
        for (int j = 0; j < stu.length; j++) {
            stu[j].learn();
        }
        //依次调用所有学生写作业的方法，在控制台中输出
        for (int j = 0; j < stu.length; j++) {
            String tempStr = stu[j].doHomework(20);        //其中，20 作为参数传递给写作业的方法
            System.out.println(tempStr);
        }
        for (int j = 0; j < stu.length; j++) {
            //调用第 2 个老师批改作业的方法，依次批改所有学生的作业，在控制台中输出
            tea[1].checkHomework(stu[j]);
        }
    }

    //创建老师对象并赋值
    public static Teacher createTeacher() {
        Teacher tea = new Teacher();
        System.out.print("请输入老师姓名：");
        tea.teaName = input.next();
        System.out.print("请输入老师专业：");
        tea.teaSpecialty = input.next();
        System.out.print("请输入老师所讲授的课程：");
        tea.teaCourse = input.next();
        System.out.print("请输入老师教龄：");
        tea.teaYears = input.nextInt();
        return tea;
    }

    //创建学生对象并赋值
    public static Student createStudent() {
```

```java
        Student stu = new Student();
        System.out.print("请输入学生姓名：");
        stu.stuName = input.next();
        System.out.print("请输入学生年龄：");
        stu.stuAge = input.nextInt();
        System.out.print("请输入学生性别数值（1 代表男、2 代表女）：");
        stu.stuSex = input.nextInt();
        System.out.print("请输入学生年级：");
        stu.stuGrade = input.nextInt();
        return stu;
    }
}

class Teacher {                          //不能使用 public 修饰

    String teaName;                      //老师姓名
    String teaSpecialty;                 //老师专业
    String teaCourse;                    //老师所讲授的课程
    int teaYears;                        //老师教龄

    //定义讲课的方法，在控制台中直接输出
    public void teach() {
        System.out.println(teaName + "正在辛苦讲：" + teaCourse + " 课程！");
    }

    //定义批改作业的方法，输入值为一个学生对象，在控制台中直接输出结果
    public void checkHomework(Student stu) {
        System.out.println("讲授" + teaCourse + " 课程的老师"
                + teaName + " 已经批改完 " + stu.stuName + " 的作业！");
    }
}

class Student {                          //不能使用 public 修饰

    String stuName;                      //学生姓名
    int stuAge;                          //学生年龄
    int stuSex;                          //学生性别
    int stuGrade;                        //学生年级

    //定义听课的方法，在控制台中直接输出
    public void learn() {
        System.out.println(stuName + "正在认真听课！");
    }

    //定义写作业的方法，输入时间，返回字符串
    public String doHomework(int hour) {
        return "现在是北京时间" + hour + "点，" + stuName + " 正在写作业！";
    }
}
```

程序清单 6.5

6.2.3　初识封装

企业在面试时经常会问到，面向对象有哪些基本特征？答案应该是封装、继承和多态。继承和多态在后续项目中会详细介绍，这里简要介绍一下封装。

封装的目的是简化编程和增强安全性。

（1）简化编程是指封装可以让开发者不必了解具体类的内部实现细节，而只需要通过 Java API 提供给外部访问的方法来访问类中的属性和方法。例如，Java API 中的 Arrays.sort()方法可以用于对数组进行排序操作，开发者只需要将待排序的数组名放到 Arrays.sort()方法的参数中，该方法就会自动将数组排好序。可见，开发者根本不需要了解 Arrays.sort()方法的底层逻辑，只需简单地将数组名传递给方法即可实现排序。

（2）增强安全性是指封装可以使某个属性只能被当前类使用，从而避免被其他类或对象误操作。例如，在 6.2.1 节的程序中，Student 类的 stuAge 属性是以 public 的形式体现的，但这样做实际是存在安全隐患的：TestStudent 类（或在访问修饰符可见范围内的其他类）完全可以随意地对 stuAge 属性进行修改，代码如程序清单 6.6 所示。

```
public class TestStudent {
    public static void main(String[] args) {
        Student wangYun = new Student();
        wangYun.stuAge = -10;
        ...
    }
}
```

程序清单 6.6

在这段程序代码中，给 stuAge 属性赋了一个不符合逻辑的值，但语法是正确的。因此，这种做法实际就给程序造成了安全问题。如何避免此类问题呢？答案是可以使用 private 修饰符来修饰 stuAge 属性，从而禁止 Student 类以外的类对 stuAge 属性进行修改。但这么做未免显得“过犹不及”，为了保证安全，也不至于让其他类无法访问吧！有没有一种办法，既能让其他类访问 Student 类中的 stuAge 属性，又能保证其他类始终是在安全的数值范围内修改 stuAge 属性值呢？答案是有，先用 private 修饰 stuAge 属性，然后给该属性提供两个用 public 修饰的、保证属性安全的访问方法（setter()方法和 getter()方法），即：

（1）用 private 修饰符禁止其他类直接访问属性。

（2）给第（1）步中的属性新增两个用 public 修饰的 setter()和 getter()方法，以供其他类安全地访问该属性。

setter()方法用于给属性赋值，而 getter()方法用于获取属性的值。setter()方法的名字通常是 set+属性名，getter()方法的名字通常是 get+属性名。

根据以上描述，先用 private 修饰 stuAge 属性，禁止 TestStudent 类对 stuAge 属性的直接访问，以此保证 stuAge 属性的安全；然后新增 setStuAge()方法和 getStuAge()方法，一方面供 TestStudent 类间接地访问 stuAge 属性，另一方面保证了 stuAge 属性的数据安全，代码如程序清单 6.7 所示。

```
public class Student {
    private int stuAge ;

    //获取 stuAge 属性的值
    public int getStuAge() {
        return stuAge;
```

```
        }
        //给 stuAge 属性赋一个合法的值
        public void setStuAge(int age) {
                //如果年龄在合理范围内，则正常赋值
            if( age >0 && age <110)
                stuAge = age;
            else    //如果对年龄的赋值不合理，则设置为默认值 0
                stuAge = 0 ;
        }
    }
```

程序清单 6.7

后续，其他类只需要调用 setStuAge()方法和 getStuAge()方法，就能对 stuAge 属性进行安全赋值或取值，代码如程序清单 6.8 所示。

```
public class TestStudent3 {
    public static void main(String[] args) {
        Student wangYun = new Student();
        /* 如果给 stuAge 属性赋负值，setStuAge()方法就会将 stuAge 属性设置为默认值 0，以防止出现安全问题
        wangYun.setStuAge(-10); */
        wangYun.setStuAge(22);
        int age = wangYun.getStuAge() ;
    }
}
```

程序清单 6.8

实际上，使用 setter()方法和 getter()方法的解决方案遵循了一个程序设计的基本原则：逻辑代码不能写在变量中，而必须写在方法或代码块中。

任务 6.3　构造方法

构造方法不同于普通方法，普通方法代表对象的行为，而构造方法是提供给系统用于创建对象的方法。

6.3.1　基本语法

构造方法（也称为构造函数、构造器）是一种特殊的方法，具有以下特点。

（1）构造方法的方法名必须与类名相同。

（2）构造方法没有返回值类型，在方法名前也不能声明返回值类型（包括 void）。

构造方法的语法形式如下：

[访问修饰符] 类名([参数列表]) ;

虽然构造方法在语法形式上没有返回值类型，但其实构造方法是有返回值的，返回的是刚刚被初始化完成的当前对象的引用。既然构造方法返回被初始化对象的引用，那么为什么不写返回值类型呢？例如，Student 类的构造方法为什么不写成 "public Student Student(参数列表){…}" 呢？

因为在 Java 中，设计人员通常认为如果一个方法的方法名和这个方法的返回值类型的类名相同，这个方法应该就是一个普通方法，只是名称"碰巧"相同罢了。同样，编译器在识别这类方法时，也会将其视为一个普通方法。为了和普通方法进行区别，Java 设计人员规定构造方法不写返回值类型，编译器只是通过这一规定来识别构造方法，而不是说构造方法真的没有返回值。

将 Student 类的代码改写为程序清单 6.9 所示的形式。为了节省篇幅，该程序清单省略了 Student 类中的其他方法。

```java
public class Student {
    private String stuName;
    private int stuAge;
    private int stuSex;
    private int stuGrade;

    //构造方法，用于初始化对象的成员变量
    public Student(String name, int age, int sex, int grade) {
        stuName = name;
        stuAge = age;
        stuSex = sex;
        stuGrade = grade;
    }
    //省略了 Student 类中的其他方法
}
```

程序清单 6.9

测试类 TestStudent 的代码如程序清单 6.10 所示。

```java
public class TestStudent {
    public static void main(String[] args) {
        //使用带参的构造方法，创建 wangYun 学生对象并初始化对象
        Student wangYun = new Student("王云", 22, 1, 4);
        wangYun.learn();
        String rstString = wangYun.doHomework(22);
        System.out.println(rstString);
    }
}
```

程序清单 6.10

编译并运行程序，运行结果如图 6.8 所示。

图 6.8　使用构造方法创建并初始化对象

6.3.2　this 关键字

this 是 Java 中的一个关键字，表示"指向当前对象的引用（后文简称为'当前对象'）"。举个例子，在 6.2.3 节中给 stuAge 属性赋值的语句是"wangYun.setStuAge(22);"，这条语句中的当前对象就是 wangYun，因此在 setStuAge()方法中 this 就是 wangYun。

在实际开发时，this 通常用于以下两种场景。

（1）区分成员变量和局部变量，避免命名的烦恼。

（2）调用其他构造方法。

先看一下如何使用 this 区分成员变量和局部变量。在 6.2.3 节中，我们是通过以下代码给 stuAge 属性赋值的：

```
private int stuAge ;
...
public void setStuAge(int age) {
        ...
        stuAge = age ;
}
```

是否可以将参数 age 和成员变量 stuAge 设置为相同的名称？代码如下：

```
private int age ;
...
public void setAge(int age) {
        ...
        age = age ;
}
```

显然，编译器将无法区分"age = age"这条语句中哪个变量是成员变量、哪个变量是参数，之前只能通过设置不同的变量名来区分。而现在，我们可以通过 this 来区分不同的 age，代码如下：

```
private int age ;
...
public void setAge(int age) {
        ...
        this.age = age ;
}
```

在"this.age = age ;"这条语句中，因为 this 代表当前对象，所以"this.age"就代表了当前对象的 age 属性；而"age"没有使用 this 修饰，编译器就会根据变量的作用域，默认其为方法参数中的 age。

再看一下如何使用 this 调用其他构造方法。

在构造方法中，还可以使用 this 调用类中的其他构造方法，但这种"this()"语句必须写在构造方法的第一行，代码如下：

```
public Student() {
    //调用有一个 String 参数的构造方法
    this(" WangYun" );
}

public Student(String name) {
    //调用有两个参数的构造方法
    this(name,23);
}
```

```
public Student(String name, int age) {
    ...
}
```

需要注意的是，所有的构造方法之间不能循环调用，否则会出现类似"死循环"的现象。例如，在以上代码中，如果在最后一个构造方法的第一行也加上"this()"，那么 3 个构造方法会无限制地彼此调用。

6.3.3　案例

构造方法的主要作用是完成对象的初始化工作，它能够把定义对象时的参数传给对象。一个类可以定义多个构造方法，但需要根据参数的个数、类型或排列顺序来区分不同的构造方法，代码如程序清单 6.11 所示。

```java
public class Student {
    private String stuName;
    private int stuAge;
    private int stuSex;
    private int stuGrade;

    //构造方法，用于初始化对象的属性
    public Student(String name, int age, int sex, int grade) {
        //调用 Student 类中的另一个构造方法
        this(name,age,sex);
        this.stuGrade = 4;
    }

    //构造方法，用于初始化对象的属性（不带年级参数，设置年级默认值为4）
    public Student(String name, int age, int sex) {
        this(name,sex);
        this.stuAge = age;
        this.stuGrade = 4;
    }

    //构造方法，用于初始化对象的属性
    //不带年龄、年级参数，设置年龄默认值为22，年级默认值为4
    public Student(String name, int sex) {
        this.stuSex= sex;
        this.stuName= name;
        this.stuAge = 22;
        this.stuGrade = 4;
    }

    public Student(String name) {
        this.stuName= name;
        this.stuAge = 22;
        this.stuGrade = 4;
    }

    public int getStuAge() {
        return stuAge;
```

```
        }

        public void setStuAge(int age) {
            if( age >0 && age <110)
                    stuAge = age;
            else
                    stuAge = 0 ;
        }


        //省略了 Student 类中的其他方法
    }
```

程序清单 6.11

新建测试类 TestStudent，其代码如程序清单 6.12 所示。程序运行结果如图 6.9 所示。

```
public class TestStudent {
    public static void main(String[] args) {
        //使用不同参数列表的构造方法创建 wangYun、liuJT、nanTH 3 个学生对象
        Student wangYun = new Student("王云", 22, 1, 4);
        Student liuJT = new Student("刘静涛", 21, 2);
        Student nanTH = new Student("南天华");
        nanTH.setStuSex(1) ;

        wangYun.learn();
        String rstString = wangYun.doHomework(22);
        System.out.println(rstString);

        liuJT.learn();                                  //调用 liuJT 对象的 learn()方法
        //调用 liuJT 对象的 getStuName()方法和 getStuGrade()方法获得属性值
        System.out.println(liuJT.getStuName() + " 正在读大学" + liuJT.getStuGrade() + "年级");

        System.out.println(nanTH.doHomework(23));       //调用 nanTH 对象的 doHomework(23)方法
    }
}
```

程序清单 6.12

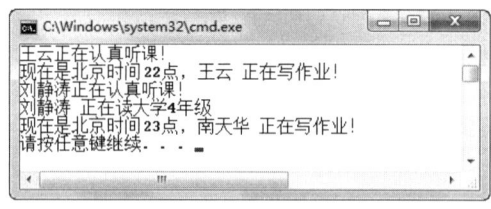

图 6.9   使用类的多个构造方法

构造方法有一个约定：如果在定义类时没有定义构造方法，则编译系统会自动插入一个无参数的默认构造方法，这个构造方法的方法体为空；如果在定义类时定义了有参构造方法，没有显式地定义无参构造方法，在使用构造方法创建类对象时，则不能使用默认的无参构造方法。

例如，在 TestStudent 测试类的 main()方法内添加一条语句 "Student leiJing = new Student();"，则编译器会报错，提示没有找到无参构造方法。

任务 6.4　对象初始化过程

对象的初始化过程涉及两个主要步骤：步骤一，在堆内存中申请一块用于存储对象属性值的空间，并将这些属性赋予默认值（例如，数值型的默认值为 0，布尔型的默认值为 false，引用数据类型的默认值为 null）。之后，根据构造方法中的代码逻辑，这些属性会被赋予程序员期望的数据或用户指定的数据。步骤二，在栈内存中申请一块用于存储该对象的引用变量的空间。这个引用变量存储的是指向堆内存中对象的地址。通过这个引用变量，程序可以在栈内存中操作堆内存中的对象。最终，可以通过栈内存中的引用变量来访问或修改堆内存中的对象及其属性。

下面结合代码（程序清单 6.13 和程序清单 6.14），分析对象初始化过程中内存演变的细节。

本次在堆内存中存储的对象是由 Student 类生成的，并且 Student 类通过初始化块给属性赋了值（初始化块会在本节后续分析内存演变时讲解），代码如程序清单 6.13 所示。

```java
public class Student {
    private String stuName = "";
    private int stuAge = -1;
    private int stuSex = -1;
    private int stuGrade = -1;

    //使用初始化块初始化
    {
        System.out.println("使用初始化块初始化");
        this.stuName = "雷静";
        this.stuAge = 22;
        this.stuSex = 2;
        this.stuGrade = 4;
    }

    //无参构造方法
    public Student() {
        System.out.println("使用无参构造方法初始化");
    }

    //有参构造方法，用于初始化对象的成员变量
    public Student(String name, int age, int sex, int grade) {
        System.out.println("使用有参构造方法初始化");
        this.stuName = name;
        this.stuAge = age;
        this.stuSex = sex;
        this.stuGrade = grade;
    }
    //省略了 Student 类中的其他方法
}
```

程序清单 6.13

新建测试类 TestStudent，其代码如程序清单 6.14 所示。

```java
public class TestStudent{
    public static void main(String[] args){
        Student temp = new Student();
```

```
        System.out.println(temp.getStuName() + " 正在读大学" + temp.getStuGrade() + "年级");
        //在初始化块执行之后使用构造方法初始化对象的成员变量
        Student wangYun = new Student("王云",22,1,4);
        System.out.println(wangYun.getStuName() + " 正在读大学" + wangYun.getStuGrade() + "年级");
    }
}
```

程序清单 6.14

程序清单 6.13 和程序清单 6.14 中的代码在对象初始化时的内存演变过程如下。

（1）当"Student temp= new Student();"执行时，首先需要在堆内存中申请空间，用于存储对象的实例，在这块空间上成员变量的值全部为默认值：stuName 的值是 null、stuAge 的值是 0……如图 6.10 所示。

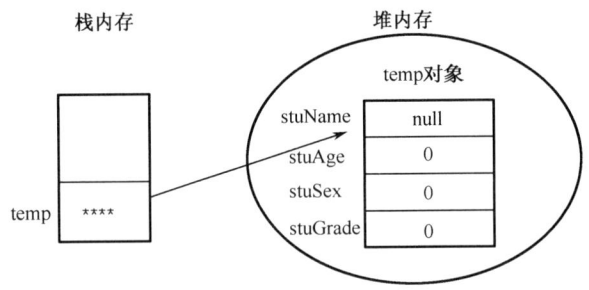

图 6.10　对象初始化内存结构（1）

（2）执行声明的初始化（由设计该类的开发者指定）。例如，在 Student 类中，"private int stuAge = -1;"代表开发者希望 stuAge 属性用值-1 覆盖默认值，其他同理，如图 6.11 所示。

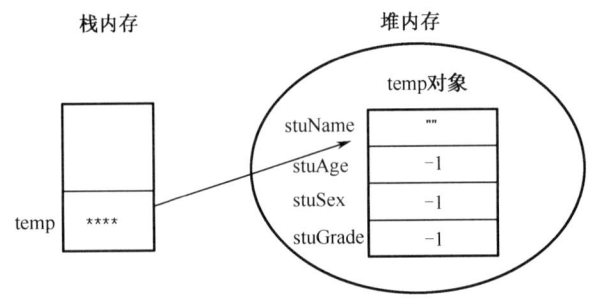

图 6.11　对象初始化内存结构（2）

（3）使用初始化块初始化。初始化块就是在类的下一级（与成员变量和成员方法同级）用一对大括号括起来的代码块，语法形式如下：

```
    {
        代码块
    }
```

初始化块可以用来覆盖类的成员变量的值，初始化块的执行时机发生在"声明初始化"之后、"构造方法初始化"之前。例如，程序清单 6.13 中的如下初始化代码，就用于给成员变量再次赋值（见图 6.12）：

```
    {
        this.stuName = "雷静";
        this.stuAge = 22;
```

```
        this.stuSex = 2;
        this.stuGrade = 4;
    }
```

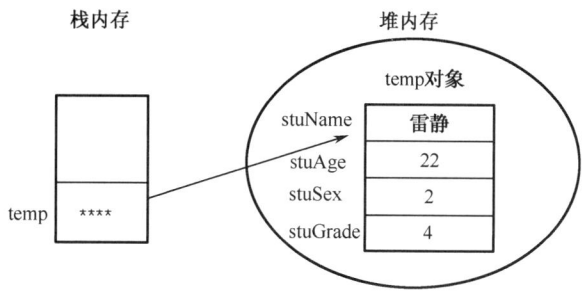

图 6.12　对象初始化内存结构（3）

执行程序清单 6.14 的代码后，其运行结果如图 6.13 所示。读者可以通过运行结果，分析上面所说的初始化块的执行时机。

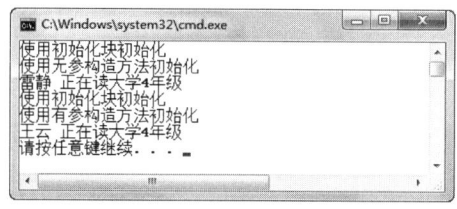

图 6.13　对象初始化过程

（4）使用构造方法初始化。例如，"Student wangYun = new Student("王云", 22, 1, 4);"在默认初始化、声明初始化、初始化块之后，再次用构造方法覆盖各个属性的值，如图 6.14 所示。

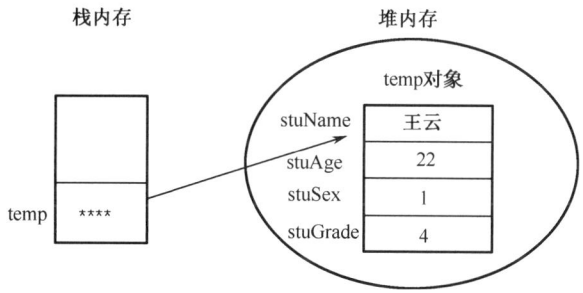

图 6.14　对象初始化内存结构（4）

任务 6.5　重载

6.5.1　基本语法

在同一个类中，可以有两个或两个以上的方法具有相同的方法名，但它们的参数列表不可以相同，这种形式被称为重载（Overload）。所谓参数列表不同，包括以下 3 种情形。
- 参数的数量不同。
- 参数的类型不同。
- 参数的顺序不同。

必须注意的是，仅返回值不同不能视为方法重载，还会出现一个语法错误。而且重载的方法之间只是"碰巧"名称相同罢了，不具备连带效应。既然方法名相同，那么在使用相同的名称调用方法时，编译器如何确定调用哪个方法呢？这就要依据传入参数的不同来确定具体调用哪个方法了。

注意：一个类的多个构造方法被视为重载，因为多个构造方法的方法名相同，而参数列表不同，所以符合重载的定义。

6.5.2 案例

请看程序清单 6.15 中的代码，其中的重点是 read()方法的重载。

```java
public class Student {
    private String name;
    private int age;

    //构造方法，用于初始化对象的属性
    public Student(String name, int age) {
        this.name = name;
        this.age = age;
    }

    //省略了 Student 类中的其他方法

    /*学生读书的方法（如果属性值是默认值，就代表不需要使用该属性。例如，当 bookAuthor 的值是 null 时，就不用打印 bookAuthor 这一属性）*/
    public void read(String bookName, String bookAuthor, double bookPrice) {
        //当 bookAuthor 使用的是默认值时，就只打印 bookName 和 bookPrice
        if (bookName != null && bookAuthor == null && bookPrice != 0.0) {
            System.out.println(this.name + "正在读《" + bookName + "》，书价是" + bookPrice);
        }
        //当 bookPrice 使用的是默认值时
        if (bookName != null && bookAuthor != null && bookPrice == 0.0) {
            System.out.println(this.name + "正在读《" + bookName + "》，作者是" + bookAuthor);
        }

        //当全部的参数都使用的是默认值时
        if (bookName == null && bookAuthor == null && bookPrice == 0.0) {
            System.out.println(this.name + "正在读书");
        }

        //当全部的参数都使用的不是默认值时
        if (bookName != null && bookAuthor != null && bookPrice != 0.0) {
            System.out.println(this.name + "正在读《" + bookName + "》，作者是" + bookAuthor + ",
书价是" + bookPrice);
        }
    }

    //以下 3 个方法，演示了如何在重载中复用已有的方法
    public void read(String bookName, String bookAuthor) {
        this.read(bookName, bookAuthor, 0.0);
    }
```

```
    public void read(String bookName, double bookPrice) {
        this.read(bookName, null, bookPrice);
    }

    public void read(String bookName) {
        this.read(bookName, null, 0.0);
    }

    public void read() {
        this.read(null, null, 0.0);
    }

}
```

程序清单 6.15

上面的代码重载了 read()方法。测试类 main()方法中的代码如下：

```
Student stu = new Student("王云",22);
stu.read("Java 编程思想","埃克尔",108.0);
stu.read("Java 编程思想","埃克尔");
stu.read("Java 编程思想",108.0);
stu.read();
```

程序运行结果如图 6.15 所示。

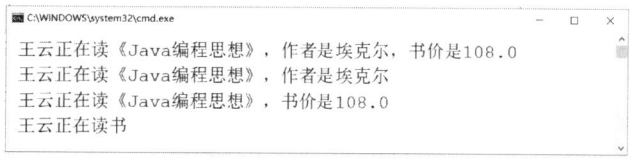

图 6.15 方法重载的使用

细心的读者可能已经注意到了，在一些重载方法的方法体内调用了其他重载方法。这种情况在类重载方法的使用上非常普遍，有利于代码的重用和维护。

知识梳理与总结

本项目讲解的类和对象是面向对象思想的基石，读者需要重点掌握以下内容。

（1）类是抽象的，对象是具体的；类是对象的模板，一个类可以产生多个对象。

（2）封装用于尽量将类中的属性私有化，以防止其他类对属性的直接操作而造成安全隐患。

（3）构造方法的名字和类名相同，并且构造方法没有返回值类型。构造方法可以用于生成对象。

（4）this 关键字可以区分成员变量和局部变量。this 关键字用于定位成员变量时可以写在构造方法的任意行，但用于调用其他构造方法时只能写在第一行。

（5）对象初始化过程的 4 个步骤：将内存空间初始化为默认值；声明初始化，即声明程序变量时指定的值；通过初始化块给成员变量赋值；在调用构造方法时，使用构造方法所带的参数初始化成员变量。可以用不断覆盖旧值来理解这个过程，读者需要记住该顺序。

（6）重载不仅可以在一定程度上解决命名烦恼，还可以使程序方便地复用已有代码，其重点是：方法名相同，参数列表（参数的数量、参数的类型、参数的顺序）不同，而其他不同点都不能用来区分是否为方法重载。

读者可以通过知识树来回顾和总结所学的内容，如图 6.16 所示。

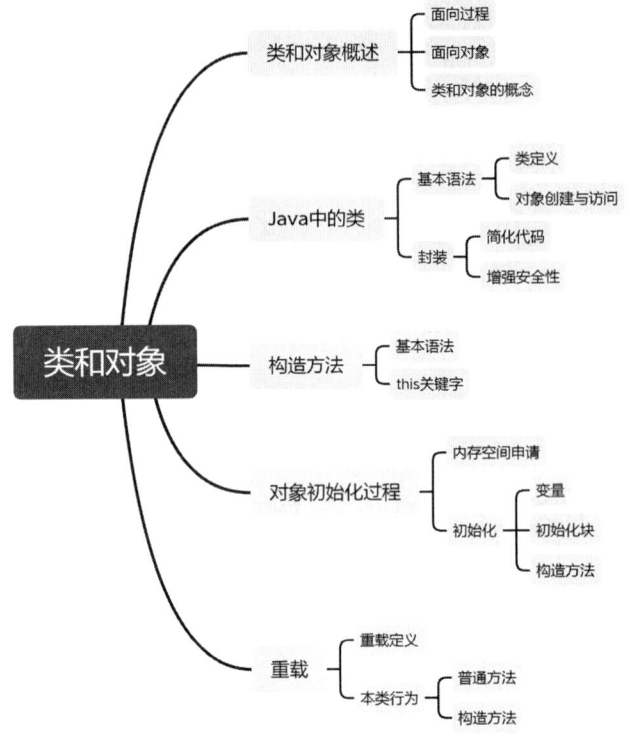

图 6.16　知识树

思考与练习

一、单选题

（1）程序员可以将多个 Java 类写在一个 Java 文件中，但其中只有一个类能用（　　）修饰。

    A．public　　　　　B．protected　　　　　C．private　　　　　D．default

（2）以下关于类和对象的说法中，（　　）是错误的。

    A．类是抽象的，对象是具体的

    B．类可以产生多个对象，多个对象可以抽象出一个类

    C．"人"这个类，可以具体化为学生、工人，因此学生和工人就是对象

    D．类可以通过 new 产生对象

（3）以下（　　）不是面向对象具有的特征。

    A．继承　　　　　B．封装　　　　　C．多态　　　　　D．静态

（4）以下（　　）不是 "public static void aMethod(){...}" 的重载方法。

    A．public static void aMethod(int num){...}

    B．public static int　aMethod(){...}

    C．public static void aMethod(int num ,String name){...}

    D．public static int　aMethod(String name){...}

（5）以下关于构造方法的描述中，（　　　）是正确的。

    A．如果程序中没有任何构造方法，则编译系统会默认增加一个无参构造方法

    B．如果程序中没有任何构造方法，则编译系统会默认增加一个有参构造方法

    C．如果程序中存在构造方法，则编译系统会默认增加一个无参构造方法

    D．如果程序中存在构造方法，则编译系统会默认增加一个有参构造方法

（6）以下关于 this 的描述中，（　　　）是错误的。

    A．this 可以用于区分成员变量和局部变量

    B．this 可以用于调用其他构造方法

    C．在同一个构造方法中，可以使用两次 this 调用其他两个构造方法

    D．在使用 this 调用其他构造方法时，要避免多个构造方法之间的无限循环现象

（7）关于对象初始化的过程，以下顺序正确的是（　　　）。

    A．

    ① 将成员变量赋为定义类时设置的初始值

    ② 在实例化对象时，将成员变量初始化为默认值

    ③ 通过初始化块给成员变量赋值

    ④ 在调用构造方法时，使用构造方法所带的参数初始化成员变量

    B．

    ① 在实例化对象时，将成员变量初始化为默认值

    ② 将成员变量赋为定义类时设置的初始值

    ③ 通过初始化块给成员变量赋值

    ④ 在调用构造方法时，使用构造方法所带的参数初始化成员变量

    C．

    ① 通过初始化块给成员变量赋值

    ② 将成员变量赋为定义类时设置的初始值

    ③ 在实例化对象时，将成员变量初始化为默认值

    ④ 在调用构造方法时，使用构造方法所带的参数初始化成员变量

    D．

    ① 在调用构造方法时，使用构造方法所带的参数初始化成员变量

    ② 将成员变量赋为定义类时设置的初始值

    ③ 通过初始化块给成员变量赋值

    ④ 在实例化对象时，将成员变量初始化为默认值

二、编程题

编写一个简单的程序，计算股票的涨跌幅，定义的类需要具有一个以上的构造方法，并且能够准确地表现股票的涨跌，其中，涨跌幅 = (当前股票价格-上一个交易日收盘价) / 上一个交易日收盘价 ×100%。要求如下：

① 创建 Java 类，并将其命名为 Stock。

② 定义一个名为 symbol 的字符串数据域，用于表示股票代码。

③ 定义一个名为 name 的字符串数据域，用于表示股票名称。

④ 定义一个名为 previousClosingPrice 的浮点型数据域，用于表示上一个交易日收盘价。

⑤ 定义一个名为 currentPrice 的浮点型数据域，用于表示当前股票价格。

⑥ 创建一个具有特定代码和名字，以及上一个交易日收盘价和当前股票价格的构造方法。

⑦ 定义一个名为 getChangePercent 的方法，用于返回从 previousClosingPrice 变化到 currentPrice

的百分比。

⑧ 编写一个测试类 TestStock.java，并创建一个 Stock 对象，它的股票代码是 ORCL，股票名称为 Oracle Corporation，上一个交易日收盘价是 35 元。设置当前股票价格为 36 元，并显示涨跌幅变化的百分比。

⑨ 成功编译并运行测试类 TestStock.java。

程序运行结果如图 6.17 所示。

```
shiyanlou:project/ $ javac TestStock.java
shiyanlou:project/ $ java TestStock
2.857142857142857%
shiyanlou:project/ $ □
```

图 6.17 计算股票的涨跌幅

贯穿项目

在本项目中，我们需要将业务逻辑层的代码分离出来，通过业务处理类来实现功能，并实现根据不同的身份登录图书管理系统的功能。在此简单介绍一下，企业项目一般会采用三层架构，它的设计理念是把各个功能模块划分为表示层、业务逻辑层和数据访问层，通过对象实体类进行数据传递，各层之间采用接口进行互相访问（接口会在后续项目中讲解）。该架构的目的是实现各层之间的依赖，做到高内聚和低耦合。三层架构的关系如图 6.18 所示。

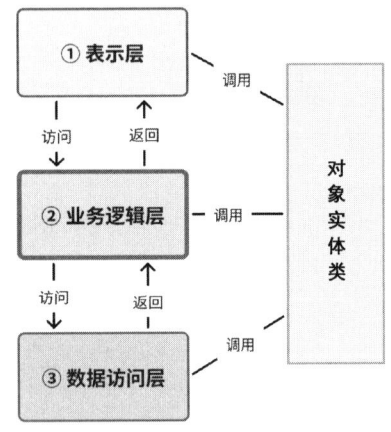

图 6.18 三层架构的关系

其中，表示层又被称为界面层，用于与用户进行交互，接收用户输入的数据和显示处理后的用户需要的数据。而数据访问层，主要用于对数据进行访问处理，实现对数据的增、删、改、查。中间的业务逻辑层又被称为服务层，用于处理业务逻辑，它是表现层和数据访问层之间的桥梁。现在我们需要将主入口类中的代码进行分离，将界面的代码放入界面类中，业务逻辑代码放入业务逻辑类中，各自进行处理操作，如图 6.19 所示。

在图书管理系统中，系统的访问身份分为读者和工作人员，工作人员又分为系统管理员和系统操作员，我们需要实现根据不同的身份进行系统登录的功能，流程图如图 6.20 所示。

本贯穿项目任务

- 创建界面类 Views 源文件，将界面显示代码放入其中。
- 创建系统服务类 SystemService 源文件，将系统登录和启动代码放入其中。
- 创建操作员管理模块服务类 OperatorService 源文件，将添加操作员和实现操作的代码放入其中。
- 修改操作员实体类，将属性修饰为私有，提供构造方法和 getter()/setter()方法。
- 实现根据不同身份登录图书管理系统的功能。

贯穿项目中主要考察

- 类的定义和使用。

- 对象的创建和使用。
- 方法的重载。
- 对象初始化的使用。

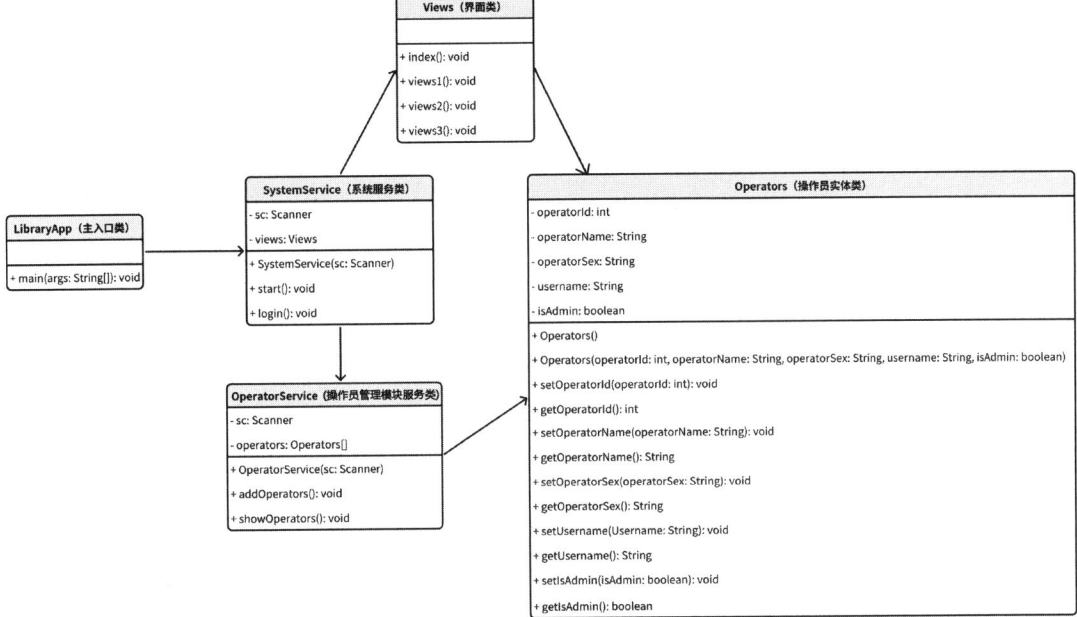

图 6.19 系统分层类图

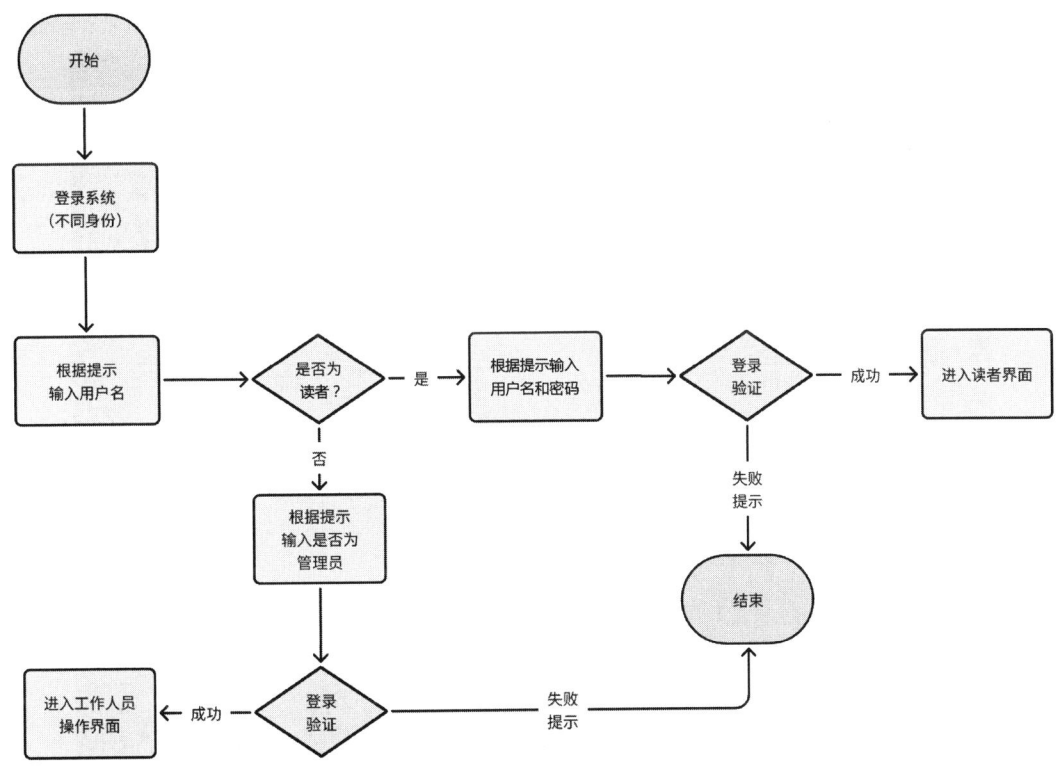

图 6.20 系统登录流程图

在已创建的 libraryms 项目工程中实现项目功能，功能实现效果如图 6.21 至图 6.23 所示。

图 6.21　管理员登录系统

图 6.22　操作员登录系统

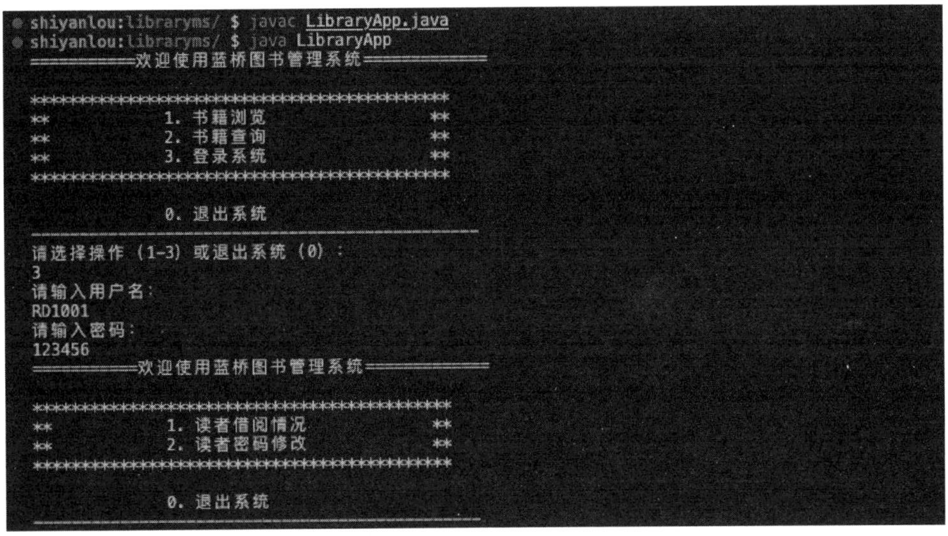

```
shiyanlou:libraryms/ $ javac LibraryApp.java
shiyanlou:libraryms/ $ java LibraryApp
==========欢迎使用蓝桥图书管理系统==========

*********************************************
**            1. 书籍浏览                  **
**            2. 书籍查询                  **
**            3. 登录系统                  **
*********************************************

              0. 退出系统
---------------------------------------------
请选择操作 (1-3) 或退出系统 (0) :
3
请输入用户名:
RD1001
请输入密码:
123456
==========欢迎使用蓝桥图书管理系统==========

*********************************************
**            1. 读者借阅情况              **
**            2. 读者密码修改              **
*********************************************

              0. 退出系统
---------------------------------------------
```

图 6.23　读者登录系统

思政小课堂

孔子讲："吾日三省吾身：为人谋而不忠乎？与朋友交而不信乎？传不习乎？"孔子正是以这种自省意识，无时无刻不断完善，奠定了他在中华民族历史上卓越的地位。人要有自省意识，尽可能少犯错，不断地发展和完善自己，认真履行自己的职责，才能有所成就。培养自省意识与培养自尊心、自信心和奋进意识并不矛盾。因为人要有所成就就需要不断进取，但这并不等于可以自高自大，将个人意志凌驾于他人之上。在学习和生活中满足自尊心和保持自信的同时，还需要经常自省，这样才会不断巩固学习成果，完善人格建设。另外，不能只关心技术方面的知识，还需要关注非技术方面的知识。

一名优秀的程序员应具备的基本能力

具备一日三省的能力：一名优秀的程序员往往是充满激情和活力的。时时践行"吾日三省吾身"，从中产生求知欲和创造欲。求知欲和创造欲是激情和活力的原动力。求知欲可以促使你不停地学习，而创造欲可以促使你不停地超越自己。

项目 7

包和访问控制

简介

本书前几个项目编写的程序规模小，只用到了为数不多的类，将这些类文件放到一个文件夹中即可。如果要编写规模大、功能多的程序，就需要编写为数众多的类，这时如果还在一个文件夹中存放很多类文件，那么类的管理将会相当混乱。本项目将介绍如何使用包的形式组织程序中各种类型的类，以使类的组织结构清晰、易于管理。

关于访问控制，在项目 6 介绍封装的过程中，已经提到了 private（私有的）和 public（公有的）之间的区别。本项目将系统地介绍不同访问权限修饰符的区别，这在实际操作中会经常用到，读者务必认真掌握。

本项目最后将介绍 static 关键字。这个关键字在前面的项目中经常使用，main() 方法前面就使用 static 关键字进行了修饰，本项目将系统地介绍其含义和作用。

学习目标

- ✓ 理解 Java 中包的概念
- ✓ 掌握引用包的方式
- ✓ 掌握 Java 中的访问控制（重点+难点）
- ✓ 掌握 static 关键字的用法（重点）
- ✓ 理解单例模式

知识应用

编程：编写 Java 程序手动实现队列类

项目认知

本项目来了解编码实现阶段，该阶段是将系统设计的内容转化为实际可执行代码的过程，代码的质量和效率直接影响整个项目的成功与交付。开发人员需要具备良好的编程技能、团队合作能力和问题解决能力，根据系统需求设计文档和编码规范，使用编程语言将软件系统的各个模块和功能逐步实现，以确保代码的质量和项目的进度。

编码实现阶段的主要任务包括如下几项。

（1）代码编写：根据系统需求设计文档和编码规范，通过编写代码实现系统的各个模块和功能，并确保代码的可读性、可维护性和一致性。

（2）调试和测试：在编写代码的过程中，开发人员要进行调试和单元测试，以确保代码的正确性和可靠性；要识别并解决代码中的错误和问题，以确保开发的系统具备基本的稳定性。

（3）版本控制：使用版本控制软件来管理代码的版本和变更。开发人员将代码提交到版本控制系统，并处理代码的分支、合并和冲突等操作，以确保团队成员之间的有效协作和代码的完整性。

（4）文档编写：除了编写代码，开发人员还要会编写相关的文档，如使用说明和技术文档等。这些文档有助于其他成员理解和使用代码。

（5）性能优化：在编码实现过程的后期，需要进行性能优化，以提高系统的运行效率和响应速度。

那么贯穿项目的任务是什么呢？通过对本项目知识的学习后，读者需要在之前完成的项目工程基础上，将项目中的源文件分包管理、合理存储，创建初始化数据类文件，将系统中所需的数据信息进行存储，并实现操作员管理模块中所有的业务功能，以及以读者身份登录系统后进行密码修改的功能。

任务 7.1　包概述

计算机中存储了若干类型的文档，为了方便管理，操作系统采用了树状结构的文件夹形式存储这些文档。例如，在 Windows 操作系统中，可以将硬盘划分为 C、D、E、F 四个分区（简称 C、D、E、F 盘）。为了达到分类管理的目的，可以将程序安装在 C 盘，将工作用到的文档放到 D 盘，将生活中产生的文档放到 E 盘，将 F 盘作为备份盘用于备份文件。

这样做的好处是不仅可以将文档分门别类地存储，使其易于查找，还可以在不同的盘符下存储同名的文件，从而解决文件名冲突的问题。

类似地，为了更好地组织类，Java 提供了包机制。包是类的容器，用于分隔类名空间。如果没有指定包名，所有的类都属于一个默认的无名包。Java 将实现相关功能的类组织到一个包中。例如，Java 中通用的工具类，一般被放到 java.util 包中。

总的来说，包有以下三方面的作用：

（1）提供了类似于操作系统树状文件夹的组织形式，能分门别类地存储、管理类，使用户易于查找并使用类。

（2）解决了同名类的命名冲突问题。例如，学生王云定义了一个类，类名叫 TestStudent，学生刘静涛也定义了一个名叫 TestStudent 的类，如果将这两个类存储到同一个文件夹下，就会产生命名冲突的问题。而使用包机制，就可以将王云定义的类存储到 wangyun 包下，将刘静涛定义的类存储到 liujingtao 包下，之后就可以先通过 wangyun 和 liujingtao 这样的包名区分不同的目录，再使用 TestStudent 访问两个包中各自的类，从而解决命名冲突的问题。

（3）可以在更广的范围内保护类、属性和方法。关于这方面的作用，在本项目后面介绍访问权限时，读者就能体会到。

7.1.1　包的基本使用

1. 语法

程序员可以使用 package 关键字指明源文件中的类属于哪个具体的包，包的语法形式如下：

> package pkg1[. pkg2[. pkg3…]];

程序中如果有 package 语句，则该语句一定是源文件中的第一条可执行语句，它的前面只能有注释或空行。另外，一个文件中最多只能有一条 package 语句，即只能把一个类放到一个包中。

包的名字应该有层次关系，各层之间以 "." 分隔。

2．命名规则

通常，包名全部用小写字母，这与类名以大写字母开头且各单词的首字母也大写的命名规则有所不同。关于包的命名，现在使用最多的规则是使用翻转的 Internet 域名（不含 WWW、FTP 等访问协议）。例如，abc 公司的域名为 abc.com，该公司开发部门正在开发一个名为 fly 的项目，在这个项目中有一个工具类的包，则这个包的包名可以设置为 com.abc.fly.tools。

3．编译并运行包下的程序

请看程序清单 7.1。

```
package com.bd.test;

public class TestPackage {
    public static void main(String[] args) {
        System.out.println("package com.bd.test");
    }
}
```

程序清单 7.1

注意：要编译并运行这个程序，首先需要在当前目录下依次建立 com、bd 和 test 子目录，如图 7.1 所示，然后在 com\bd\test 子目录下创建 TestPackage.java 文件。

要编译这个程序，推荐的做法是首先退到当前目录（图 7.1 所示的 example1 目录），然后执行 "javac com\bd\test\TestPackage.java" 命令编译这个 Java 源文件。在运行时，也是在当前目录下执行 "java com.bd.test.TestPackage" 命令。程序运行结果如图 7.2 所示。

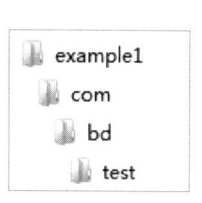

图 7.1 包目录结构

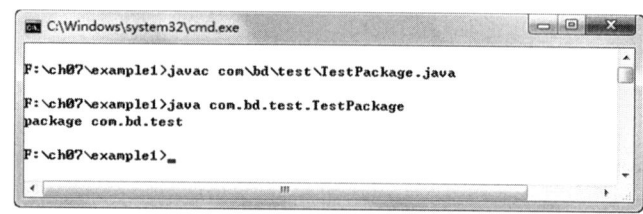

图 7.2 编译并运行包下的程序

7.1.2 JDK 类库中的包

JDK 类库中包含的众多类，就是使用包进行结构划分的。划分的形式就像在硬盘上嵌套各级子目录一样，JDK 类库最高一级的包名有 java 和 javax，java 下一级的包名有 lang、util、io、awt 等，javax 下一级的包名有 swing 等，如图 7.3 所示。

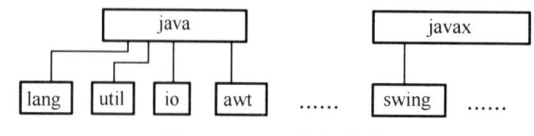

图 7.3 JDK 的包结构

下面简要介绍 JDK 类库中不同包的主要功能。

（1）java.lang：lang 是 language 的简写，这个包包含了 Java 的基础类，如 String、Math、Integer、System 和 Thread 类等。

（2）java.util：util 是 utility 的简写，这个包组织了 Java 的工具类，包含集合、事件模型、日期和时间设置、国际化及各种实用工具类。

（3）java.io：io 是 input 和 output 的合并简写，指输入和输出，这个包组织了数据流、序列化、与文件系统相关的类。

（4）java.net：net 即网络，这个包组织了为实现网络应用程序而提供的类。

（5）java.awt：抽象窗口工具包（Abstract Window Toolkit，AWT），这个包包含了用于创建用户界面和绘制图形图像的类。

任务 7.2　引用包

接程序清单 7.1 所示的案例，将 TestPackage.java 调整为程序清单 7.2 所示的内容。

```java
package com.bd.test;
public class TestPackage{
    // 注意不是 main 方法
    public void show() {
        System.out.println("package com.bd.test");
    }
}
```

程序清单 7.2

目录结构如图 7.4 所示，假设在 example1 目录下新建了一个 Java 程序 TestImport1.java，在这个程序中需要新建一个 TestPackage 类的对象，并调用该对象的 show()方法，代码如程序清单 7.3 所示。

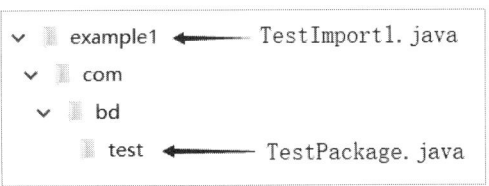

图 7.4　目录结构

```java
public class TestImport1 {
    public static void main(String[] args) {
        TestPackage tp = new TestPackage();
        tp.show();
    }
}
```

程序清单 7.3

在编译时会提示"找不到 TestPackage 类"的错误。其原因在于，TestPackage 这个类已经被打包到 com\bd\test 目录下，如果在 TestImport1 代码中不做任何操作，是找不到 TestPackage 类的。

我们还需要学习如何引用包才能解决上述问题。

7.2.1 类的全限定名

引用不同包中的类（类归属于包，引用不同的类首先要引用包，但引用包的最终目的是引用包中的类。Java 中存在静态导入，即只引用包）有两种方法，其中一种非常直观的方法就是使用完整类名引用类，即包名+类名（也被称为类的全限定名）。例如，将程序清单 7.3 中的 TestImport1类修改为程序清单 7.4 所示的内容。

```
class TestImport2 {
    public static void main(String[] args) {
        //使用类的全限定名
        com.bd.test.TestPackage tp = new com.bd.test.TestPackage();
        tp.show();
    }
}
```

程序清单 7.4

编译并运行程序，会在控制台中正常输出"package com.bd.test"。

7.2.2 导入包

使用类的全限定名引用包中的类虽然直观，但这种方法书写的内容多，且当使用的类比较多时，编辑和阅读都非常困难，因此并不推荐。接下来学习采用导入包的形式引用类的方法。导入包的语法形式如下：

```
import 包名.类名;
```

这里的包名、类名既可以是 JDK 提供的包和类的名称，也可以是用户自定义的包名和类名。

例如，现在需要输出当前的日期和时间。通过查询 JDK API，找到 java.util.Date 类有一个toString()方法，其可以按一定的格式输出当前的日期和时间，代码如程序清单 7.5 所示。

```
import java.util.Date;                              //导入 java.util 包中的 Date 类
class TestImport2 {
    public static void main(String[] args) {
        Date now = new Date();
        //使用 Date 类的 toString()方法
        System.out.println("当前的日期和时间为： " + now.toString());
    }
}
```

程序清单 7.5

程序运行结果如图 7.5 所示。

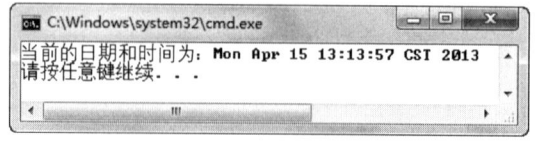

图 7.5　导入包输出当前的日期和时间

如果省略程序清单 7.5 中的"import java.util.Date;"语句，程序就会因为无法找到 Date 类而在编译时报错。

除了 Date 类，我们一直在使用的 Scanner 类也存在于"java.util"包中。因此，如果一个程序同时要用到 Date 类和 Scanner 类，就可以通过两条 import 语句分别导入这二者，代码如下：

```
import java.util.Date;                          //导入 java.util 包中的 Date 类
import java.util.Scanner;                       //导入 java.util 包中的 Scanner 类

class TestImport2 {
    public static void main(String[] args) {
        Scanner input = new Scanner(System.in) ;
        // ...
        Date now = new Date();
        // ...
    }
}
```

对于这种要使用一个包中多个类的情况，Java 提供了一种批量导入的方式：如果要导入的多个类存在于同一个包中，那么可以使用通配符 "*" 代表包中的所有类。例如，可以使用 "import java.util.*;" 导入 "java.util" 包中的所有类。不过，导入包只能导入当前包中的类，而不能导入其子包中的类。例如，在导入 java.util.* 时，只会导入 java.util 包中的所有类，而不会导入 java.util.function 包中的类。另外，import 语句需要放到 package 语句之后、类定义之前。代码如下：

```
import java.util.*;                             //导入 java.util 包中的所有类

class TestImport2 {
    public static void main(String[] args) {
        Scanner input = new Scanner(System.in) ;
        // ...
        Date now = new Date();
        // ...
    }
}
```

在导入包时，还存在一种特殊情况：如果要导入的类存在于 "java.lang" 包下，那么是可以省略这种导入语句的。例如，程序清单 7.6 所示是通过 Java 程序求出 64 的平方根。通过查询 JDK API，找到 java.lang.Math 类有一个 sqrt(double a)方法，其用于返回 a 的平方根。可以发现，这个 Math 类就存在于 "java.lang" 包下，因此程序中的 "import java.lang.Math;" 语句是可以省略的，代码详见程序清单 7.6。

```
import java.lang.Math;          //因为 Math 类存在于 "java.lang" 包下，所以此语句可以省略
class TestImport2 {
    public static void main(String[] args) {
        //使用 Math 类的 sqrt()方法
        System.out.println("64 的平方根为：" + Math.sqrt(64));
    }
}
```

程序清单 7.6

编译并运行程序，输出结果为 8.0。

在通常情况下，java.lang 包中的所有公共类，都是由系统默认导入程序中的，不需要程序员显式地导入。

截至目前，本节的案例都是导入的 JDK 类库中的包。接下来修改 7.2.1 节中使用类的全限定名的案例，采用导入包的形式引用类，代码如程序清单 7.7 所示。

```
import com.bd.test.*;                //导入 com.bd.test 包中所有的公共类
class TestImport4 {
    public static void main(String[] args) {
        //直接使用导入的类
        TestPackage tp = new TestPackage();
        tp.show();
    }
}
```

程序清单 7.7

任务 7.3　访问控制

一个商业的 Java 应用系统有很多类，其中有些类并不希望被其他类使用，有些属性和方法需要对外界不可见或仅在有限范围内可见。如何能做到这样的访问控制呢？这就需要使用访问权限修饰符。

Java 中的访问权限修饰符有 4 种，但只有 3 个关键字，因为不写访问权限修饰符时，在 Java 中被称为默认权限，但为了表述方便，本书以 default 代指默认权限。其他 3 种访问权限修饰符分别为 private、protected 和 public。下面具体来看这 4 种访问权限修饰符的运用。

7.3.1　对类的访问控制

类能使用的访问权限修饰符只有 public 和 default（也有特例，如后续会学到的内部类，这里先不展开介绍）。如果使用 public 修饰某个类，则表示该类在任何地方都能被访问；如果不写访问权限修饰符，则该类只能在本包中使用。

继续程序清单 7.2 的案例，将 TestPackage.java 文件中定义类的语句"public class TestPackage"中的 public 去掉，使该类只能在本包中使用，在编译 TestImport4.java 时，编译器会报出图 7.6 所示的错误。

```
---------- JAVAC ----------
TestImport4.java:6: com.bd.test.TestPackage 在 com.bd.test 中不是公共的；无法从外部软件包中对其进行访问
        TestPackage tp = new TestPackage();//直接使用导入的包
                         ^
TestImport4.java:6: com.bd.test.TestPackage 在 com.bd.test 中不是公共的；无法从外部软件包中对其进行访问
        TestPackage tp = new TestPackage();//直接使用导入的包
                             ^
2 错误

输出完成 (耗时 2 秒) - 正常终止
```

图 7.6　在不同的包中使用默认类

7.3.2　对类成员的访问控制

对类成员（属性和方法）而言，4 种访问权限修饰符都可以使用。下面按照权限从小到大的顺序（即 private < default < protected < public）对这 4 种访问权限修饰符分别进行介绍。

1. 私有权限 private

private 可以修饰属性、构造方法、普通方法。被 private 修饰的类成员只能在定义它们的类中使用，而不能被其他类访问。

在项目 6 中介绍封装的时候，已经使用了 private 访问权限修饰符。封装良好的程序一般将属性私有化，提供公有的 getter()和 setter()方法，供其他类调用。

2．默认权限 default

不写任何权限修饰符就代表使用默认权限，属性、构造方法、普通方法都能使用默认权限。默认权限也被称为同包权限。同包权限的元素只能在定义它们的类中，以及同包的类中被调用。下面以普通方法为例介绍同包权限。修改 Student 类，代码如程序清单 7.8 所示。

```
package com.bd.test;                          //Student 类在 com.bd.test 包中
public class Student {
    String stuName;
    public Student(String name){
        this.stuName = name;
    }
    //访问权限为 default
    void showName(){
        System.out.println("学生姓名为：" + this.stuName);
    }
}
```

程序清单 7.8

使用程序清单 7.9 所示的代码调用 Student 类的默认访问权限的 showName()方法。注意：两个类不在同一个包中，编译时会报错，如图 7.7 所示。

```
//TestStudent3 类在当前目录中，不在 com.bd.test 目录中
import com.bd.test.*;
public class TestStudent3{
    public static void main(String[] args) {
        Student wangYun = new Student("王云");     //使用构造方法创建学生对象
        wangYun.showName();
    }
}
```

程序清单 7.9

```
---------- JAVAC ----------
TestStudent3.java:7: showName() 在 com.bd.test.Student 中不是公共的；无法从外部软件包中对其进行访问
        wangYun.showName();
               ^
1 错误

输出完成 (耗时 2 秒) - 正常终止
```

图 7.7　默认权限包访问

在 void showName()方法前添加 public 关键字，编译并运行程序，则可正常输出结果。

3．受保护权限 protected

protected 可修饰属性、构造方法、普通方法，被 protected 修饰的成员能在定义它们的类中，以及同包的类中被调用。如果有不同包中的类想调用被 protected 修饰的成员，那么这个类必须是这些成员所属类的子类。关于子类及其相关概念，将会在后续讲解继承的时候详细介绍。

4．公共权限 public

public 可以修饰属性、构造方法和普通方法，是权限最大的访问权限修饰符，被 public 修饰

的成员，可以在任何一个类中被调用。

访问权限修饰符使用范围总结如表 7.1 所示。

表 7.1　访问权限修饰符使用范围总结

修　饰　符	类　内　部	同一个包中	子　　类	任　何　地　方
private	Yes	No	No	No
default	Yes	Yes	No	No
protected	Yes	Yes	Yes	No
public	Yes	Yes	Yes	Yes

任务 7.4　static 关键字

对象的成员变量有两种级别的使用范围：对象级别和类级别。

之前的项目是先通过类实例化一个对象，然后通过"对象名.变量名"的形式访问成员变量的。这种访问成员变量的形式，实际就是对象级别的访问形式。对象级别的成员变量只能在当前对象的范围内使用。例如，Student 类有一个 name 属性，并且 Student 类实例化了 student1 和 student2 两个对象，那么"student1.name="张三""只是给 student1 对象的 name 属性赋了值，并不会影响 student2 中的 name 属性。也就是说，对象级别中的成员变量，在不同对象中是各自独立的。如果想让多个不同的对象共享同一个变量，就需要使用类级别的成员变量了。

在类成员的声明前加上 static（静态的）关键字，就能创建出类级别的成员变量。声明为 static 的变量被称为静态变量或类变量。可以直接通过类名引用静态变量，也可以通过实例名引用静态变量，但推荐采用前者，因为采用后者容易混淆静态变量和实例变量。静态变量与类相关联，类的所有实例共同拥有一个静态变量。例如，如果 Student 类中的 name 属性是用 static 修饰的，那么 student1 和 student2 就会共享该变量。

除修饰变量以外，声明为 static 的方法被称为静态方法或类方法，最常见的例子是 main()方法。和静态变量一样，静态方法也可以被类名直接引用。

此外，静态方法可以直接调用静态方法、访问静态变量，但是不能直接访问实例变量和调用实例方法。在静态方法中不能使用 this 关键字，因为静态方法不属于任何一个实例。

7.4.1　static 关键字的使用

1. 用 static 修饰类的成员变量

用 static 修饰的类的成员变量是静态变量，对该类的所有实例来说，只有一个静态值存在，所有实例共享一个变量。静态变量的最大特点是：如果一个类中存在静态变量，那么无论这个类实例化出多少个对象，JVM 也仅会给这个静态变量分配一次内存（即所有对象共享这个静态变量），分配内存的时机是在程序第一次调用类的时候。具体可以参看程序清单 7.10 所示的案例。

```
public class TestStatic {
    public static void main(String[] args) {
        Student wangYun = new Student();
        wangYun.avgAge = 22;                    //将 Student 静态变量的值设置为"22"
        System.out.println("王云所在班的平均年龄为："+ wangYun.avgAge);
        Student liuJT = new Student();
        liuJT.avgAge = 21;                      //将 Student 静态变量的值设置为"21"
        System.out.println("王云所在班的平均年龄为："+ wangYun.avgAge);
```

```
            System.out.println("刘静涛所在班的平均年龄为: " + liuJT.avgAge);
        }
    }

class Student {
    public static int avgAge;                    //静态变量,用于存储平均年龄
}
```

程序清单 7.10

程序运行结果如图 7.8 所示。

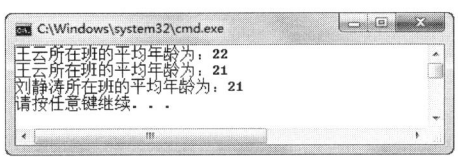

图 7.8   静态变量的使用

通过程序运行结果可以看出，所有 Student 类的实例 wangYun 和 liuJT 都共用了静态变量 avgAge，当给其中任何一个实例的静态变量赋值时，都是对这一个静态变量进行操作。

2. 用 static 修饰类的成员方法

用 static 修饰类的成员方法，表示该方法被绑定于类本身（即属于类级别的方法），而不是类的实例，代码如程序清单 7.11 所示。

```
public class TestStatic2 {
    public static void main(String[] args) {
        Student.showAvgAge();                    //调用静态方法
        System.out.println("静态变量输出所在班的平均年龄为: " + Student.avgAge);
    }
}

class Student {
    public static int avgAge = 22;               //静态变量,用于存储平均年龄
    public static void showAvgAge() {            //静态方法,用于输出所在班的平均年龄
        System.out.println("静态方法输出所在班的平均年龄为: 22");
    }
}
```

程序清单 7.11

程序运行结果如图 7.9 所示。

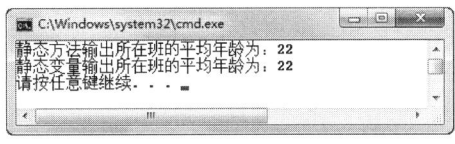

图 7.9   静态方法的使用

注意：在 TestStatic2 程序的 main()方法中，是通过"类名.静态变量名"和"类名.静态方法名"的形式访问静态变量和调用静态方法的。通过"类实例.静态变量"和"类实例.静态方法"也可以访问静态变量和调用静态方法，但不推荐使用。

3. 静态方法不能访问实例变量

静态方法可以访问静态变量，但不能访问实例变量，这可以通过程序清单 7.12 所示的案例看出。

```
public class Student{
    public int avgAge = 22;                 //实例变量，用于存储平均年龄
    public static void showAvgAge(){
        //静态方法访问实例变量——编译出错
        System.out.println("静态方法输出所在班的平均年龄为: " + avgAge);
    }
}
```

程序清单 7.12

编译程序时会报错，如图 7.10 所示。

```
---------- JAVAC ----------
Student.java:6: 无法从静态上下文中引用非静态变量 avgAge
        System.out.println("静态方法输出所在班的平均年龄为: " + avgAge);
                                                                ^
1 错误

输出完成 (耗时 2 秒) - 正常终止
```

图 7.10　静态方法访问实例变量的示例

7.4.2　Java 静态块

项目 6 学习了对象的初始化过程，在使用 new 关键字创建并初始化对象的过程中，具体的初始化分为以下 4 步。

（1）给对象的实例变量分配空间，默认初始化成员变量。

（2）成员变量声明时的初始化。

（3）使用初始化块初始化。

（4）使用构造方法初始化。

接下来将介绍什么是 Java 静态块，并结合对象的初始化过程，介绍静态变量、静态块的执行顺序。

静态块的语法形式如下：

```
static
{
    语句块
}
```

Java 类首次装入 JVM 时，会对静态成员或静态块进行一次初始化，注意：此时还没有产生对象。因此，静态成员和静态块都是和类绑定的，会在类加载时就进行初始化操作。

之后，当类加载完毕后，才能实例化出对象，并在对象产生的同时对实例成员进行初始化。因此，实例成员是和对象绑定的，会在实例化对象时一并进行初始化操作。

运行程序清单 7.13 所示的程序，运行结果如图 7.11 所示。

```
public class Student {
    private static String staticName = "静态姓名";        //静态变量
    private String stuName = "";                          //学生姓名——私有变量
    //使用静态初始化块初始化
```

```java
static{
    System.out.println("***使用静态初始化块初始化***");
    System.out.println("静态块里显示静态变量值：" + staticName);
}
//使用初始化块初始化
{
    this.stuName = "雷静";
    System.out.println("***使用初始化块初始化***");
    System.out.println("普通块里显示实例变量值：" + stuName);
    System.out.println("普通块里显示静态变量值：" + staticName);
}
//构造方法，用于初始化对象的成员变量
public Student(String name){
    this.stuName = name;
    System.out.println("***使用有参构造方法初始化***");
    System.out.println("构造方法里显示实例变量值：" + stuName);
    System.out.println("构造方法里显示静态变量值：" + staticName);
}
public static void main(String[] args) {
    Student stu = new Student("王云");
}
}
```

程序清单 7.13

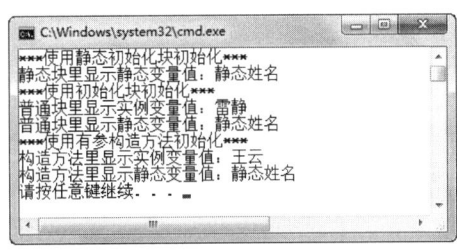

图 7.11　使用静态块初始化变量

通过上面的案例可以看出，静态变量和静态块都是在类实例化对象之前被执行的，而且只执行一次。

7.4.3　单例模式

设计模式是软件开发人员在软件开发过程中总结出来的一般问题的解决方案，通常代表最佳的实践思路。常见的设计模式有 23 种，本节介绍其中较为简单的一种——单例模式。

单例模式是指无论创建了多少个引用，在堆内存中都只有一个实例对象，如图 7.12 所示。

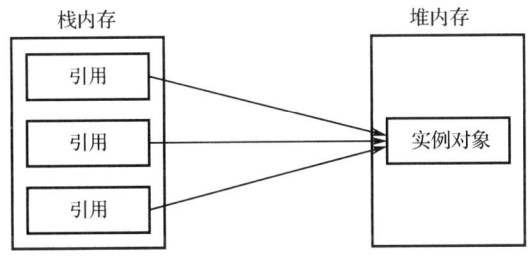

图 7.12　单例模式

实现单例模式的核心思路是首先将构造方法私有化，即使用 private 修饰构造方法，然后利用 static 成员变量"一次性"赋值的特性来确保只有一个实例对象被创建，代码如下：

```java
public class Singleton {
    private Singleton() {
    }
}
```

这样做是为了防止其他类直接通过构造方法实例化多个对象，从而破坏单例模式的规则。但显然，使用 private 将构造方法"屏蔽"后，其他类就需要另想办法获取 Singleton 类的对象。通常，可以先给该类设置一个私有的 Singleton 属性，然后通过 getter()方法限制只能实例化一个 Singleton 对象，并将此对象暴露给外部的类访问，代码如程序清单 7.14 所示。

```java
public class Singleton {
    //只实例化一次 Singleton 对象
    private static Singleton instance = new Singleton();

    //构造方法私有化
    private Singleton() {
    }

    public static Singleton getInstance() {
        return instance;
    }
}
```

程序清单 7.14

之后，无论有多少个对象调用 getInstance()方法，实际都只返回同一个实例对象（因为静态成员 instance 只有 1 份），代码如程序清单 7.15 所示。

```java
class TestSingleton{
    public static void main(String[] args) {
        Singleton s1 = Singleton.getInstance();
        Singleton s2 = Singleton.getInstance();
        System.out.println(s1 == s2);
    }
}
```

程序清单 7.15

程序运行结果为 true。

知识梳理与总结

本项目讲解了包、访问控制和 static 关键字等内容，这些内容都是面向对象的知识延伸。

（1）包可以帮助程序员对程序中的类进行归类，以便组织和管理程序。

（2）访问权限修饰符可以控制类的可见性，从而增加类或者类成员的安全性。

（3）static 关键字为程序员操作程序提供了一种新的方式，使得程序员可以使用"类名.静态成员"的方式操作属性或方法。

（4）用 static 关键字修饰的类成员和静态块会在类加载时进行初始化，而普通的成员变量是在实例化对象时被一并初始化的。

（5）单例模式是一种常见的设计模式，单例模式是指无论创建了多少个引用，在堆内存中都只有一个实例对象。

读者可以通过知识树来回顾和总结所学的内容，如图 7.13 所示。

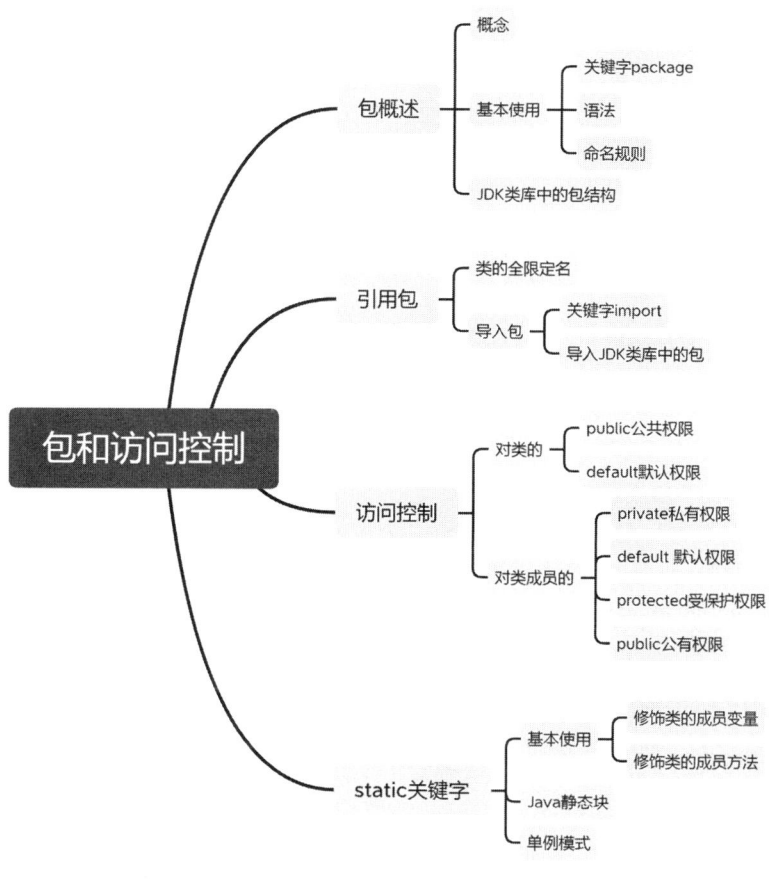

图 7.13 知识树

思考与练习

一、单选题

（1）以下（ ）是正确的访问权限修饰符的使用范围。

    A．private < default < protected < public

    B．public < default < protected < public

    C．default < private < protected < public

    D．private <protected < default < public

（2）以下关于包的描述中，正确的是（ ）。

    A．打包的关键字是 import   B．导入包的关键字是 package

    C．包可以解决类的重名问题   D．import 必须写在程序的第一行

（3）以下关于静态成员的描述中，错误的是（　　　）。

    A．使用 static 修饰的方法，可以直接被类调用

    B．使用 static 修饰的属性，可以直接被类调用

    C．使用 static 修饰的属性，不能被多个对象共享

    D．多个方法在相互调用时，使用 static 修饰的方法只能被另一个也使用 static 修饰的方法调用

（4）以下关于 import 的描述中，错误的是（　　　）。

    A．import 可以导入用户自定义的其他类，或者 JDK 中已有的类

    B．在导入类时，只要导入的是其他包中的类，就需要使用 import

    C．如果要导入某一个包中的多个类，则可以借助通配符*

    D．import 用于导入类，package 用于打包

（5）以下关于单例模式的描述中，错误的是（　　　）。

    A．单例模式是指无论创建了多少个引用，在堆内存中都只有一个实例对象

    B．使用单例模式可以减少堆内存中对象的创建个数

    C．实现单例模式的一种办法是将构造方法私有化

    D．某个类使用单例模式后，其他类就无法再访问这个类的实例了

二、编程题

编写程序，以数组为底层实现一个队列类 Queue。该类必须符合队列的特点，并且具有相应的功能性方法。（队列是一种较为特殊的类，队列中的元素以"先进先出"的方式获取。）程序清单 7.16 给出了队列类 Queue 的基本结构，并定义了功能性方法，具体内容需要读者来完善。

```java
package org.lanqiao.entity;
/**
 * 手动实现队列类
 */
public class Queue{
    public Queue(){

    }
    /**
     * 定义 enqueue(int v)方法，其用于将 v 加入队列中
     */
    public void enqueue(int v){

    }
    /**
     * 定义 dequeue()方法，其用于从队列中移除元素并返回该元素
     * @return 数组元素
     */
    public int dequeue(){

    }
    /**
     * 定义 empty()方法，如果队列是空的，则该方法返回 true
     * @return 是否为空
     */
```

```
        public boolean empty(){


        }
        /**
         * @return  数组容量
         */
        public int getSize() {


        }
}
```

程序清单 7.16

要求如下：

① 创建一个名为 element 的 int[] 型的属性，用于保存队列中的 int 值。

② 创建一个名为 size 的属性，用于保存队列中的元素个数。

③ 定义一个无参构造方法，将 element 初始化为长度为 8 的数组。

④ 定义 enqueue(int v)方法，其用于将 v 加入队列中。若存入的元素个数超出数组限制，则需要将 element 数组的容量扩展至之前容量的两倍。

⑤ 定义 dequeue()方法，其用于从队列中移除元素并返回该元素。

⑥ 定义 empty()方法，如果队列是空的，则该方法返回 true。

⑦ 定义 getSize()方法，其用于返回队列的大小（即数组容量）。

⑧ 如果一个元素从数组的开始部分被移除，则需要将数组中的所有元素往左边改变一个位置。

创建测试类 TestQueue，测试功能效果是否可以实现，代码如程序清单 7.17 所示。

```
package org.lanqiao.test;
import org.lanqiao.entity.Queue;
/**
 * 测试类
 */
public class TestQueue {
    public static void main(String[] args) {
        // 创建队列
        Queue queue = new Queue();
        // 存 0～20 共 21 个数字
        for(int i = 0 ; i <= 20 ; i++){
            queue.enqueue(i);
        }
        // 取出所有元素
        while (!queue.empty()){
            System.out.println(queue.dequeue());
        }
    }
}
```

程序清单 7.17

程序运行结果如图 7.14 所示。

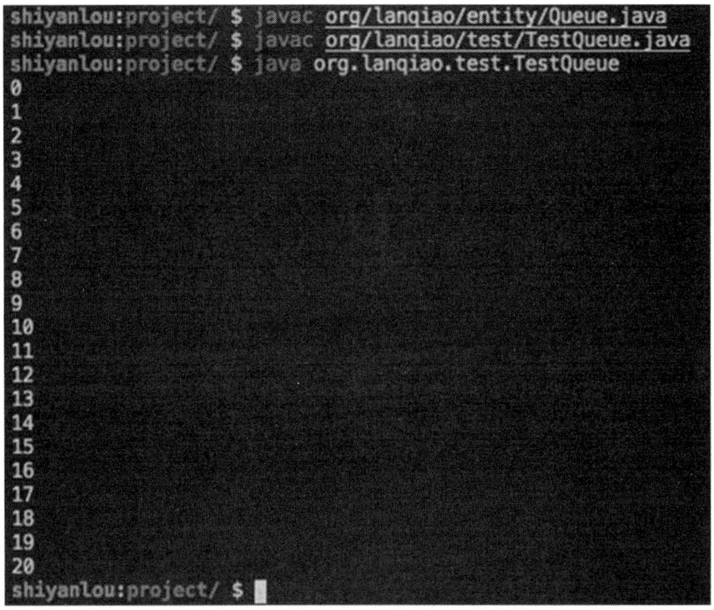

```
shiyanlou:project/ $ javac org/lanqiao/entity/Queue.java
shiyanlou:project/ $ javac org/lanqiao/test/TestQueue.java
shiyanlou:project/ $ java org.lanqiao.test.TestQueue
0
1
2
3
4
5
6
7
8
9
10
11
12
13
14
15
16
17
18
19
20
shiyanlou:project/ $ ▮
```

图 7.14　程序运行结果

贯穿项目

在本项目中，我们需要将项目中已存在的源文件进行分包存储，那么这个包结构需要按照什么来划分呢？我们将按照项目 6 中介绍的三层架构的层次结构，以及 IT 行业默认的规则来进行划分。在一般情况下，表示层文件放到 view 包中，业务逻辑层文件放到 service 包中，数据访问层文件放到 dao 包中，实体类文件放到 vo 包中，数据类文件放到 db 包中，工具类文件放到 util 包中。目录结构如图 7.15 所示。

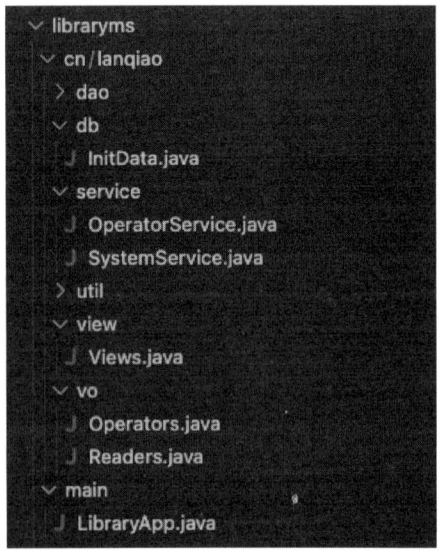

图 7.15　项目工程目录结构

从图 7.15 中可见：

（1）在 cn.lanqiao.vo 包中移入了操作员实体类 Operators.java 源文件，以及创建了读者实体类 Readers.java 源文件。

（2）在 cn.lanqiao.service 包中移入了系统服务类 SystemService.java 源文件和操作员管理模块服务类 OperatorService.java 源文件。

（3）在 cn.lanqiao.view 包中移入了界面类 Views.java 源文件。

（4）在 cn.lanqiao.db 包中创建了数据类 InitData.java 源文件，其用来存储操作员和读者的初始化数据信息。

（5）cn.lanqiao.dao 和 cn.lanqiao.util 包目前暂时未存储任何文件。

（6）在 main 包中移入了主入口类 LibraryApp.java 源文件。

将整个项目结构调整好后，再来完成模块的业务功能，这就需要让它们之间协同工作，相互配合。包管理项目功能结构类图如图 7.16 所示。

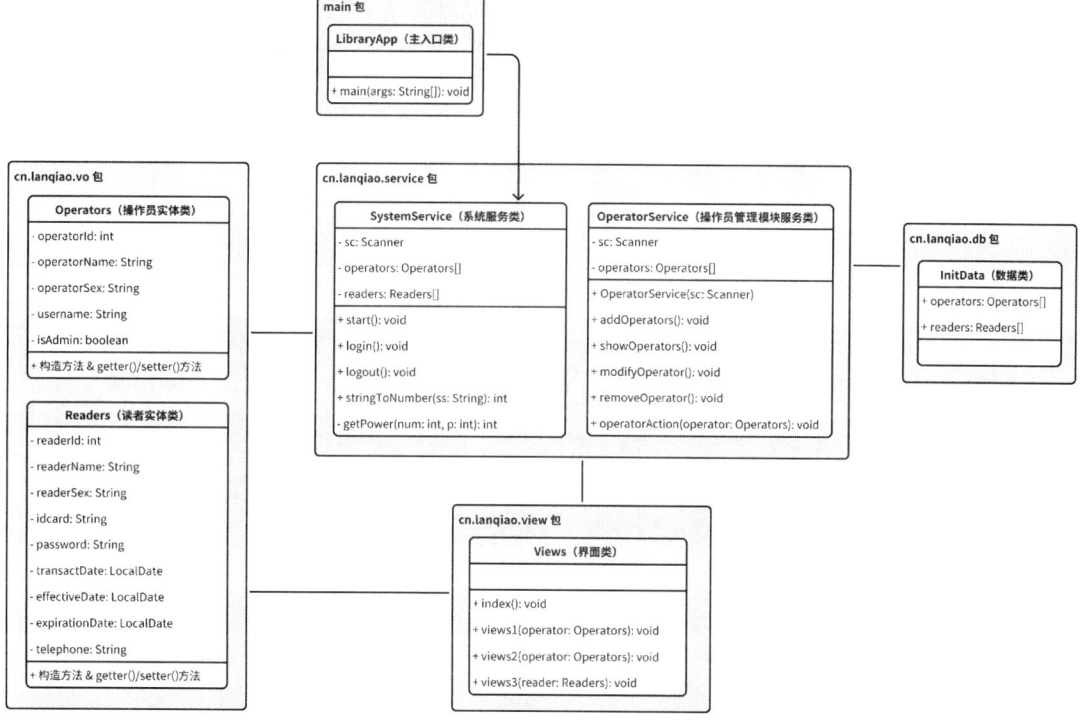

图 7.16　包管理项目功能结构类图

本贯穿项目任务

- 将现有的源文件按不同的包结构进行存储。
- 创建初始化数据类 InitData，通过数组存储操作员和读者的基本信息。
- 实现工作人员和读者的登录操作，并与初始化数组数据进行关联。
- 实现操作员管理模块中的添加操作员和显示操作员列表功能，并与初始化数组数据进行关联。
- 实现操作员管理模块中修改和删除操作员的功能，并与操作界面数字选择进行关联。
- 实现以读者身份登录系统后进行密码修改的功能，并与初始化数组数据进行关联。

贯穿项目中主要考察

- 包结构的使用。
- static 关键字的使用。
- Java 静态块的使用。

在已创建的 libraryms 项目工程中实现项目功能，通过包结构进行管理。图书管理系统首界面如图 7.17 所示。

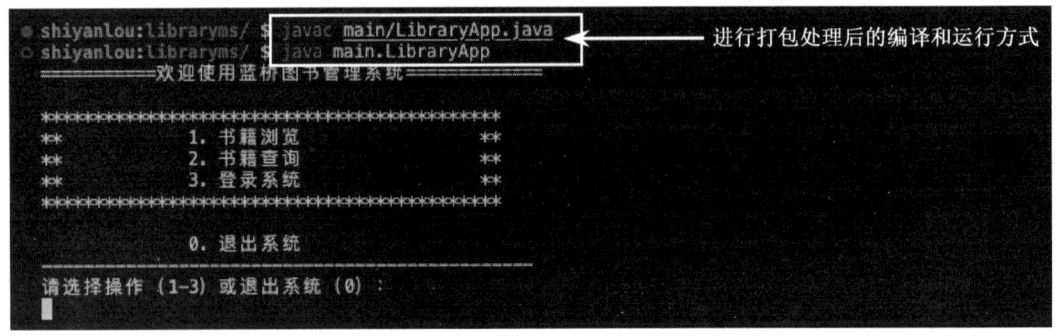

图 7.17　图书管理系统首界面

本项目需要实现以下三部分的功能效果。

（1）以管理员身份登录系统，显示管理员操作界面和管理员姓名，并进行添加操作员、显示操作员列表、修改操作员和删除操作员四个功能操作，功能实现效果如图 7.18 至图 7.22 所示。

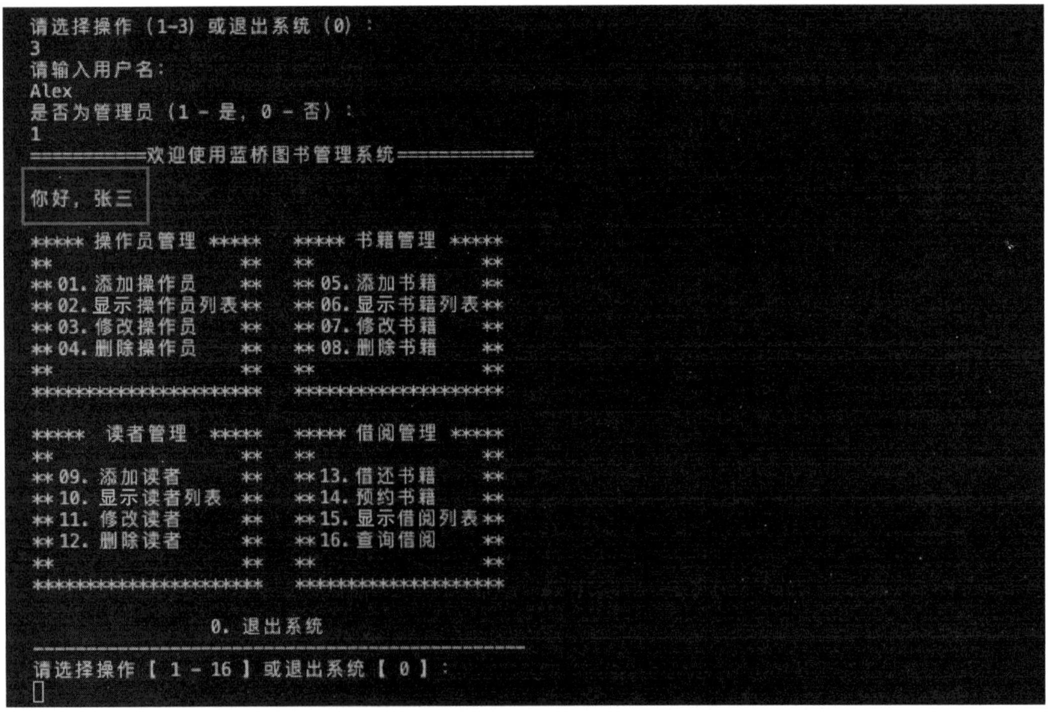

图 7.18　以管理员身份登录系统的功能实现效果

```
===========欢迎使用蓝桥图书管理系统===========
你好，张三
**** 操作员管理 *****      ***** 书籍管理 *****
**                 **      **                 **
**01. 添加操作员   **      ** 05. 添加书籍     **
**02. 显示操作员列表 **      ** 06. 显示书籍列表 **
**03. 修改操作员   **      ** 07. 修改书籍     **
**04. 删除操作员   **      ** 08. 删除书籍     **
**                 **      **                 **
***********************      ***********************

**** 读者管理 *****      ***** 借阅管理 *****
**                 **      **                 **
** 09. 添加读者   **      ** 13. 借还书籍     **
** 10. 显示读者列表 **      ** 14. 预约书籍     **
** 11. 修改读者   **      ** 15. 显示借阅列表 **
** 12. 删除读者   **      ** 16. 查询借阅     **
**                 **      **                 **
***********************      ***********************
                    0. 退出系统
请选择操作【 1 - 16 】或退出系统【 0 】：
1
添加操作员

请录入操作员姓名：王五
请录入操作员性别（1 - 男 / 0 - 女）：1
请录入登录用户名：mark
请录入是否为管理员（1 - 是 / 0 - 否）：0

添加成功
~~~~~~~~~~~~~~~~~~~~~~~~~~~~~~~~~~~~~~~~~~~~
是否继续录入操作员（请输入 1 继续 / 0 退出）：0


继续其他操作（Y/N）：
```

图 7.19　添加操作员的功能实现效果

```
继续其他操作（Y/N）：y
===========欢迎使用蓝桥图书管理系统===========
你好，张三
**** 操作员管理 *****      ***** 书籍管理 *****
**                 **      **                 **
**01. 添加操作员   **      ** 05. 添加书籍     **
**02. 显示操作员列表 **      ** 06. 显示书籍列表 **
**03. 修改操作员   **      ** 07. 修改书籍     **
**04. 删除操作员   **      ** 08. 删除书籍     **
**                 **      **                 **
***********************      ***********************

**** 读者管理 *****      ***** 借阅管理 *****
**                 **      **                 **
** 09. 添加读者   **      ** 13. 借还书籍     **
** 10. 显示读者列表 **      ** 14. 预约书籍     **
** 11. 修改读者   **      ** 15. 显示借阅列表 **
** 12. 删除读者   **      ** 16. 查询借阅     **
**                 **      **                 **
***********************      ***********************
                    0. 退出系统
请选择操作【 1 - 16 】或退出系统【 0 】：
2
显示所有操作员信息

编号：1，姓名：张三，性别：男，用户名：Alex，是否为管理员：是
编号：2，姓名：李四，性别：女，用户名：Lily，是否为管理员：否
编号：3，姓名：测试1，性别：女，用户名：Lily1，是否为管理员：否
编号：4，姓名：测试2，性别：女，用户名：Lily2，是否为管理员：否
编号：5，姓名：测试3，性别：女，用户名：Lily3，是否为管理员：否
编号：6，姓名：测试4，性别：女，用户名：Lily4，是否为管理员：否
编号：7，姓名：测试5，性别：女，用户名：Lily5，是否为管理员：否
编号：8，姓名：测试6，性别：女，用户名：Lily6，是否为管理员：否
编号：9，姓名：王五，性别：男，用户名：mark，是否为管理员：否


继续其他操作（Y/N）：
```

图 7.20　显示操作员列表的功能实现效果

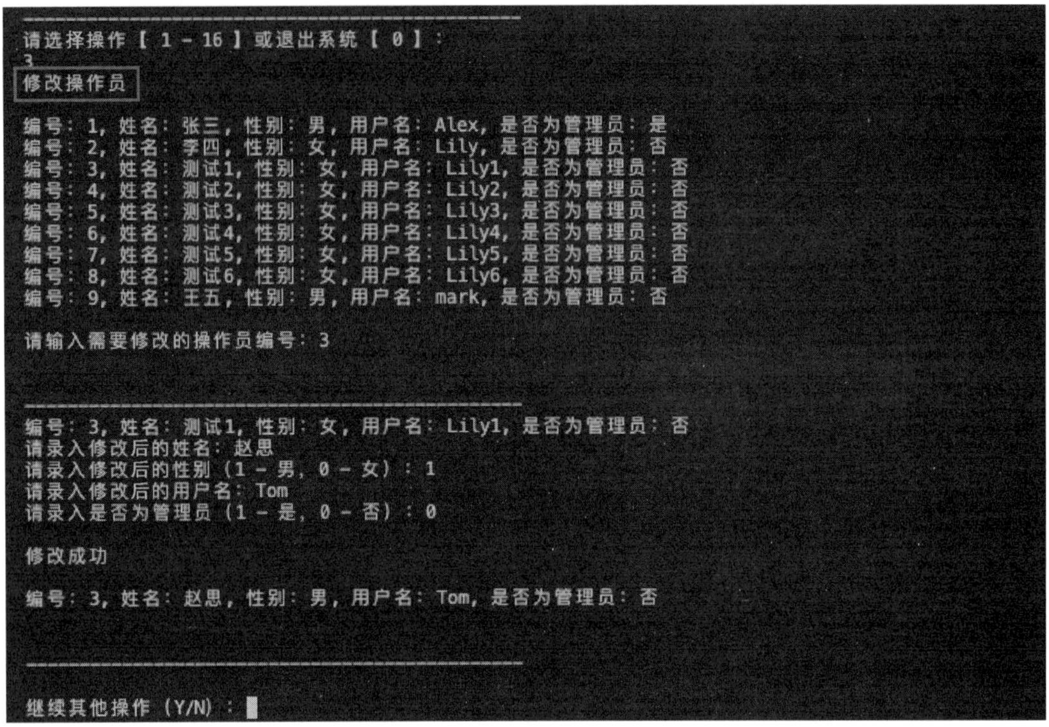

```
请选择操作【 1 - 16 】或退出系统【 0 】：
3
修改操作员

编号：1，姓名：张三，性别：男，用户名：Alex，是否为管理员：是
编号：2，姓名：李四，性别：女，用户名：Lily，是否为管理员：否
编号：3，姓名：测试1，性别：女，用户名：Lily1，是否为管理员：否
编号：4，姓名：测试2，性别：女，用户名：Lily2，是否为管理员：否
编号：5，姓名：测试3，性别：女，用户名：Lily3，是否为管理员：否
编号：6，姓名：测试4，性别：女，用户名：Lily4，是否为管理员：否
编号：7，姓名：测试5，性别：女，用户名：Lily5，是否为管理员：否
编号：8，姓名：测试6，性别：女，用户名：Lily6，是否为管理员：否
编号：9，姓名：王五，性别：男，用户名：mark，是否为管理员：否

请输入需要修改的操作员编号：3


编号：3，姓名：测试1，性别：女，用户名：Lily1，是否为管理员：否
请录入修改后的姓名：赵思
请录入修改后的性别（1 - 男，0 - 女）：1
请录入修改后的用户名：Tom
请录入是否为管理员（1 - 是，0 - 否）：0

修改成功

编号：3，姓名：赵思，性别：男，用户名：Tom，是否为管理员：否


继续其他操作（Y/N）：
```

图 7.21　修改操作员的功能实现效果

```
请选择操作【 1 - 16 】或退出系统【 0 】：
4
删除操作员

编号：1，姓名：张三，性别：男，用户名：Alex，是否为管理员：是
编号：2，姓名：李四，性别：女，用户名：Lily，是否为管理员：否
编号：3，姓名：赵思，性别：男，用户名：Tom，是否为管理员：否
编号：4，姓名：测试2，性别：女，用户名：Lily2，是否为管理员：否
编号：5，姓名：测试3，性别：女，用户名：Lily3，是否为管理员：否
编号：6，姓名：测试4，性别：女，用户名：Lily4，是否为管理员：否
编号：7，姓名：测试5，性别：女，用户名：Lily5，是否为管理员：否
编号：8，姓名：测试6，性别：女，用户名：Lily6，是否为管理员：否
编号：9，姓名：王五，性别：男，用户名：mark，是否为管理员：否

请输入需要删除的操作员编号：4


确定要删除吗？（Y/N）y

删除成功


继续其他操作（Y/N）：n

是否返回首界面（Y/N）：n
>> 系统退出
shiyanlou:libraryms/ $
```

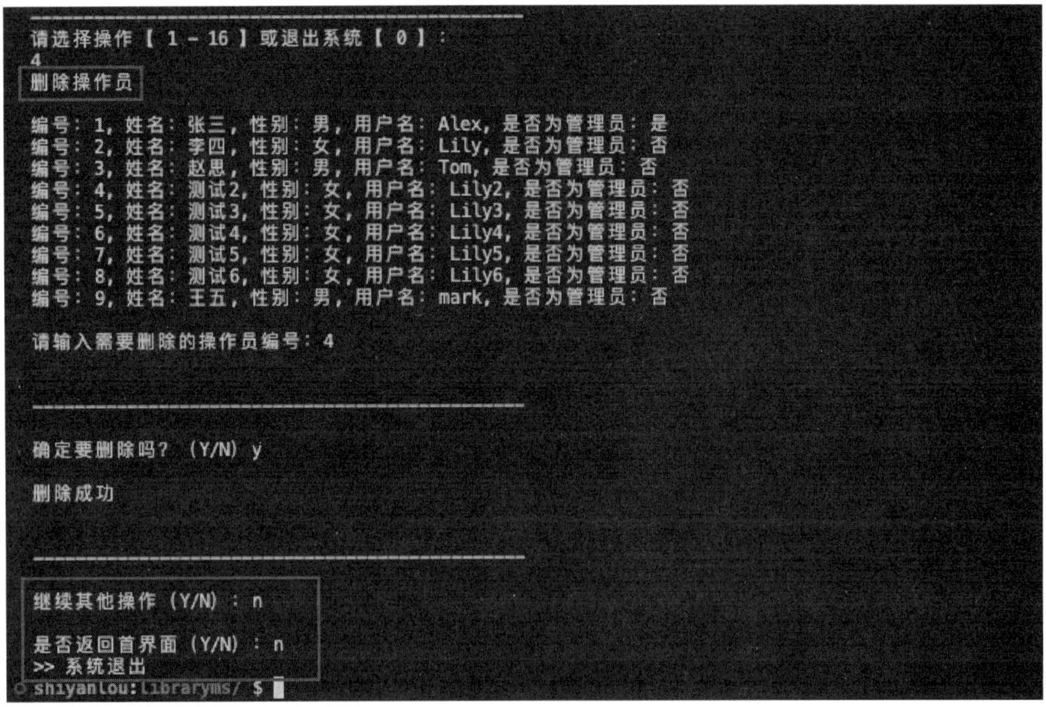

图 7.22　删除操作员的功能实现效果

（2）以操作员身份登录系统，显示操作员操作界面和操作员姓名，在选择退出系统时，需询问是否返回首界面，进入首界面后依然选择退出系统，实现系统退出操作，结束程序，功能实现效果如图 7.23 所示。

```
shiyanlou:libraryms/ $ java main.LibraryApp
=========欢迎使用蓝桥图书管理系统=========

**************************************
**              1. 书籍浏览        **
**              2. 书籍查询        **
**              3. 登录系统        **
**************************************

              0. 退出系统

请选择操作（1-3）或退出系统（0）：
3
请输入用户名：
Lily
是否为管理员（1 - 是，0 - 否）：
0
=========欢迎使用蓝桥图书管理系统=========

你好，李四

*****  书籍管理  *****  *****  读者管理  *****
**                **  **                **
** 01. 添加书籍    **  ** 05. 添加读者    **
** 02. 显示书籍列表 **  ** 06. 显示读者列表**
** 03. 修改书籍    **  ** 07. 修改读者    **
** 04. 删除书籍    **  ** 08. 删除读者    **
**                **  **                **
*********************  *********************

***************  借阅管理  ***************
**                                    **
**          09. 借还书籍               **
**          10. 预约书籍               **
**          11. 显示借阅列表            **
**          12. 查询借阅               **
**                                    **
****************************************

              0. 退出系统

请选择操作【 1 - 12 】或退出系统【 0 】：
0

是否返回首界面（Y/N）：y
=========欢迎使用蓝桥图书管理系统=========

**************************************
**              1. 书籍浏览        **
**              2. 书籍查询        **
**              3. 登录系统        **
**************************************

              0. 退出系统

请选择操作（1-3）或退出系统（0）：
0
>> 系统退出
shiyanlou:libraryms/ $
```

图 7.23　以操作员身份登录系统的功能实现效果

（3）以读者身份登录系统，显示读者操作界面和读者姓名，功能实现效果如图 7.24 所示。

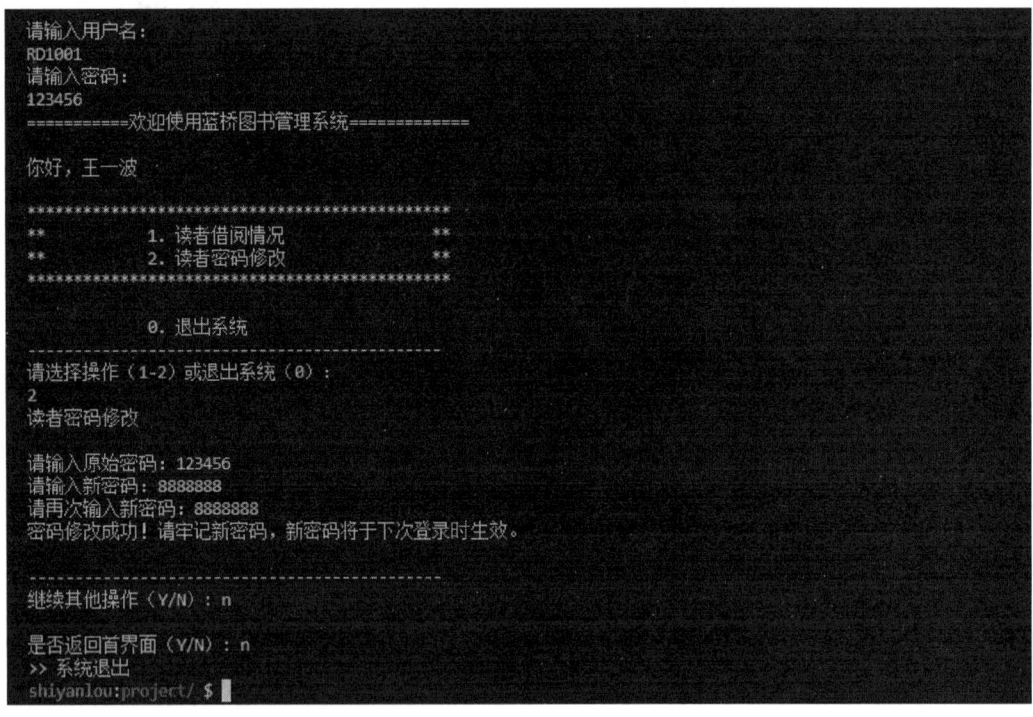

图 7.24　以读者身份登录系统的功能实现效果

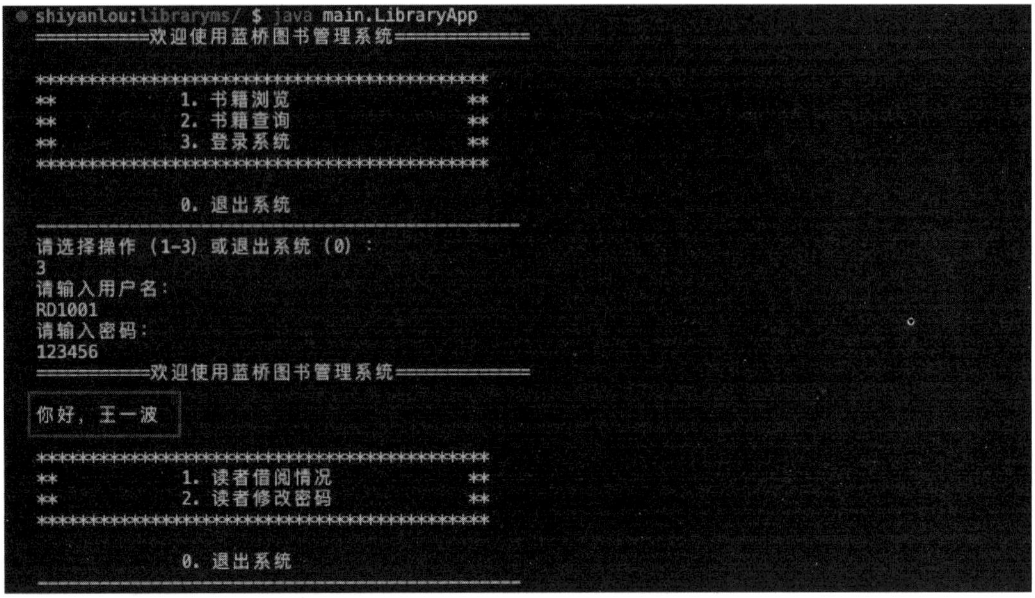

（4）以读者身份登录系统后进行密码修改，功能实现效果如图 7.25 所示。

图 7.25　以读者身份登录系统后进行密码修改的功能实现效果

思政小课堂

职业素养是人类在社会活动中需要遵守的行为规范，是一个职业人的立身之本。职业道德、职业思想、职业行为习惯是职业素养中基础的部分。在学习时除了注意程序的书写格式、变量与方法的命名方式、合理添加注释，合理规划程序工程文件也是一个合格的软件开发人员的基本素养。我们应注重职业道德，尊重他人的知识产权。在学生时代，应该不断提升个人修养和思想道德水平，努力锻造良好的职业素养。

一名优秀的程序员应具备的基本能力

具备良好的职业素养：一名优秀的程序员在其职业发展过程中表现出来的职业道德、职业技能、职业行为、职业作风和职业意识都在表明他正朝真正的自我实现迈进。一个自我实现的人，就是一个将自己的才能发挥到最大限度的人，就是那个获得最大心理满足的人，他最终会和自己的作品相互成就。

项目 8

面向对象基本特征

简介

在项目 6 中介绍过，面向对象的主要特征包括封装、继承和多态，并且详细地介绍了什么是封装，现在来回顾一下，封装就是将抽象得到的属性和方法结合起来，形成一个有机的整体——类。类里面的一些属性需要隐藏起来，不希望直接对外公开，这时可提供外部访问的方法（setter()和 getter()方法），其用于访问这些需要隐藏的属性。本项目将在已有概念的基础上，进一步介绍封装、继承和多态等面向对象的重要特征。

学习目标

- ✓ 理解 Java 封装的特征（重点）
- ✓ 理解 Java 继承的特征（重点）
- ✓ 掌握 Java 继承的基本结构（重点）
- ✓ 掌握方法重写的实现方式（重点）
- ✓ 掌握 final 关键字的基本用法（重点）
- ✓ 掌握 super 关键字的基本用法（重点）
- ✓ 理解 Java 多态的特征（难点）
- ✓ 掌握 Java 多态的实现方式（重点+难点）

知识应用

- ❖ 编程 1：编写 Java 程序，使用继承实现 Person 类的设计
- ❖ 编程 2：编写 Java 程序，使用继承实现银行账户类的设计

项目认知

测试阶段存在于整个软件项目开发生命周期，用来验证软件系统是否满足需求。该阶段的目标是发现和修复软件系统中可能存在的缺陷，并确保软件达到预期的质量标准。通过充分的测试，可以提高软件的稳定性、安全性和性能，从而增强用户体验并降低后期维护成本。在测试阶段，测试团队成员需要进行各种测试活动，以确保软件系统的质量。

测试阶段主要的测试活动包括如下几项。

（1）功能测试：验证软件系统的功能是否符合需求规格说明书中的规定，通过输入一组预定义的数据来测试软件系统的每个功能，并验证其是否按照预期执行操作并产生正确的输出结果。

（2）性能测试：评估软件系统在不同负载和条件下的性能表现，主要包括负载测试、压力测试、并发测试和性能基准测试等，以确保软件系统在实际使用情况下能够具有良好的性能和响应能力。

（3）安全性测试：评估软件系统对各种安全威胁和攻击的防御能力，主要包括身份验证测试、授权测试、数据加密测试和漏洞扫描等，以确保软件系统的数据和用户信息的安全。

（4）兼容性测试：评估软件系统在不同操作系统、浏览器、设备和网络环境下的兼容性，以确保软件系统能够在各种环境下正确运行并提供一致的用户体验。

（5）用户验收测试：由最终用户进行测试，查看软件系统是否满足预期的需求，以此来评估软件系统的易用性和用户满意度。

（6）回归测试：在对软件系统进行修改或更新后，重新运行之前进行的测试，以确保修改不会导致现有功能的退化或引入新的缺陷，这有助于保证软件系统的稳定性和业务功能的完整性。

（7）自动化测试：通过测试工具和脚本执行测试用例，以提高测试效率和覆盖范围，其可以重复地执行指定的任务流程，从而提高测试的一致性和可靠性。

那么贯穿项目的任务是什么呢？通过对本项目知识的学习后，读者需要在之前完成的项目工程基础上，实现读者管理模块中所有的业务功能，以及实现首界面中的书籍浏览和书籍查询功能。

任务 8.1　抽象和封装

在正式讲解面向对象的基本特征之前，有必要先介绍一下抽象。有些资料把抽象、封装、继承、多态一起并称为面向对象的四大特征（但主流的说法仍然是三大特征）。

面向对象程序设计首先要做的就是抽象，即根据用户的业务需求抽象出类，或者将现实世界中的对象抽象成程序设计中的类，并明确这些类的属性和方法。接下来给出"租车系统"的部分需求。

（1）在控制台中输出"请选择所租车辆的类型：（1 代表轿车，2 代表卡车）"，等待用户选择。

（2）如果用户选择的是轿车，则在控制台中输出"请选择轿车品牌：（1 代表红旗，2 代表长城）"，等待用户选择。

（3）如果用户选择的是卡车，则在控制台中输出"请选择卡车吨位：（1 代表 5 吨，2 代表 10 吨）"，等待用户选择。

（4）在控制台中输出"请给所租车辆起名："，等待用户输入车名。

（5）所租车辆的油量默认为 20 升，车辆损耗度（以下简称车损度）为 0（表示刚刚保养完的车，无损耗）。

（6）具有显示所租车辆信息的功能，显示的信息包括车名、品牌/吨位、油量和车损度。

8.1.1　抽象

程序员开发出来的软件是需要满足用户需求的，所以程序员进行软件分析和设计的依据是用户需求，这通常是指软件开发前期形成的"需求规格说明书"。在进行面向对象程序设计时，首先要阅读用户需求，找出需求中的名词部分来确定类和拥有静态特征的属性，找出动词部分来确定动态行为的方法。通常把这个过程称为"抽象"，通过"抽象"发现类并定义类的属性和方法。

具体步骤如下。

（1）发现名词。通过阅读用户需求，发现需求中有类型、轿车、卡车、品牌、红旗、长城、吨位、车名、油量、车损度等名词。

（2）确定类和属性。通过分析用户需求中的名词，发现车名、油量、车损度、品牌这些名词依附于轿车这个名词，车名、油量、车损度、吨位依附于卡车这个名词，所以，可以将轿车、卡车抽象成类，将依附于这些类的名词抽象成属性。

需要补充一点，不是所有依附于类的名词都需要被抽象成属性，因为在分析用户需求的过程中，会发现其中有些名词不需要被关注，则在抽象出类的过程中可放弃这些名词，不将其抽象成属性。例如，红旗、长城是两个轿车的品牌，属于属性值，不需要被抽象成类或属性。

（3）确定方法。通过分析用户需求中的动词，发现显示车辆信息是轿车和卡车的行为，所以，可以将这个行为抽象成类的方法。同样地，不是所有依附于类名词的动词都需要被抽象成类的方法，只有需要参与业务处理的动词才需要被抽象成方法。

例如，根据对轿车和卡车的抽象，可以得到图 8.1 和图 8.2 所示的结果。

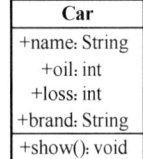

图 8.1　轿车类 Car　　　　　　　图 8.2　卡车类 Truck

图 8.1 和图 8.2 所示是 UML（Unified Modeling Language，统一建模语言）类图，其中，"+"代表 public 修饰符，后文图 8.3 和图 8.4 中的 "-" 代表 private 修饰符。其余两种访问权限修饰符的符号是："#"，代表 protected 修饰符；默认（不写符号），代表默认权限。

8.1.2　封装

抽象的目的在于设计类的框架，确定属性和方法，而封装的目的则是要隐藏类的属性或部分方法。

最简单的操作方法就是，把所有的属性都设置为私有属性，并为每个私有属性都提供公有的getter()和 setter()方法，封装后的 UML 类图如图 8.3 和图 8.4 所示，在 UML 类图中设定了类的成员变量的初始值。

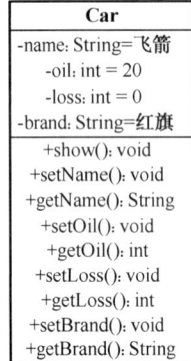　　　　　　　　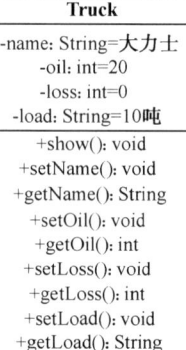

图 8.3　封装后的轿车类 Car　　　　　　　图 8.4　封装后的卡车类 Truck

这样的封装过于简单，没有考虑用户需求。接下来进一步阅读用户需求，可以发现以下几点。

（1）租车时可以指定车名和品牌（或吨位），之后不允许修改。

（2）油量和车损度在租车时取默认值，只能通过车辆的加油和行驶行为改变其油量和车损度值，不允许直接修改。

根据需求，应对轿车类和卡车类做如下修改。

（1）由于要求车辆的属性值不允许修改，因此去掉所有的 setter()方法，但保留所有的 getter()方法。

（2）提供 addOil()、drive()这两个公有的方法，其用于实现车辆的加油和行驶行为。

（3）至少需要提供一个构造方法来实现对车名和品牌（或吨位）的初始化。

调整后的 UML 类图如图 8.5 和图 8.6 所示。

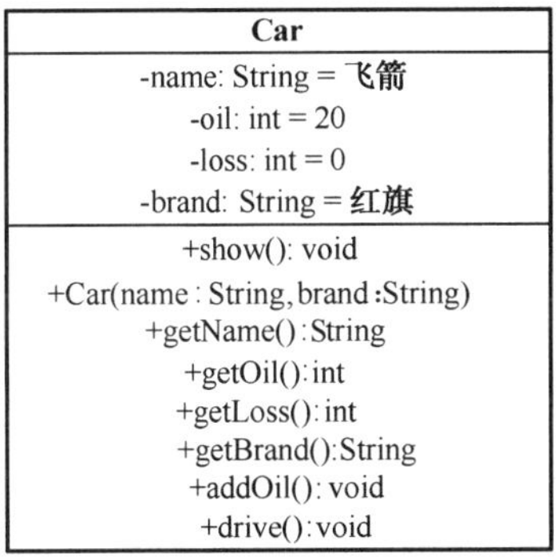

Car
-name: String = 飞箭 -oil: int = 20 -loss: int = 0 -brand: String = 红旗
+show(): void +Car(name : String, brand :String) +getName():String +getOil():int +getLoss():int +getBrand():String +addOil(): void +drive():void

图 8.5　调整后的轿车类 Car

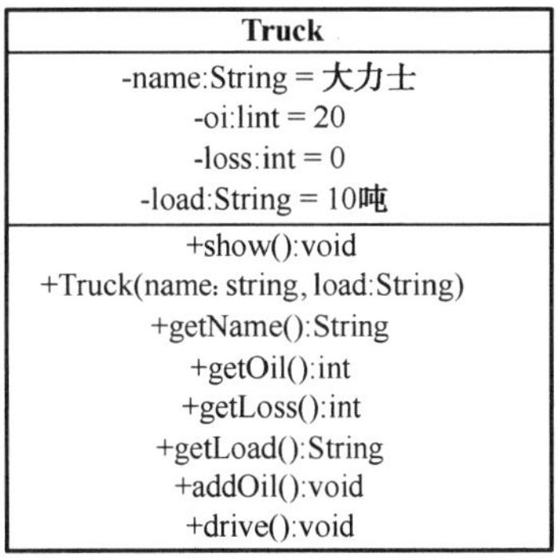

Truck
-name:String = 大力士 -oi:lint = 20 -loss:int = 0 -load:String = 10吨
+show():void +Truck(name: string, load:String) +getName():String +getOil():int +getLoss():int +getLoad():String +addOil():void +drive():void

图 8.6　调整后的卡车类 Truck

调整后封装的轿车类 Car 的代码如程序清单 8.1 所示，具体说明见注释。

```java
//轿车类 Car
public class Car {
    private String name = "飞箭";          //车名
    private int oil = 20;                 //油量
    private int loss = 0;                 //车损度
    private String brand = "红旗";         //品牌

    //定义构造方法，指定车名和品牌
    public Car(String name, String brand) {
        this.name = name;
        this.brand = brand;
    }

    //显示车辆信息
    public void show() {
        System.out.println("显示车辆信息：\n 车名为" + this.name
            + " 品牌为" + this.brand + "油量为" + this.oil + " 车损度为" + this.loss);
    }

    //获取车名
    public String getName() {
        return name;
```

```
    }

    //获取油量
    public int getOil() {
        return oil;
    }

    //获取车损度
    public int getLoss() {
        return loss;
    }

    //获取品牌
    public String getBrand() {
        return brand;
    }

    //加油
    public void addOil() {
        //加油功能未实现
    }

    //行驶
    public void drive() {
        //行驶功能未实现
    }
}
```

程序清单 8.1

调整后封装的卡车类 Truck 的代码如程序清单 8.2 所示。

```
//卡车类 Truck
public class Truck {
    private String name = "大力士";                //车名
    private int oil = 20;                          //油量
    private int loss = 0;                          //车损度
    private String load = "10 吨";                 //吨位

    //定义构造方法，指定车名和吨位
    public Truck(String name, String load) {
        this.name = name;
        this.load = load;
    }

    //显示车辆信息
    public void show() {
        System.out.println("显示车辆信息：\n 车名为" + this.name + "  吨位为"
                        + this.load + "  油量为" + this.oil + "  车损度为" + this.loss);
    }

    //获取车名
```

```
        public String getName() {
            return name;
        }

        //获取油量
        public int getOil() {
            return oil;
        }

        //获取车损度
        public int getLoss() {
            return loss;
        }

        //获取吨位
        public String getLoad() {
            return load;
        }

        //加油
        public void addOil() {
            //加油功能未实现
        }

        //行驶
        public void drive() {
            //行驶功能未实现
        }
    }
```

程序清单 8.2

将之前"租车系统"的需求总结为如下几项。

（1）在控制台中输出"请选择所租车辆的类型：（1 代表轿车，2 代表卡车）"，等待用户选择。

（2）如果用户选择的是轿车，则在控制台中输出"请选择轿车品牌：（1 代表红旗，2 代表长城）"，等待用户选择。

（3）如果用户选择的是卡车，则在控制台中输出"请选择卡车吨位：（1 代表 5 吨，2 代表 10 吨）"，等待用户选择。

（4）在控制台中输出"请给所租车辆起名："，等待用户输入车名。

（5）所租车辆的油量默认为 20 升，车损度为 0（表示刚刚保养完的车，无损耗）。

（6）具有显示所租车辆信息的功能，显示的信息包括车名、品牌/吨位、油量和车损度。

（7）在租车时指定车名和品牌（或吨位），之后不允许修改。

（8）油量和车损度在租车时取默认值，只能通过车辆的加油和行驶行为改变其油量和车损度值，不允许直接修改。

按上述需求完成程序清单 8.3 所示的程序，程序运行结果如图 8.7 所示。

```
import java.util.Scanner;

class TestZuChe {
```

```java
public static void main(String[] args) {
    String name = null;                          //车名
    int oil = 20;                                //油量
    int loss = 0;                                //车损度
    String brand = null;                         //品牌
    String load = null;                          //吨位
    Scanner input = new Scanner(System.in);
    System.out.println("***欢迎来到蓝桥租车系统***");
    System.out.print("请选择所租车辆的类型：（1 代表轿车，2 代表卡车）");
    int select = input.nextInt();
    switch (select) {
        case 1:                                  //选择租轿车
            System.out.print("请选择轿车品牌：（1 代表红旗，2 代表长城）");
            select = input.nextInt();
            if (select == 1){                    //选择红旗品牌
                brand = "红旗";
            } else {                             //选择长城品牌
                brand = "长城";
            }
            System.out.print("请给所租车辆起名：");
            name = input.next();                 //输入车名
            Car car = new Car(name, brand);      //使用构造方法初始化车名和品牌
            car.show();                          //输出车辆信息
            break;
        case 2:                                  //选择租卡车
            System.out.print("请选择卡车吨位：（1 代表 5 吨，2 代表 10 吨）");
            select = input.nextInt();
            if (select == 1){                    //选择 5 吨卡车
                load = "5 吨";
            } else {                             //选择 10 吨卡车
                load = "10 吨";
            }
            System.out.print("请给所租车辆起名：");
            name = input.next();                 //输入车名
            Truck truck = new Truck(name, load); //使用构造方法初始化车名和吨位
            truck.show();                        //输出车辆信息
            break;
    }
}
```

程序清单 8.3

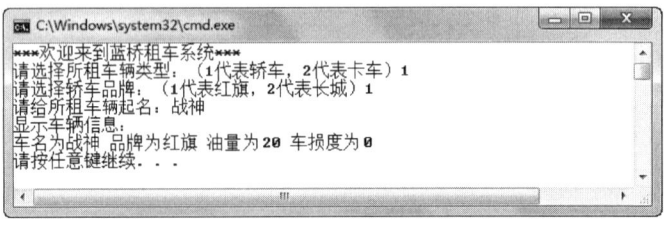

图 8.7　"租车系统"运行结果

8.1.3　完善租车系统

在 Car 类和 Truck 类的代码中，addOil()方法和 drive()方法的功能还没有实现，接下来结合需求，分别完成 Car 类和 Truck 类中这两个方法的功能。

"租车系统"增加了如下需求。

（1）无论是轿车还是卡车，油箱最多可以装 60 升汽油，且每次给车加油，都增加油量 20 升。如果加油 20 升后超过油箱容量，则加到 60 升即可，并在控制台中输出"油箱已加满！"。

（2）汽车行驶 1 次，耗油 5 升，车损度增加 10%。如果油量低于 10 升，则不允许行驶，直接在控制台中输出"油量不足 10 升，需要加油！"。

具体实现代码如程序清单 8.4 所示。

```
//加油
public void addOil(){
    if(oil > 40){              //如果加油 20 升后超过油箱容量，则加到 60 升即可
        oil = 60;
        System.out.println("油箱已加满!");
    }else{                     //加油 20 升
        oil = oil + 20;
    }
    System.out.println("加油完成!");
}
//行驶
public void drive(){
    if(oil < 10){
        System.out.println("油量不足 10 升，需要加油! ");
    }else{
        System.out.println("正在行驶!");
        oil = oil - 5;
        loss = loss + 10;
    }
}
```

程序清单 8.4

执行程序清单 8.5 所示的程序，注意观察油量和车损度的变化，程序运行结果如图 8.8 所示。

```
import java.util.Scanner;
class TestZuChe2 {
    public static void main(String[] args) {
        Car car = new Car("战神", "长城");       //初始化轿车对象 car
        car.show();                //输出车辆信息
        car.drive();               //让 car 行驶 1 次，油量剩余 15 升，车损度为 10%
        car.show();                //输出车辆信息
        car.drive();               //让 car 行驶 1 次，油量剩余 10 升，车损度为 20%
        car.drive();               //让 car 行驶 1 次，油量剩余 5 升，车损度为 30%
        car.drive();               //让 car 行驶 1 次，因油量不足 10 升，所以不行驶，提示需要加油
        car.addOil();              //让 car 加油 1 次，油量增加 20 升，达到 25 升
        car.show();                //输出车辆信息
    }
}
```

程序清单 8.5

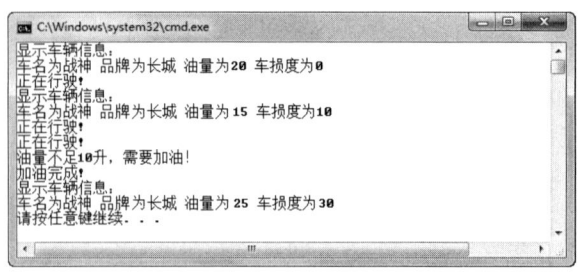

图 8.8 "租车系统"运行结果

8.1.4 抽象和封装小结

抽象实际上是一个分析的过程，用于根据需求的表述归纳实体的类型、属性和行为，其产出物是 UML 类图。UML 类图勾勒了实体应该具备哪些属性和行为，但未涉及细节。

封装实际上就是将抽象得到的模型转变为具体实现。它的重点是，尽可能对外隐藏细节，Java 中的手段就是使用 private，所以在本节案例中所有的属性都使用了 private。但是否可简单粗暴地为所有属性都提供 getter() 和 setter() 方法呢？笔者不建议这样做，因为这样做和将属性定义为 public 没有区别。封装的关键是根据业务需求进行分析，有的属性不能被修改则不提供 setter() 方法；有的属性的修改有限制规则，则需要在 setter() 方法中进行限定；有的属性不希望外界获取则不提供 getter() 方法（或声明为私有的）；有些方法或函数仅仅是供内部使用的，也可以被声明为 private，这些都需要具体问题具体分析。

总的来说，抽象是归纳提炼，封装则是在实现中依据业务需求尽量隐藏细节。

任务 8.2 继承

继承作为面向对象的三大特征之一，有着非常重要的地位。使用继承可以大大减少冗余代码，提高代码的复用性。继承的重要性和特殊性可以通过本节的学习得以领会。

8.2.1 继承概述

仔细观察程序清单 8.1 和程序清单 8.2 中的代码，可以发现其存在以下不足。

（1）Car 类和 Truck 类中存在大量重复代码：例如，二者都存在 name、oil、loss 属性，相应的 getter() 方法，以及 addOil()、drive() 方法。

（2）对于整体结构相似的 Car 类和 Truck 类，如果要修改其中一个类的方法，那么另外一个类的方法要不要修改呢？例如，如果要将 Car 类中的 addOil() 方法修改为 fuelUp() 方法，那么 Truck 类中是否也需要做相应的修改呢？显然，目前的代码不利于后期的维护。

上述的问题如何解决呢？答案是可以使用继承。

继承可以使子类沿用父类的成员（属性和方法）。当多个子类具有相同的成员时，就可以考虑将这些成员提取出来，放到父类中，然后用子类继承这个父类，也就是将一些相同的成员提取到更高的层次中。

继承的关键字是 extends，语法形式如下：

```
class A extends B{
    类定义部分
}
```

以上代码表示 A 类继承 B 类，其中，B 类被称为父类、超类或基类；A 类被称为子类、衍生类或导出类。

例如，可以将 Car 类和 Truck 类中重复的代码提取到一个单独的 Vehicle 类中，即将 Vehicle 类作为 Car 类和 Truck 类的父类，然后让 Car 类和 Truck 类继承 Vehicle 类，这样 Car 类和 Truck 类就可以直接沿用 Vehicle 类的属性和方法。

以"租车系统"为例，将其继承关系设计为图 8.9 所示的 UML 类图形式。

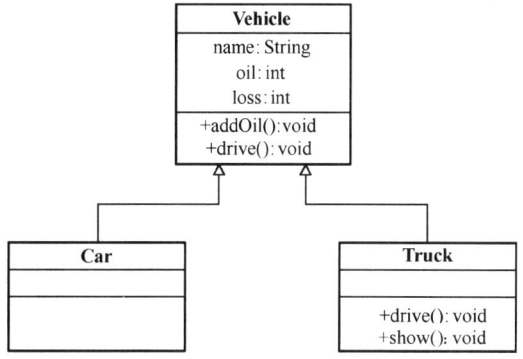

图 8.9　继承的 UML 类图

从图 8.9 中可知，计划改造的 Car 类自身不会编写任何的成员，但其继承了 Vehicle 类，因此 Car 类会继承 Vehicle 类中的成员。Vehicle 类的代码如程序清单 8.6 所示。

```java
public class Vehicle {
    String name = "汽车";          //车名
    int oil = 20;                  //油量
    int loss = 0;                  //车损度

    //定义无参构造方法
    public Vehicle() {
    }

    //定义构造方法，指定车名
    public Vehicle(String name) {
        this.name = name;
    }

    //加油
    public void addOil() {
        if (oil > 40)              //如果加油 20 升后超过油箱容量，则加到 60 升即可
        {
            oil = 60;
            System.out.println("油箱已加满!");
        } else {                   //加油 20 升
            oil = oil + 20;
        }
        System.out.println("加油完成!");
    }

    //行驶
    public void drive() {
```

```
        if (oil < 10) {
            System.out.println("油量不足 10 升，需要加油！");
        } else {
            System.out.println("正在行驶!");
            oil = oil - 5;
            loss = loss + 10;
        }
    }


}
```

程序清单 8.6

Car 类及测试类的代码如程序清单 8.7 所示。

```
public class Car extends Vehicle {
}

class TestCar {
    public static void main(String[] args) {
        Car car = new Car();
        System.out.println(car.name);
        car.drive();
    }
}
```

程序清单 8.7

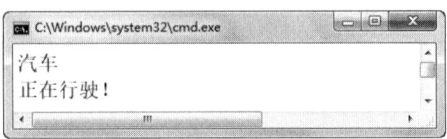

图 8.10　程序运行结果

程序运行结果如图 8.10 所示。

由程序清单 8.6 可见，虽然 Car 类没有定义任何内容，但可以使用父类 Vehicle 提供的属性和方法，这就是继承的作用。

使用继承是否能够获取父类的一切内容呢？答案是否定的。以下是两种特殊的情况：

（1）子类无法继承父类的构造方法。构造方法是一种特殊的方法，子类无法继承父类的构造方法。

（2）子类无法继承父类中不符合访问权限的成员。我们知道，使用 private 修饰的成员仅对当前类可见，而继承是子类继承父类的成员，显然子类和父类是不同的类，因此子类无法继承父类中使用 private 修饰的成员。同理，子类也无法继承父类中具有默认权限的成员。如程序清单 8.8 所示，如果将父类 Vehicle 中的 name 属性使用 private 修饰，并通过子类继承此属性，那么在编译时就会报错，如图 8.11 所示。

```
class Vehicle {
    private String name = "汽车";              // 使用 private 修饰的属性

    ...

}
public class Car extends Vehicle {
}

class TestCar {
```

```
    public static void main(String[] args) {
        Car car = new Car();
        System.out.println(car.name);          //尝试通过子类继承父类中使用 private 修饰的成员
    }
}
```

程序清单 8.8

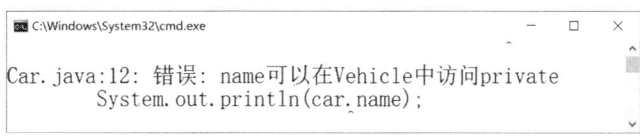

图 8.11　在编译时报错

说明：笔者使用的 JDK 版本是 1.8.0_101，从图 8.11 中可知，此版本提示的是"name 可以在 Vehicle 中访问 private……"，但根据本节的描述可知，这里应该提示的是"name 不可以在 Vehicle 中访问 private……"。对于 JDK 的出错提示，有的时候读起来会感觉不知所云或者与实际的错误描述不符，这其实是屡见不鲜的事情了。初学者只需要根据错误提示定位到出错的位置就可以了。例如，本次错误提示中的"Car.java:12"代表出错的地方是 Car.java 文件的第 12 行，"System.out. println(car.name)"下面的"^"符号就指向了错误的具体位置。

8.2.2　方法重写

通过 8.2.1 节可知，子类可以从父类继承可见的成员。但有的时候，从父类继承的方法不能满足子类的需要，此时就可以在子类中对父类的同名方法进行覆盖，这就是重写。下面通过一个案例进行说明。

假设"租车系统"的需求发生了如下变化：

卡车每行驶 1 次，耗油从 5 升提升为 10 升，车损度增加 10%；如果油量低于 15 升，则不允许行驶，直接在控制台中输出"油量不足 15 升，需要加油！"。显然，这与目前父类 Vehicle 中定义的规则不同，因此子类 Truck 就需要重写父类 Vehicle 中的这些方法。

在 Truck 类中添加如下代码，重写父类已有的 drive()方法：

```
//子类重写父类的 drive()方法
public void drive(){
    if(oil < 15){
        System.out.println("油量不足 15 升，需要加油！");
    }else{
        System.out.println("正在行驶!");
        oil = oil - 10;
        loss = loss + 10;
    }
}
```

使用程序清单 8.9 所示的代码进行测试，注意看测试代码的注释，程序运行结果如图 8.12 所示。

```
import java.util.Scanner;
class TestZuChe3 {
    public static void main(String[] args) {
        Truck truck = new Truck("大力士二代","10 吨");//初始化卡车对象 truck
        truck.show();              //输出车辆信息
        truck.drive();             //让 truck 行驶 1 次，油量剩余 10 升，车损度为 10%
```

```
        truck.show();          //输出车辆信息
        truck.drive();         //让 truck 行驶 1 次，因油量不足 15 升，所以不行驶，提示需要加油
        truck.drive();         //让 truck 行驶 1 次，因油量不足 15 升，所以不行驶，提示需要加油
        truck.drive();         //让 truck 行驶 1 次，因油量不足 15 升，所以不行驶，提示需要加油
        truck.addOil();        //让 truck 加油 1 次，油量增加 20 升，达到 30 升
        truck.show();          //输出车辆信息
    }
}
```

程序清单 8.9

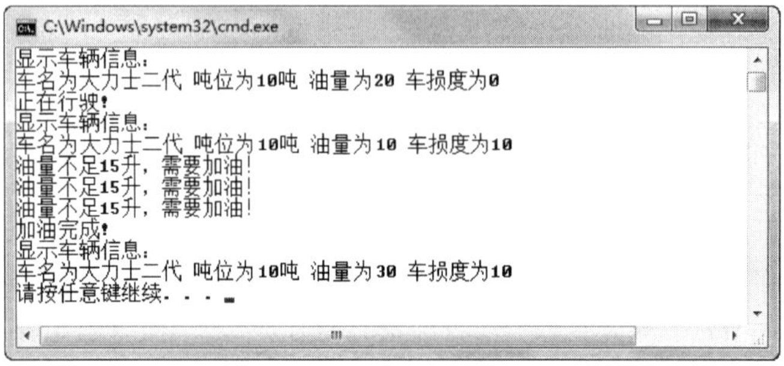

图 8.12　子类重写父类的方法

　　通过上面的案例可知，当子类的某个行为特征与父类不同时，就可以通过重写来覆盖父类已有的方法。此外，子类也可以扩展父类的成员，即子类可以根据自身需求，额外地增加一些成员。程序清单 8.10 所示代码，就是在子类 Car 中新增了 brand 属性、getBrand()方法及 setBrand()方法，之后子类 Car 既可以使用自身定义的属性和方法，也可以使用从父类继承的属性和方法，程序运行结果如图 8.13 所示。

```java
public class Car extends Vehicle {
    String brand = "红旗";                      //品牌

    public String getBrand() {
        return brand;
    }

    public void setBrand(String brand) {
        this.brand = brand;
    }
}

class TestCar {
    public static void main(String[] args) {
        Car car = new Car();
        car.setBrand("长城");                    //使用子类 Car 中的方法
        System.out.println("品牌："+car.brand);  //使用子类 Car 中的属性

        car.oil= 5 ;                            //使用父类 Vehicle 中的属性
        car.drive();                           //使用父类 Vehicle 中的方法
    }
}
```

程序清单 8.10

图 8.13   程序运行结果

是不是父类中的所有方法都能被子类重写呢？答案是否定的。如果父类中的某个方法是用 final 修饰的，则这个方法就不能被子类重写。例如，程序清单 8.11 所示的代码就会在编译时报错，如图 8.14 所示。

```java
public class Sup {
    public final void info(){
        System.out.println("this is super class info");
    }
}


class Sub extends Sup{
    //子类重写父类中用 final 修饰的方法
    public void info(){
        super.info();
    }
}
```

程序清单 8.11

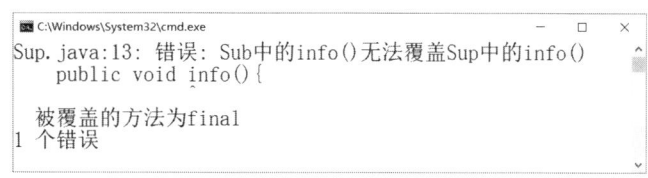

图 8.14   在编译时报错

刚才提到的 final 已经在项目 2、项目 5 中有所涉及，现在做以下总结。

- 用 final 修饰的变量，其值不能被改变。
- 用 final 修饰的类，不能被继承。
- 用 final 修饰的方法，不能被子类重写。

另外，重写在语法上需要满足如下条件。

- 重写方法与被重写方法同名，参数列表也必须相同。
- 重写方法的返回值类型必须和被重写方法的返回值类型相同或者指定返回值类型的子类。
- 重写方法不能缩小被重写方法的访问权限。

8.2.3   super()构造调用与 super 关键字

目前 Car 类只定义了 brand 一个属性，但 Car 类继承了 Vehicle 类，因此 Car 类能够使用的属性是由 brand 和 Vehicle 类中的属性共同组成的。那么，此时子类 Car 的构造方法应该如何设计呢？换句话说，我们知道构造方法可以用于给属性赋初值，而构造方法又不能被子类继承，那么在使用了继承后，如何同时调用父类和子类的构造方法，给所有的属性赋值呢？答案是使用 super()构造调用。

super()构造调用可以调用父类的构造方法。但此时，必须将 super()语句写在子类构造方法的第一行，其语法形式如下：

```
super( [参数列表] )
```

例如，程序清单 8.12 中的"super(name);"，就表示调用了父类 Vehicle 中有一个 String 参数的构造方法。

```
public class Car extends Vehicle {
    private String brand = "红旗";

    public Car(String name, String brand) {
        super(name);                    //使用 super 关键字，调用父类的构造方法
        this.brand = brand;
    }
    ...
}
```

程序清单 8.12

需要注意的是，子类的构造方法中如果不写 super()，则编译器会默认在子类构造方法的第一行加上"super()"，因为在子类中调用父类的构造方法是"必需的"。但如果父类中只存在有参构造方法，并没有提供无参构造方法，则需要在子类构造方法中显式地调用父类中存在的构造方法。

简言之，在子类中调用父类的构造方法是"必需的"，如果程序员进行了显式调用，则编译器不提供额外帮助；如果程序员未通过 super() 来调用，编译器就会帮助程序员插入"super()"，这时可能因为父类中没有无参构造方法而得到一个编译错误。

当父类中没有无参构造方法时，常见的处理方式有以下两种。

（1）在子类构造方法的第一行显式地通过"super([参数列表]);"调用父类中的某一个有参构造方法，代码如程序清单 8.13 所示。

```
public class Sup {
    public Sup( String arg){          //父类中没有无参构造方法，只有有参构造方法
    }
}

class Sub extends Sup {
    public Sub(){
        super("argValue") ;           //显式地通过"super([参数列表]);"调用父类中的有参构造方法
        // ...
    }
}
```

程序清单 8.13

（2）先通过"this([参数列表]);"调用本类中的其他构造方法，再在其他构造方法中通过"super([参数列表]);"显式地调用父类中的有参构造方法，代码如程序清单 8.14 所示。

```
public class Sup {
    public Sup( String arg){
    }
}

class Sub extends Sup {
    public Sub(){
```

```
            this(1);                    //先调用本类中的其他构造方法
    }
    public Sub(int a){
            super("argValue");          //再调用父类中的有参构造方法

    }
}
```

程序清单 8.14

不难发现，以上两种方式的本质其实是一样的，都需要显式地写上"super([参数列表]);"。

目前，我们可以通过继承直接沿用父类中已有的方法，并且可以通过方法重写覆盖父类中的方法。而且知道，当方法被重写以后，子类默认调用的是子类中重写后的方法。但应如何调用父类中被重写的那个方法呢？答案是使用 super 关键字，即可以使用 super 关键字明确调用父类中的方法。

请看程序清单 8.15 所示的代码。

```
public class Sup {
    public void info(){
        System.out.println("this is super class info");
    }
}

class Sub extends Sup{
    public void info(){
        System.out.println("this is sub class info");
    }

    public void show(){
        info();                    //或 this.info();。调用的是子类中的方法
        super.info();              //使用 super 关键字调用父类中的方法
    }
}
```

程序清单 8.15

因为子类 Sub 和父类 Sup 都定义了 info()方法，所以在子类 Sub 的 show()方法中，如果直接编写 info();或 this.info();，调用的就是子类 Sub 中的 info()方法；如果编写的是 super.info();，调用的就是父类 Sup 中的 info()方法。

在使用 super 关键字明确调用父类中的方法时，一种常见的做法是，通过 super 关键字对父类中已有的方法进行补充。如程序清单 8.16 所示，在子类的 info()方法中，先通过 super 关键字调用父类的 info()方法，再进行一些额外的代码补充。

```
class Sub extends Sup{
    public void info(){
        super.info();                                //调用父类的 info()方法
        System.out.println("this is sub class info"); //进行一些额外的代码补充
    }
    ...
}
```

程序清单 8.16

现在，对于"在子类继承了父类后，子类继承父类的方法"这一描述的总结如下。

（1）子类可以直接沿用父类的方法。

（2）子类可以重写父类的方法。

（3）子类可以在父类方法提供的功能基础上，额外新增一些功能。

截至目前，我们学习了 super 关键字的基本使用，并且之前已经学习过 this 关键字，二者的区别如下。

（1）this 关键字代表当前对象本身，而 super 关键字代表父类对象。

（2）使用 this 关键字可以调用当前对象的属性或方法，使用 super 关键字可以调用父类对象的属性或方法。

（3）使用 this 关键字可以调用当前类中的其他构造方法，使用 super 关键字可以调用父类中的构造方法。

再看一下二者的联系：

super 关键字和 this 关键字都指向一个对象，因此 super 关键字和 this 关键字的本质都是引用。二者都可以调用类或对象的属性和方法。

在使用 super() 或 this() 调用构造方法时，必须写在子类构造方法的第一行。因此，在一个构造方法内部，不可能同时使用 super() 和 this() 来调用其他的构造方法。

8.2.4　继承中的初始化

任务 6.4 介绍了对象初始化过程，不过当时还没有学习继承的概念。接下来通过一个案例来分析在继承的条件下，父类、子类中的静态块、非静态块、构造方法的执行顺序，代码如程序清单 8.17 所示。

```java
public class InitDemo {
    public static void main(String[] args) {
        System.out.println("第一次实例化子类：");
        new Sub();
        System.out.println("第二次实例化子类：");
        new Sub();
    }
}
class Super {
    static {
        System.out.println("父类中的静态块！");
    }
    {
        System.out.println("父类中的非静态块！");
    }
    Super() {
        System.out.println("父类构造方法！");
    }
}
class Sub extends Super {
    static {
        System.out.println("子类中的静态块！");
    }
    {
```

```
            System.out.println("子类中的非静态块！");
        }
        Sub() {
            System.out.println("子类构造方法！");
        }
    }
```

程序清单 8.17

程序运行结果如图 8.15 所示。

通过运行结果可以看出，在第一次实例化子类时，先调用父类中的静态块，然后调用子类中的静态块，接着调用父类中的非静态块和父类构造方法，最后调用子类中的非静态块和子类构造方法。这说明在第一次实例化某个类的对象时，该类的继承路径上的所有父类都会被加载（伴随静态块被执行），然后是该类被加载。类加载完毕后，才可被实例化。接下来，自上而下进行实例化。也就是说，即便没有显式实例化父类，父类也会实例化出对象。

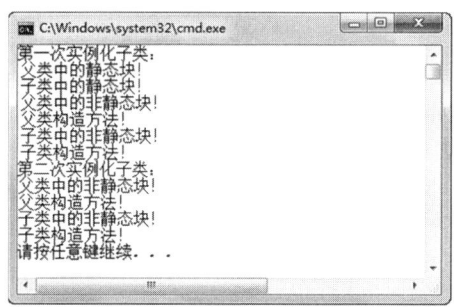

图 8.15　继承中的初始化

另外，当第二次实例化子类时，父类和子类中的静态块都不再被调用，这再次说明了静态成员初始化、静态块初始化都是在类加载时执行的。

8.2.5　继承小结

如果多个类中存在相同的成员，就可以考虑用继承将这些成员提取到父类中，之后各个类再去继承这个父类。使用继承可以沿用父类的成员，但子类也可以通过方法重写改造父类已有的方法，或者子类也可以通过 super 关键字对父类中的某个方法进行补充（见程序清单 8.16）。

但继承也有其局限性，例如，父类中的构造方法、因访问权限修饰符限制而对子类不可见的成员等都是无法被子类继承的。

任务 8.3　多态

封装和继承的学习已告一段落，接下来要学习面向对象程序设计中比较难理解的一个概念——多态。

8.3.1　多态概述

在汉语中经常存在"一词多义"的情景。例如，"打"这个字是什么意思呢？"打篮球""打水""打架"中"打"的含义各不相同，因此要想确定某个具体的"打"字的含义，就必须将"打"放入具体的语境中，通过上下文来断定。在程序开发中也存在类似于这种"一词多义"的特征——多态。

多态可以"优雅"地解决程序中的扩展性问题。假设在"租车系统"中有一个 drive(Car car) 方法，显然该方法只能传递一个 Car 类型的参数，如果想传递一个 Truck 类型的参数，就必须再重新编写一个 drive(Truck truck) 方法。后续，随着项目的扩大，如果要给 drive() 方法传递 10 种类型的参数，就需要根据参数类型编写 10 个重载的 drive() 方法。但如果使用多态，这种问题就可以得到很好的解决。

根据继承的知识，可以给 Car 和 Truck 等各种类型的车设置一个共同的父类 Vehicle，之后只需要编写一个 drive(Vehicle vehicle)方法，就可以接收所有子类型的参数了，即可以使用 Vehicle 接收 Car、Truck 等各种子类型变量。实际上，Java 就是通过多态机制实现这一功能的。

在逻辑上，多态与继承类似，都符合"is a"的关系，如"Car is a Vehicle""Truck is a vehicle"等。显然，"is a"的左侧是子类，右侧是父类。这种"is a"的逻辑，保证了在形式上父类引用可以指向子类对象，如"Vehicle vehicle = new Car();"就是多态的一种典型写法。

在"Vehicle vehicle = new Car();"中，子类的 Car 对象被赋值给了父类 Vehicle 引用 vehicle，这称为向上转型；在引用 vehicle 上调用方法，在运行时刻究竟调用的是父类 Vehicle 中的方法还是子类 Car 中的方法呢？实际需要通过运行时的对象类型来判断，这称为动态绑定。向上转型和动态绑定就是多态的具体实现机制，下面以"租车系统"为例进行介绍。

8.3.2 实现机制

1. 向上转型

向上转型是指子类可以自动地转为父类对象，如"父类 引用 = new 子类();"就是多态的一种典型写法。

通过阅读"租车系统"的需求，可以发现程序中需要新建一个驾驶员（租车者）类，这个类有一个姓名属性，还有两个获取车辆信息的方法，具体代码如程序清单 8.18 所示。

```
//驾驶员（租车者）类
public class Driver {
    String name = "驾驶员";                    //驾驶员姓名

    //定义构造方法，指定驾驶员姓名
    public Driver(String name) {
        this.name = name;
    }

    //获取驾驶员姓名
    public String getName() {
        return name;
    }

    //驾驶员获取轿车车辆信息，输入参数为轿车对象
    public void callShow(Car car) {
        car.show();
    }

    //驾驶员获取卡车车辆信息，输入参数为卡车对象
    public void callShow(Truck truck) {
        truck.show();
    }
}
```

程序清单 8.18

使用程序清单 8.19 所示的代码进行测试，程序运行结果如图 8.16 所示。

```
class TestZuChe4 {
    public static void main(String[] args) {
        Car car = new Car("战神", "长城");              //初始化轿车对象 car
        Truck truck = new Truck("大力士二代", "10 吨");   //初始化卡车对象 truck
        Driver d1 = new Driver("柳海龙");               //创建并初始化驾驶员对象 d1
        d1.callShow(car);                             //调用驾驶员对象相应的方法
        d1.callShow(truck);                           //调用驾驶员对象相应的方法
    }
}
```

程序清单 8.19

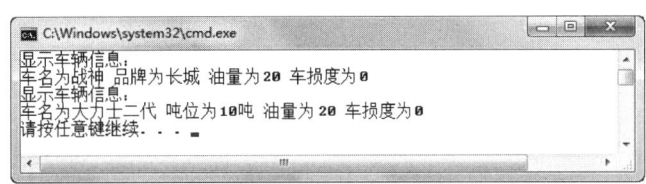

图 8.16　"租车系统"运行结果

在写 Driver 类的过程中，驾驶员获取车辆信息的功能用了两个重载方法，如果要获取轿车信息，则输入的是轿车对象（如"d1.callShow(car);"），在方法体内调用轿车对象的方法；如果要获取卡车信息，则输入的是卡车对象（如"d1.callShow(truck);"），在方法体内调用卡车对象的方法。如果需要从 Vehicle 类继承 10 种车辆类型，则在 Driver 类中需要写 10 个方法。显然，这种操作过于烦琐。

接下来用多态的方式解决这个问题。

首先在 Vehicle 类中增加一个 show()方法，方法体为空，这样 Car 类和 Truck 类中的 show()方法实际是重写了 Vehicle 类中的 show()方法，代码如程序清单 8.20 所示。

```
public class Vehicle {
    //省略其他代码
    //显示车辆信息
    public void show(){

    }
}
```

程序清单 8.20

然后修改 Driver 类，将原来的两个 callShow()方法合并成一个方法，输入参数不再是具体的车辆类型，而是这些车辆类型的父类 Vehicle 对象，并在方法体内调用 Vehicle 类的 show()方法，代码如程序清单 8.21 所示。

```
//驾驶员（租车者）类
public class Driver {
    String name   = "驾驶员";              //驾驶员姓名
    //定义构造方法，指定驾驶员姓名
    public Driver(String name){
        this.name = name;
    }
    //获取驾驶员姓名
    public String getName(){
        return name;
    }
}
```

```
        //驾驶员获取车辆信息，输入参数为车对象
        public void callShow(Vehicle v){
            v.show();
        }
    }
```

程序清单 8.21

运行程序清单 8.22 所示的代码，程序正常输出结果。

```
class TestZuChe5 {
    public static void main(String[] args) {
        Car car = new Car("战神","长城");              //初始化轿车对象 car
        Truck truck = new Truck("大力士二代","10 吨");   //初始化卡车对象 truck
        Driver d1 = new Driver("柳海龙");               //创建并初始化驾驶员对象 d1
        d1.callShow(car);                             //调用驾驶员对象的相应方法
        d1.callShow(truck);                           //调用驾驶员对象的相应方法
    }
}
```

程序清单 8.22

总结如下：

（1）在父类 Vehicle 中有 show()方法。

（2）在子类 Car 和 Truck 中重写了 show()方法，实现了不同的功能。

（3）在 Driver 类中，callShow(Vehicle v)方法的形参是一个父类对象的引用。

（4）在测试类的代码中，"d1.callShow(car);"和"d1.callShow(truck);"这两行语句在调用 callShow(Vehicle v)方法时，实际传入的是子类对象，最终执行的是子类对象重写的 show()方法，而不是父类对象的 show()方法。

由此可见，向上转型实际就是父类的引用指向子类对象，也就是上面案例中 Vehicle 类的引用指向了 car 和 truck 这两个对象。

向上转型的好处，不仅是在 Driver 类中不需要针对 Vehicle 类的多个子类写多个方法，减少了代码编写量，而且增加了程序的扩展性——在现有程序架构的基础上，可以再设计开发出若干个 Vehicle 类的子类（重写 show()方法），这样在不用更改 Driver 类的情况下，就可以在测试类中实例化新的 Vehicle 子类对象，并将这些子类对象传入 Driver 类的 callShow(Vehicle v)方法中。

2．动态绑定

动态绑定是指在编译期间方法并不会和"引用"的类型绑定在一起，而是在程序运行的过程中，JVM 需要根据具体的实例对象才能确定此时要调用的是哪个方法。重写方法遵循的就是动态绑定。

例如，在程序清单 8.15 中，父类 Sup 和子类 Sub 都定义了 info()方法，此时执行以下代码：

```
Sup x= new Sub() ;
x.info() ;
```

由于 Sub 类重写了 Sup 类中的 info()方法，在编译期间 info()方法不会和任何一个具体的类绑定，而是在运行期间列举出 Sub 类中的 info()方法和从父类 Sup 继承过来的 info()方法，如果当前的实例对象是 Sub 对象，则调用 Sub 类中的 info()方法。

有动态绑定，自然就有静态绑定。静态绑定是指程序编译期间的绑定。以下的类信息，使用的就是静态绑定机制。

（1）使用 final、static 或 private 修饰的方法，以及重载方法和构造方法。

（2）成员变量（属性）。

8.3.3　面向父类编程的思想

在进行程序设计时，一种推荐的编程思想是"面向父类"编程。也就是建议将面向的"对象"抽象为更高层次的父类。例如，不建议通过 drive(Car car)或 drive(Truck truck)等方法限制方法接收的参数是某一个具体的对象类型，而建议将这些对象抽象成一个共同的父类，如 drive(Vehicle vehicle)，这样一来就可以利用多态的特征方便地对程序进行扩展，不必每增加一个具体的子类都新增一个具体的方法。例如，drive(Vehicle vehicle)可以接收任何 Vehicle 类及其子类对象，因此可以大大减少代码的冗余度。

8.3.4　向下转型

向上转型虽然可以减少代码量，增加程序的可扩展性，但也有自身的问题。例如，在程序清单 8.21 所示 Driver 类的 callShow(Vehicle v)方法中，只能调用 Vehicle 类的方法，而不能调用 Vehicle 类的子类特有的方法（如 Car 类中的 getBrand()方法），这就是向上转型的局限性。这个问题的解决办法就是向下转型。

顾名思义，向下转型就是将一个父类转换成一个子类的动作。但要注意的是，向下转型不是自动进行的，而是需要人为地进行强制类型转换。程序清单 8.23 所示的代码就是一个向下转型的案例。

```
class TestZuChe6 {
    public static void main(String[] args) {
        Vehicle v = new Car("战神", "长城");        //声明父类对象，实例化出子类对象
        v.show();                                  //实际调用子类重写父类的 show()方法
        //System.out.println(v.getBrand());;        //编译错误，无法调用子类特有的方法
        Car car = (Car) v;                         //将对象 v 强制转换成 Car 类对象
        System.out.println(car.getBrand());        //调用 Car 类特有的方法 getBrand()
        Truck truck = (Truck) v;                   //将对象 v 强制转换成 Truck 类对象
        System.out.println(truck.getLoad());       //调用 Truck 类特有的方法 getLoad()
    }
}
```

程序清单 8.23

程序运行结果如图 8.17 所示。

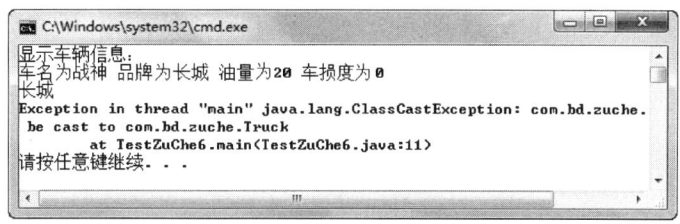

图 8.17　向下转型的程序运行结果

从运行结果可以看出，对象 v 可以被强制转换成 Car 类型，而不能被强制转换成 Truck 类型，这是因为它本身实例化的时候就是 Car 类型的，所以可以进行强制类型转换，并且转换后可以调用 Car 类特有的方法 getBrand()，但把 Car 类型转换成 Truck 类型，会抛出异常（类型转换

异常）。

程序员在编程的过程中进行对象的强制类型转换时，如何保证转换的正确性呢？答案是可以使用 Java 提供的 instanceof 运算符（不是方法）来进行预判断。instanceof 运算符的语法形式如下：

```
对象 instanceof 类
```

该运算符用于判断一个对象是否属于一个类，返回值为 true 或 false，详见程序清单 8.24 所示的案例。

```java
class TestZuChe7 {
    public static void main(String[] args) {
        //Vehicle v = new Car("战神","长城");      //声明父类对象，实例化出子类对象
        Vehicle v = new Truck("大力士二代", "10 吨");
        v.show();
        if (v instanceof Car)                       //对象 v 属于 Car 类型
        {
            Car car = (Car) v;                      //将对象 v 强制转换成 Car 类对象
            System.out.println(car.getBrand());     //调用 Car 类特有的方法 getBrand()
        } else {                                    //对象 v 不属于 Car 类型
            Truck truck = (Truck) v;                //将对象 v 强制转换成 Truck 类对象
            System.out.println(truck.getLoad());    //调用 Truck 类特有的方法 getLoad()
        }
    }
}
```

程序清单 8.24

首先通过 instanceof 运算符判断对象 v 属于哪个类，再进行强制类型转换，就可避免在进行强制类型转换时抛出异常，从而增加程序的健壮性。程序运行结果如图 8.18 所示。

图 8.18　instanceof 运算符的使用

8.3.5　属性覆盖问题

在 8.3.2 节的最后，我们介绍过普通方法是在程序运行过程中才动态绑定的，但成员变量（属性）是在程序编译期间就完成绑定的。因此，方法和属性在"覆盖"问题上是有所区别的。之前已经学习了方法覆盖的问题（即方法重写），本节就探讨一下属性覆盖的问题。请看程序清单 8.25 所示的代码，其尝试使用子类 Sub 覆盖父类 Super 中的属性。

```java
class Super {
    public int i = 50;              //父类属性 i，赋值为 50
}

public class Sub extends Super {
    public int i = 100;             //子类同名属性 i，赋值为 100

    public static void main(String[] args) {
```

```
            Sub sub = new Sub();              //创建子类对象
            System.out.println(sub.i);         //输出子类对象的 i 属性
        }
    }
```

程序清单 8.25

程序运行结果是 100，因为 Sub 对象自身拥有 i 属性，所以 sub.i 使用的就是 Sub 中的属性，这种情况通常称为就近访问原则。将程序清单 8.25 中的代码修改为程序清单 8.26 所示的内容。

```
class Super {
    public int i = 50 ;                 //父类属性 i，赋值为 50
}

public class Sub extends Super{
    public int i = 100 ;                //子类同名属性 i，赋值为 100

    public static void main(String[] args) {
        Super sup = new Sub();          //创建父类对象，用子类实现
        System.out.println(sup.i);       //输出 sup 的 i 属性
    }
}
```

程序清单 8.26

此时的程序运行结果是 50，因为属性 i 在程序编译期间就已经绑定在 Super 类上了，并不会像普通方法那样在程序运行过程中动态绑定，因此后续 sup 引用使用的就是 Super 类中绑定的属性 i。

为了方便读者理解，在此做以下总结。

（1）当子类重写了父类的方法时，调用主体（即对象）和方法是在程序运行过程中绑定的。

（2）当子类和父类的属性重名时，调用主体（即对象）和属性是在程序编译期间绑定的。

8.3.6　多态小结

封装、继承和多态是面向对象的三大特征。多态让父类的引用既可以指向父类对象，也可以指向子类对象。在逻辑上，多态符合"is a"的关系。一种典型的多态写法就是"父类 引用 ＝new 子类();"，如"Vehicle vehicle = new Car();"的"is a"关系就是"Car is a Vehicle"。

向上转型和动态绑定是多态的实现机制。向上转型是指子类对象可以自动地赋值给父类的引用，而无须显式地转换；而动态绑定是指在程序运行过程中才将具体的实例对象和方法进行绑定。

知识梳理与总结

本项目讲解了封装、继承和多态等面向对象的重要特征，这些内容侧重于编程思想，读者需要通过反复的练习来加深理解。

（1）抽象是指根据用户需求，将需求描述抽象成 Java 开发中的类；封装是将数据（属性）和操作数据的方法（行为）绑定在一起，并隐藏类的内部实现细节（属性私有），只暴露必要的接口（公有的 getter()和 setter()方法）给外部使用。通过封装，可以保护类的数据不被外部直接访问和修改，从而提高程序的安全性和灵活性。

（2）继承可以将子类中的相同代码提取出来，单独存储到父类中，从而减少代码量。

（3）this 关键字用于调用当前对象的属性、方法，而 super 关键字用于调用父类对象的属性、

方法。

（4）多态可以使程序更加灵活，通过同一个引用来指向不同的对象，进一步减少代码量。

（5）普通方法是在程序运行过程中才动态绑定的，但属性是在程序编译期间就完成绑定的。

读者可以通过知识树来回顾和总结所学的内容，如图 8.19 所示。

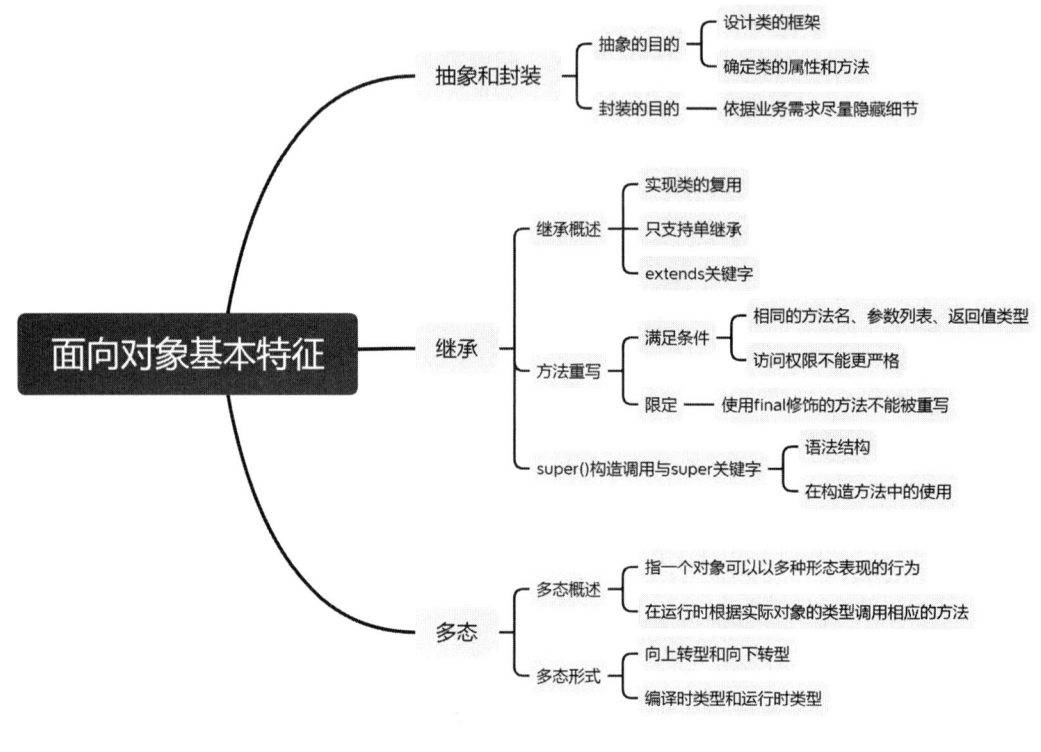

图 8.19　知识树

思考与练习

一、单选题

（1）以下程序的输出结果是（　　　）。

```java
public class Sub extends Super{
    public int i = 100 ;
    public static void main(String[] args) {
        Super sup = new Sub();
        Sub sub = new Sub();
        System.out.println((sup.i + sub.i));
    }
}
class Super {
    public int i = 50 ; //父类属性 i，赋值为 50
}
```

A. 50　　　　　　　　B. 100　　　　　　　　C. 150　　　　　　　　D. 0

（2）以下（　　）不属于面向对象的三大特征。

  A．继承　　　　　　B．封装　　　　　　C．重构　　　　　　D．多态

（3）以下关于 this 和 super 的描述中，错误的是（　　）。

  A．this 和 super 都可以调用构造方法

  B．this 可以调用当前对象的属性、方法

  C．super 可以调用父类对象的属性、方法

  D．可以在一个构造方法中，同时使用 this 和 super 来调用其他的构造方法

（4）以下关于继承的描述中，错误的是（　　）。

  A．继承可以提高代码的复用性

  B．子类可以继承父类的方法或属性

  C．继承和封装、多态一起统称为面向对象的三大特征

  D．子类可重写父类的任何方法

（5）以下关于多态的描述中错误的是（　　）。

  A．"子类 引用 = new 父类();"就是多态的一种使用形式

  B．Java 中的多态，得益于向上转型

  C．Java 中的多态，得益于动态绑定

  D．多态可以使程序更加灵活，帮助程序员实现面向父类编程

二、编程题

（1）使用继承特征完成下面的需求。

- 设计一个名为 Person（人类）的类和它的两个名为 Student（学生）和 Employee（员工）的子类。
- 每个人都有姓名和电话号码，学生类有年级状态（大一、大二、大三或大四），员工类有工资。
- 重写每个类中的 toString()方法，以显示该类的所有属性。

其中提供的对象信息如表 8.1 所示。

表 8.1　对象信息

姓　　名	电　　话	工资/元	年　　级	身　　份
小蓝	166****7777	无	无	人类
小红	155****5555	无	大一	学生
小白	176****5656	4000	无	员工

程序运行结果如图 8.20 所示。

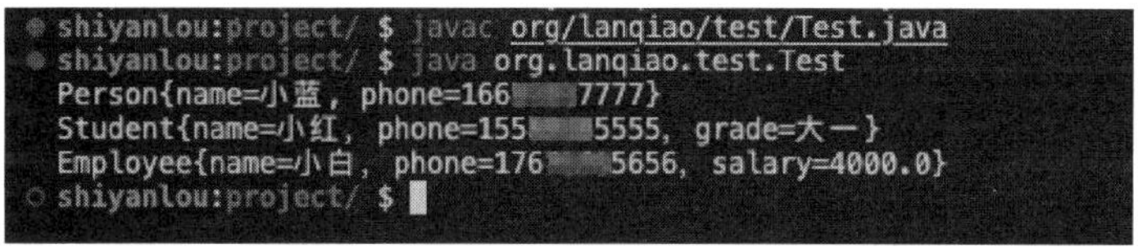

图 8.20　程序运行结果

（2）编写一个银行账户类，实现对类的属性和方法的封装，以及子类对父类方法的重写，具体需求如下。

- 父类为银行账户类 Account，它具有账户 ID、客户姓名、账户密码、账户余额等属性，以及取款、存款、查询方法。

- 子类为储蓄账户类 SavingAccount，新增年利率属性，以及计算利息并存入账户的方法。
- 子类为信用账户类 CreditAccount，新增透支额度和提现额度属性，以及刷卡消费方法。子类需要重写父类的取款方法。

下面给出了银行账户类 Account、储蓄账户类 SavingAccount、信用账户类 CreditAccount、账户测试类 AccountTest 的部分代码，读者需要根据提示完善关键代码，详见程序清单 8.27 至程序清单 8.30。

```java
public class Account {
    long id;   // 账户 ID
    String name;   // 客户姓名
    String password="000000";   // 账户密码：初始密码为"000000"
    double balance;   // 账户余额

    // TODO 补充本类所有属性的 getter()、setter()方法，以及有参构造方法和无参构造方法

    public void deposit(double cash){   // 存款
        System.out.println("=====存款操作=====");
        System.out.println("现存入："+cash);
        balance=this.balance+cash;      // 余额自动计算
        System.out.println("现余额： "+ this.balance+"\n");
    }
    public void withdraw(double cash){   // 取款
        System.out.println("=====取款操作=====");
        System.out.println("现支出："+cash);
        balance=this.balance-cash;      // 余额自动计算
        System.out.println("现余额： "+ this.balance+"\n");
    }
    public void query(){   // 查询
        System.out.println("=====查询操作=====");
        System.out.println("账户： "+this.id);
        System.out.println("姓名： "+ this.name);
        System.out.println("余额： "+ this.balance+"\n");
    }
}
```

程序清单 8.27

```java
public class SavingAccount extend Account {   //子类：储蓄账户类
    private double interest;   // 年利率

    ### 补充年利率的 getter()、setter()方法，以及有参构造方法 ###

    public void countInterest(){

        ###   计算利息并调用父类的存款方法 deposit()将利息存入账户 ###

        // 利息=余额*年利率


    }
}
```

程序清单 8.28

```
public class CreditAccount extend Account {    // 子类：信用账户类
    private double ceiling;    // 透支额度
    private double money;    // 提现额度

    ### 补充 ceiling 和 money 的 getter()、setter()方法，以及有参构造方法 ###

    public void purchase(double payment){    // 刷卡消费
        System.out.println("您的卡号为："+this.getId());
        System.out.println("刷卡消费："+payment);
        if((this.getBalance()+this.ceiling-payment)>0){    // 可以透支
            this.setBalance(this.getBalance()-payment);    // 计算余额
            System.out.println("最终余额为："+this.getBalance()+"\n");
        }else {
            System.out.println("超过透支额度！此次刷卡无效! \n");
        }
    }
    public void withdraw(double cash){    // 重写父类的取款方法

        ### 补充代码 ###
        // 判断是否满足提现的条件，如果满足，则调用父类的 withdraw()方法进行取款操作；如果不满
        // 足，则提示"超过透支额度或提现额度"

    }
}
```

程序清单 8.29

```
public class AccountTest{
    public static void main(String args[]){
        SavingAccount sa=new SavingAccount(100003,"李四","123456");
        sa.deposit(10000);    // 存款 10000 元
        sa.setInterest(0.004);    // 设置年利率
        sa.countInterest();    // 将利息存入账户
        sa.withdraw(2000);    // 取款 2000 元
        sa.query();    // 查询当前账户、姓名、余额，余额应为 8040 元
        CreditAccount ca=new CreditAccount(100005,"王五","123123",0,10000,8000);
        ca.deposit(4000);    // 存款 4000 元
        ca.purchase(3000);    // 消费 3000 元
        // 剩余 1000 元加上透支额度 10000 元后大于取款金额 6000 元，并且取款金额 6000 元小于限制的
        // 提现金额 8000 元，所以可以提现，取款后账户余额为-5000 元
        ca.withdraw(6000);
    }
}
```

程序清单 8.30

提示：

（1）子类的构造方法可以调用父类的构造方法。

（2）判断是否可以提现需同时满足两个条件：提现金额小于允许提现的金额，以及透支额度加余额需大于提现的金额。

（3）注意 this 和 super 关键字的用法。

程序运行结果如图 8.21 所示。

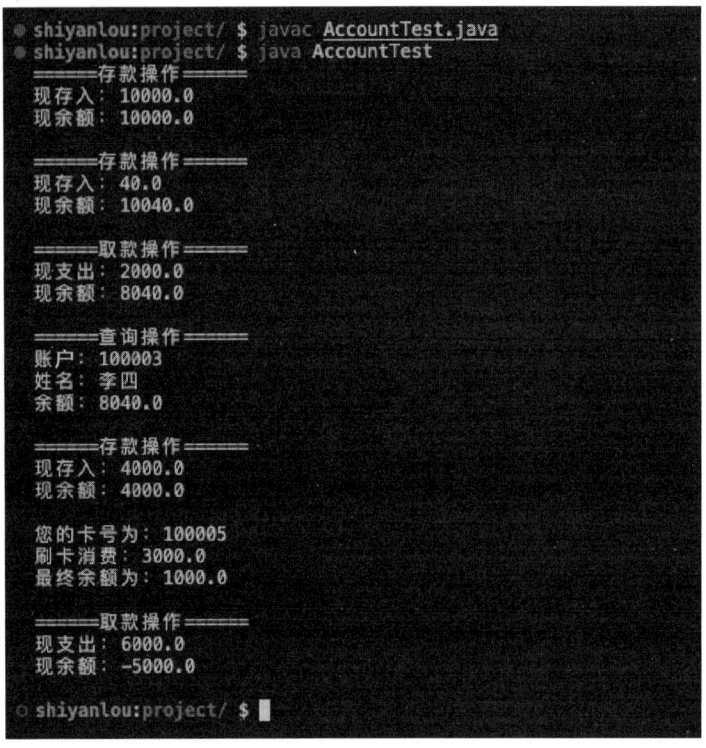

图 8.21　程序运行结果

贯穿项目

在本项目中，我们需要合理运用 Java 的三大特征（封装、继承、多态）来实现读者管理模块中所有的业务功能，以及首界面中的书籍浏览和书籍查询功能。读者管理模块功能结构如图 8.22 所示，该模块的功能主要包括添加、修改和删除读者，以及显示读者列表。

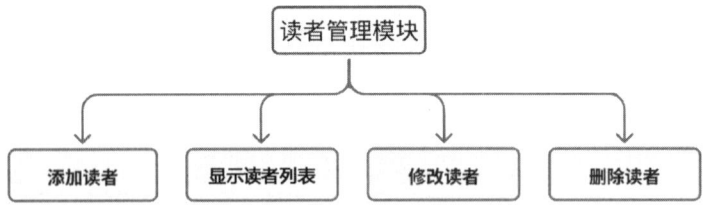

图 8.22　读者管理模块功能结构

在已搭建的图书管理系统中，首先需要在实体类中重写 toString()方法，这样可以更好地获取对象信息，并添加书籍实体类，以及在 InitData 类中添加书籍初始化数据信息，然后需要在 service 包中创建读者管理模块服务类 ReaderService 和书籍管理模块服务类 BookService 来处理各自的业务请求，其相关类图如图 8.23 所示。

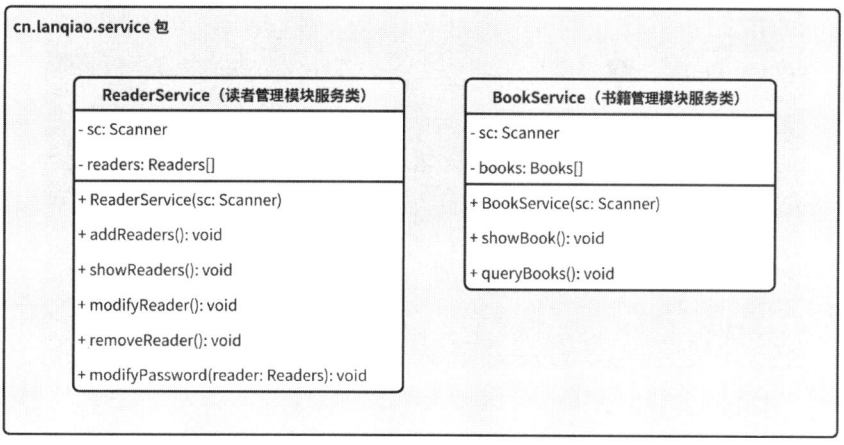

图 8.23 业务逻辑层服务类类图（部分）

本贯穿项目任务

- 实现读者管理模块中所有的业务功能。
- 实现首界面中的书籍浏览和书籍查询功能。

贯穿项目中主要考察

- 封装和继承的应用。
- 方法的重写。

在已创建的 libraryms 项目工程中实现项目功能，读者管理模块功能实现效果如图 8.24 至图 8.29 所示，首界面中的书籍浏览和书籍查询功能的实现效果如图 8.30 至图 8.32 所示。

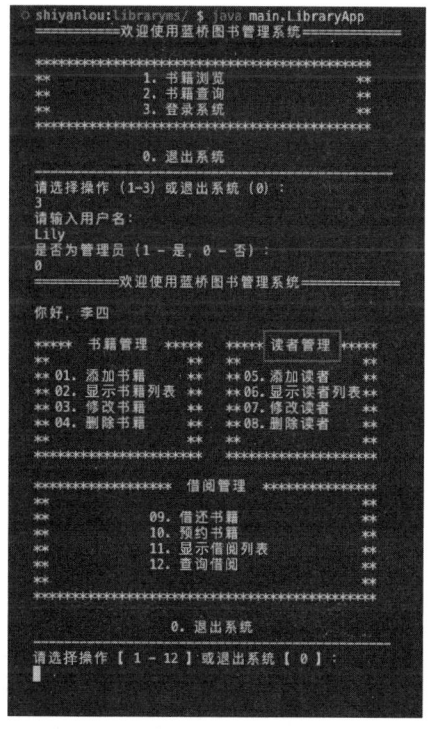

图 8.24 管理员登录系统后的读者管理操作　　图 8.25 操作员登录系统后的读者管理操作

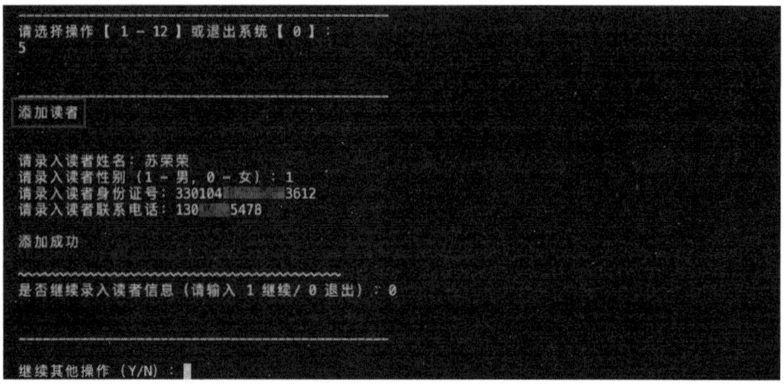

图 8.26 添加读者功能实现效果

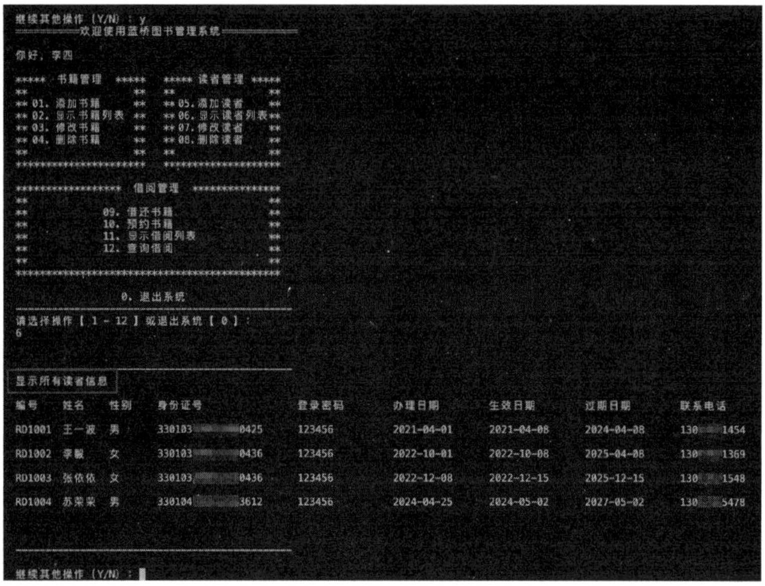

图 8.27 显示读者列表功能实现效果

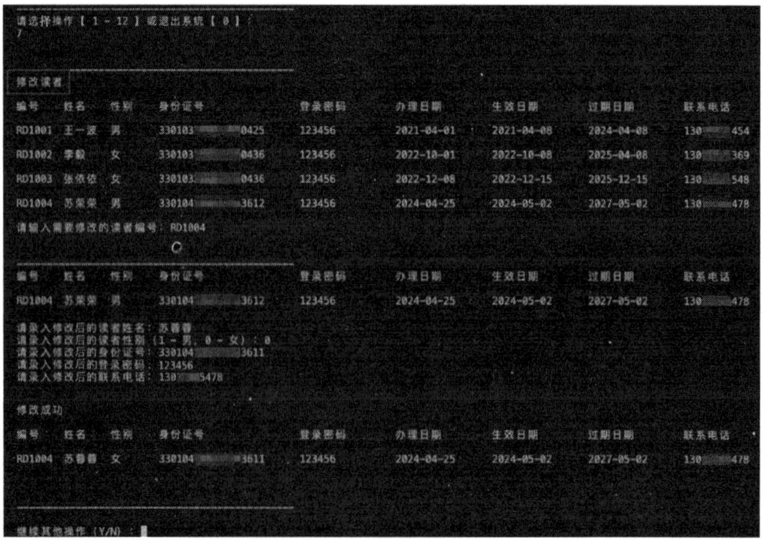

图 8.28 修改读者功能实现效果

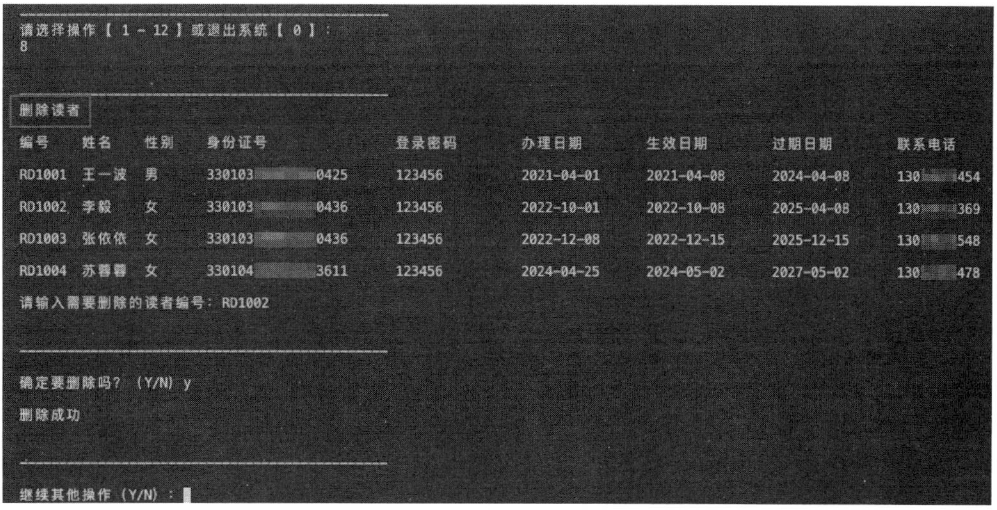

```
请选择操作【 1 - 12 】或退出系统【 0 】:
8

删除读者
编号      姓名    性别   身份证号          登录密码      办理日期      生效日期      过期日期      联系电话
RD1001   王一波   男    330103███0425    123456      2021-04-01   2021-04-08   2024-04-08   130███454
RD1002   李毅    女    330103███0436    123456      2022-10-01   2022-10-08   2025-04-08   130███369
RD1003   张依依   女    330103███0436    123456      2022-12-08   2022-12-15   2025-12-15   130███548
RD1004   苏蓉蓉   女    330104███3611    123456      2024-04-25   2024-05-02   2027-05-02   130███478
请输入需要删除的读者编号: RD1002


确定要删除吗?（Y/N）y
删除成功


继续其他操作（Y/N）:
```

图 8.29　删除读者功能实现效果

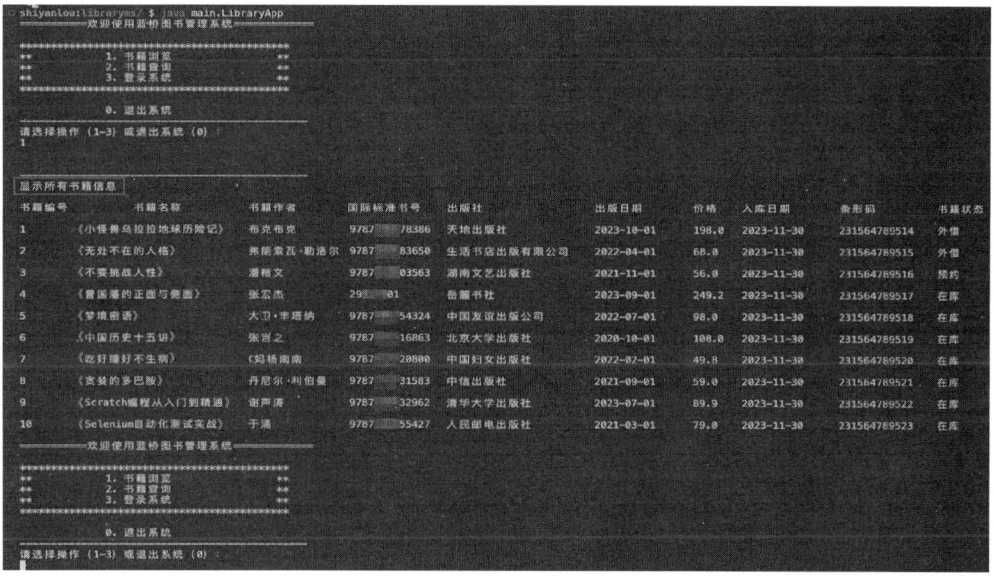

图 8.30　首界面中的书籍浏览功能实现效果

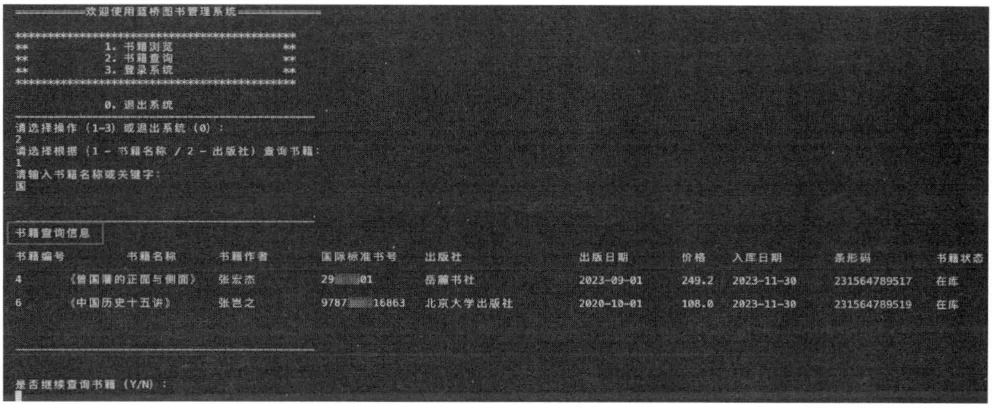

图 8.31　首界面中的书籍查询功能实现效果（1）

图 8.32　首界面中的书籍查询功能实现效果（2）

思政小课堂

爸爸指着地上的一块石头问孩子："你能搬起地上的石头吗？"小男孩尝试推了推石头，说："不能"，爸爸问："你尽力了吗？"小男孩又努力地试了一次，无奈地对爸爸说："我尽力了，可石头还是一动不动。"爸爸说："孩子，你并没有尽力！因为我就在你身边，而你却从未想到找我帮你搬起石头。"

当前我国的科学技术正在飞速发展，特别是网络的普及化、信息渠道的多样化，通过网络我们可以快速获取海量信息。《劝学》中提道："君子生非异也，善假于物也。"但需要注意的是，应该有目的地进行搜索，因为毫无目的地获取信息，就无法将信息转化为知识。

一名优秀的程序员应具备的基本能力

具备灵活变通的能力：一名优秀的程序员知道如何更高效地完成任务，如何更有效地解决问题。当遇到问题时，不钻牛角尖，善于利用外部工具解决问题，特别是能熟练应用现成的技术工具，而不是重复造轮子；当有疑问时，善于使用搜索引擎寻找答案。

项目 9

抽象类和接口

简介

　　项目 8 学习了面向对象的编程思想，体会了封装、继承和多态这些特征如何在面向对象程序设计中运用，这是"Java 基础"课程中核心的单元之一。接下来，着重讲解 Java 中另外一个非常重要的概念——接口。在编程中常说"面向接口编程"，可见接口在程序设计中的重要性。此外，本项目还会介绍抽象类和内部类的概念。抽象类和接口的区别、内部类的概念等是在企业面试中常被问到的问题。

学习目标

- ✓ 理解抽象类的概念（难点）
- ✓ 掌握抽象类的基本结构（重点）
- ✓ 理解接口的概念（难点）
- ✓ 掌握接口的声明（重点）
- ✓ 掌握接口的继承
- ✓ 掌握接口的实现（重点）
- ✓ 了解内部类的用法

知识应用

- ❖ 编程 1：编写 Java 程序，设计一个图形接口程序，计算不同图形的周长和面积
- ❖ 编程 2：编写 Java 程序，完成多接口的设计与实现

项目认知

　　本项目我们来了解软件项目开发生命周期的最后两个阶段——部署和维护，这两个阶段用于将开发完成的软件系统部署到生产环境中，并持续地对系统进行维护和支持。以下是这两个阶段的主要任务和活动。

1. 部署阶段

　　（1）系统部署规划：制订详细的部署计划，包括硬件和软件环境的准备、安装步骤和时间

表等。

（2）安装和配置：在生产环境中安装软件系统，并配置系统参数和进行相关设置，以保障系统能够正常运行。

（3）数据准备：将开发环境的测试数据删除，并将用户真实的生产数据录入系统中。

（4）集成测试：确保部署的新系统与其他系统和组件能够正常交互和集成。

（5）培训和编写文档：为系统的最终用户提供培训和支持，并编写相关的用户文档和操作手册。

2．维护阶段

（1）故障排除和修复：定期监测和识别系统中的问题和故障，并采取相应的措施进行修复。

（2）性能监控和优化：持续监控系统的性能指标，并根据需要进行优化和调整，以确保系统的高性能和可伸缩性。

（3）安全更新和漏洞修复：定期进行系统的安全更新和漏洞修复，以保护系统免受安全威胁和攻击。

（4）功能更新和升级：根据用户反馈和需求，持续开发和发布新的功能和版本。

（5）用户支持和维护：为系统的最终用户提供持续的技术支持和维护服务，以解决用户的问题和需求。

因此，部署和维护阶段的目标是保证软件系统在生产环境中稳定运行，为用户提供价值。通过有效的部署和持续的维护，可以最大限度地提高软件系统的可靠性、安全性和性能，从而满足用户的需求并实现长期的业务目标。

那么贯穿项目的任务是什么呢？通过对本项目知识的学习后，读者需要在之前完成的项目工程基础上，结合抽象类和接口的知识，实现书籍管理模块和借阅管理模块中所有的业务功能。

任务 9.1　抽象类

在面向对象的世界里，所有的对象都是通过类来实例化的。反之，所有的类都能用来实例化对象吗？答案是否定的。除了前面项目中介绍的类，还存在一种特殊的类——抽象类。如果在类的定义中存在一些抽象的方法，那么这种类就被称为抽象类。在语法上，抽象类是不能用于实例化对象的。

举例来说，中国人（Chinese 类）和美国人（American 类）都有"吃饭"这个行为，因此可以先定义一个 Person 类，然后让 Chinese 类和 American 类都继承这个类。但如何在父类 Person 中定义"吃饭"这个方法呢？一般而言，中国人用筷子吃饭，并且吃的是中餐；而美国人用刀叉吃饭，吃的是西餐。显然，二者对于"吃饭"这一行为的具体实现是不同的。因此，无法在父类 Person 中具体地定义"吃饭"这个方法。此时，就可以先将 Person 定义成一个抽象类，并将"吃饭"这个行为定义成抽象方法（只有方法声明，但没有方法体的方法），然后在子类 Chinese 和 American 中分别对"吃饭"进行具体实现。

由此可见，抽象类往往用来表示抽象的概念。

9.1.1　抽象类概念

在面向对象分析和设计的过程中，经过封装和继承的分析之后，可以先创建一个抽象的父类，该父类（如 Person 类）定义了其所有子类共享的一般形式，具体细节由子类（如 Chinese 类和 American 类）来完成。

Java 中定义抽象类的语法形式如下：

```
abstract class 类名{
}
```

Java 提供了一种特殊的方法，该方法不是一个完整的方法，只含有方法声明，没有方法体，这样的方法叫作抽象方法，其语法形式如下：

```
访问权限修饰符 abstract 返回值 方法名( );
```

接下来通过一个案例来了解抽象类的用法。

现有 Person 类、Chinese 类和 American 类，其中 Person 类为抽象类，含有 eat()和 work()两个抽象方法，Chinese 类和 American 类为子类，其关系如图 9.1 所示。

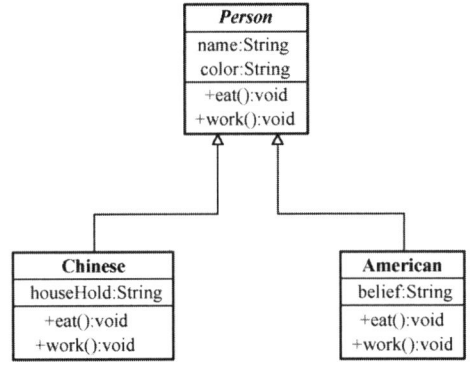

图 9.1　抽象类与子类之间的关系

Person 类的代码如程序清单 9.1 所示。

```
//定义抽象类 Person
abstract class Person {
        String name = "人";
        String color = "肤色";

        //定义吃饭的抽象方法 eat()
        public abstract void eat();

        //定义工作的抽象方法 work()
        public abstract void work();
}
```

程序清单 9.1

在程序清单 9.1 中，抽象类 Person 中定义了 eat()和 work()两个抽象方法。接下来，在子类 Chinese 和 American 中分别对这两个方法进行实现。

Chinese 类的代码如程序清单 9.2 所示。

```
//子类 Chinese 继承抽象父类 Person
class Chinese extends Person {
        String houseHold =  "耕读传家";
        //实现父类的 eat()抽象方法
        public void eat() {
                System.out.println("中国人用筷子吃饭！");
        }
}
```

```
        //实现父类的 work()抽象方法
        public void work() {
            System.out.println("中国人勤劳工作！");
        }
    }
```

程序清单 9.2

American 类的代码如程序清单 9.3 所示。

```
//子类 American 继承抽象父类 Person
class American extends Person {
    String belief = "快乐工作";              //职场理念

    //实现父类的 eat()抽象方法
    public void eat() {
        System.out.println("美国人用刀叉吃饭！");
    }

    //实现父类的 work()抽象方法
    public void work() {
        System.out.println("美国人快乐工作！");
    }
}
```

程序清单 9.3

可见，子类 Chinese 和 American 对抽象父类 Person 中两个抽象方法的具体实现是不同的。测试类 TestAbstract 的代码如程序清单 9.4 所示。

```
class TestAbstract {
    public static void main(String[] args) {
        Person liuHL = new Chinese();        //创建一个中国人对象
        System.out.println("***中国人的行为***");
        liuHL.eat();                         //调用中国人吃饭的方法
        liuHL.work();                        //调用中国人工作的方法
        Person jacky = new American();       //创建一个美国人对象
        System.out.println("***美国人的行为***");
        jacky.eat();                         //调用美国人吃饭的方法
        jacky.work();                        //调用美国人工作的方法
    }
}
```

程序清单 9.4

程序运行结果如图 9.2 所示。

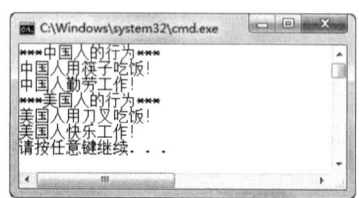

图 9.2　抽象类的使用

9.1.2　抽象类特征

在 9.1.1 节案例的基础上，进一步了解抽象类的语法特征。

（1）抽象类不能被实例化。

抽象类中可以包含抽象方法，而抽象方法是没有方法体的。因此，如果将一个抽象类进行实例化，并调用其中的抽象方法，则是一种无意义的方法调用。试想，new Person().eat()方法的运行结果有何意义？所以，为了避免这种无意义的方法调用，在语法上抽象类是不能被实例化的。

　　例如，在测试类代码中编写如下语句时，编译器就会报错，提示"Person 是抽象的：无法对其进行实例化"。

```
Person liuHL = new Person();
```

编译结果如图 9.3 所示。

```
---------- JAVAC ----------
TestAbstract.java:5: Person 是抽象的：无法对其进行实例化
        Person liuHL = new Person();//创建一个Person对象：
                       ^
1 错误

输出完成 (耗时 2 秒) - 正常终止
```

图 9.3　抽象类不能被实例化

（2）抽象类的子类必须实现抽象方法（除非这个子类也是抽象类）。

　　抽象类是以父类的形式出现的，是对子类的规约，要求子类必须实现抽象父类的抽象方法。例如，在 9.1.1 节的案例中，抽象类 Person 就通过定义抽象方法的形式，规定了子类必须实现 eat() 和 work() 两个方法。如果将 Chinese 类的 work() 方法变为注释，使抽象类中的抽象方法不被子类实现，在编译时就会报错，如图 9.4 所示。

```
---------- JAVAC ----------
Chinese.java:2: Chinese 不是抽象的，并且未覆盖 Person 中的抽象方法 work()
class Chinese extends Person
^
1 错误

输出完成 (耗时 2 秒) - 正常终止
```

图 9.4　抽象方法必须被实现

（3）抽象类中可以有普通方法，也可以有抽象方法，但是有抽象方法的类必须是抽象类。

　　例如，在 9.1.1 节的案例中，去掉 Person 类前的 abstract 关键字，使 Person 类不再是抽象类，却含有抽象方法，在编译时就会报错，如图 9.5 所示。

```
---------- JAVAC ----------
Person.java:1: Person 不是抽象的，并且未覆盖 Person 中的抽象方法 work()
class Person
^
1 错误

输出完成 (耗时 2 秒) - 正常终止
```

图 9.5　有抽象方法的类必须是抽象类

需要注意的是，抽象类里面也可以没有抽象方法，只在原来的类前面加上 abstract 关键字，使其变为抽象类。例如，以下定义抽象类的代码是符合语法规范的。

```
abstract class Person {
    //普通方法
    public void aMethod()
    { ... }
}
```

9.1.3　抽象类案例

　　下面来分析项目 8 中的"租车系统"，因为之前 Vehicle 类中的 show() 方法是一个空方法，没有实际意义，所以可以把它定义为抽象方法。

另外，在讲解继承的时候，Truck 类重写了 Vehicle 类的 drive()方法，而且通过需求可以判断出，如果还有其他类需要继承 Vehicle 类，也需要重写 drive()方法，实现各自行驶的功能。所以，可以把 Vehicle 类的 drive()方法定义为抽象方法，把原来 Vehicle 类中 drive()方法的方法体实现代码移到 Car 类中，相当于 Car 类实现了 Vehicle 类的 drive()抽象方法，addOil()等其他方法保持不变，如图 9.6 所示。

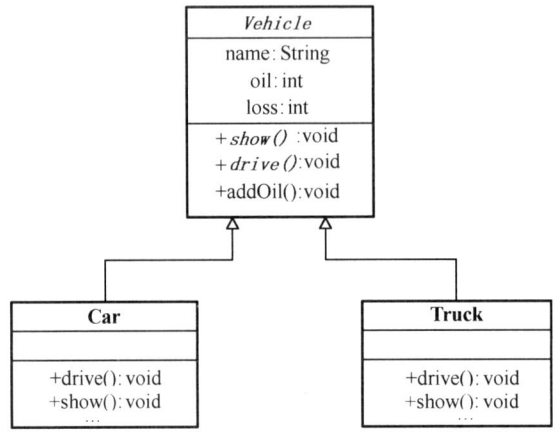

图 9.6　继承关系

修改后 Vehicle 类的代码如程序清单 9.5 所示。

```java
//车类，是抽象父类
public abstract class Vehicle {
    String name = "汽车";              //车名
    int oil = 20;                    //油量
    int loss = 0;                    //车损度

    //抽象方法，显示车辆信息
    public abstract void show();

    //抽象方法，行驶
    public abstract void drive();

    //加油
    public void addOil() {
        if (oil > 40) {
            oil = 60;
            System.out.println("油箱已加满!");
        } else {
            oil = oil + 20;
        }
        System.out.println("加油完成!");
    }
//省略了构造方法、getter()方法
}
```

程序清单 9.5

Car 类的代码如程序清单 9.6 所示。

```java
//轿车类，是子类，继承 Vehicle 类
public class Car extends Vehicle {
    private String brand = "红旗";      //品牌

    //子类重写父类的 show()抽象方法
    public void show() {
        System.out.println("显示车辆信息：\n 车名为" + this.name + " 品牌为"
                + this.brand + "油量为" + this.oil + " 车损度为" + this.loss);
        //System.out.println("显示车辆信息：\n 车名为" + getName() + " 品牌为" + this.brand + "
        //油量为" + getOil() + " 车损度为" + getLoss());
    }

    //子类重写父类的 drive()抽象方法
    public void drive() {
        if (oil < 10) {
            System.out.println("油量不足 10 升，需要加油！ ");
        } else {
            System.out.println("正在行驶!");
            oil = oil - 5;
            loss = loss + 10;
        }
    }
    //省略了构造方法、getter()方法
}
```

程序清单 9.6

Truck 类和 Driver 类的代码都没有发生变化，测试类的代码如程序清单 9.7 所示。

```java
class TestZuChe {
    public static void main(String[] args) {
        Vehicle car = new Car("战神", "长城");              //初始化轿车对象 car
        Vehicle truck = new Truck("大力士二代", "10 吨");    //初始化卡车对象 truck
        Driver d1 = new Driver("柳海龙");                    //创建并初始化驾驶员对象 d1
        d1.callShow(car);                                    //调用驾驶员对象的相应方法
        d1.callShow(truck);                                  //调用驾驶员对象的相应方法
    }
}
```

程序清单 9.7

程序运行结果如图 9.7 所示。

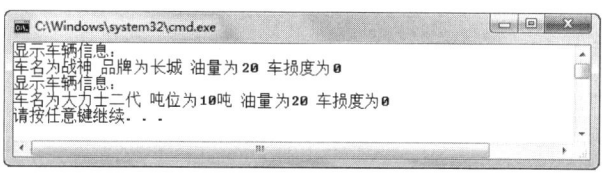

图 9.7　用抽象类完成"租车系统"

任务 9.2　接口

任务 9.1 详细介绍了抽象类，提到抽象类中可以有抽象方法，也可以有普通方法，但是有抽

象方法的类必须是抽象类。与抽象类类似的一个概念是接口：接口中的方法全部是抽象方法。定义接口使用的关键字是 interface。

9.2.1 接口概念

接口是一系列抽象方法的集合，与抽象类不同，接口中不可以声明普通方法。

虽然有人常说，接口是一种特殊的抽象类，但在面向对象编程的设计思想层面，两者还是有显著区别的。抽象类更侧重于对相似的类进行抽象，形成抽象的父类以供子类继承使用；而接口往往在程序设计时用于定义模块与模块之间应满足的规约或者定义一种标准，使各模块之间能协调工作。

Java 中定义接口的语法形式如下：

```
[访问权限修饰符]  interface 接口名 [extends] [接口列表]{
      接口体
}
```

interface 前的访问权限修饰符是可选的，如果使用访问权限修饰符，则只能使用 public，表示此接口是公有的，在任何地方都可以被引用，这一点和类是相同的。因为接口和类属于同一个层次，所以接口名的命名规则参考类名的命名规则即可。

extends 关键字和类语法中的 extends 类似，用来继承父接口。和类不同，一个接口可以继承多个父接口，当 extends 后面有多个父接口时，它们之间用逗号隔开。

接口体就是用大括号括起来的部分，在接口体里定义接口的成员，包括常量和抽象方法。

类实现接口的语法形式如下：

```
[访问权限修饰符]  class  类名  implements 接口列表{
      类体
}
```

类实现接口用 implements 关键字。Java 中的类在继承父类时只能是单继承，但一个 Java 类可以实现多个接口，这也是 Java 解决多继承的方法。

接下来通过一个实际的案例来说明接口的作用。

如今，蓝牙技术已经在社会生活中被广泛应用。智能手机、蓝牙耳机、蓝牙鼠标、平板电脑等电子设备都支持使用蓝牙实现设备之间短距离通信。那么，为什么不同的设备之间能通过蓝牙技术进行数据交换呢？其本质在于蓝牙提供了一组规范和标准，规定了频段、速率、传输方式等要求，各设备制造商按照蓝牙提供的规范和标准制造出来的设备，就可以按照约定的模式实现短距离通信。蓝牙提供的这组规范和标准，就是所谓的接口。

蓝牙接口的创建和使用步骤如下：

（1）各相关组织、厂商约定蓝牙接口。

（2）相关设备制造商按照约定的蓝牙接口制造蓝牙设备。

（3）符合蓝牙接口的设备可以实现短距离通信。

下面通过代码来模拟蓝牙接口的创建和使用步骤。

（1）定义蓝牙接口。

假设蓝牙接口通过 input()和 output()方法提供服务，这时就需要在蓝牙接口中定义这两个抽象方法，具体代码如程序清单 9.8 所示。

```
//定义蓝牙接口
public interface BlueTooth {
    //提供输入服务
```

```
        public void input();

        //提供输出服务
        public void output();
    }
```

程序清单 9.8

（2）定义蓝牙耳机类，实现蓝牙接口，具体代码如程序清单 9.9 所示。

```
public class Earphone implements BlueTooth {
    String name = "蓝牙耳机";

    //实现蓝牙耳机输入功能
    public void input() {
        System.out.println(name + "正在输入数据……");
    }

    //实现蓝牙耳机输出功能
    public void output() {
        System.out.println(name + "正在输出信息……");
    }
}
```

程序清单 9.9

（3）定义 iPad 类，实现蓝牙接口，具体代码如程序清单 9.10 所示。

```
public class iPad implements BlueTooth {
    String name = "iPad";

    //实现 iPad 输入功能
    public void input() {
        System.out.println(name + "正在输入数据……");
    }

    //实现 iPad 输出功能
    public void output() {
        System.out.println(name + "正在输出数据……");
    }
}
```

程序清单 9.10

（4）编写测试类，对蓝牙耳机类和 iPad 类进行测试，具体代码如程序清单 9.11 所示。

```
public class TestInterface {
    public static void main(String[] args) {
        BlueTooth ep = new Earphone();      //创建并实例化一个实现了蓝牙接口的蓝牙耳机对象 ep
        ep.input();                         //调用 ep 的输入功能
        BlueTooth ip = new iPad();          //创建并实例化一个实现了蓝牙接口的 iPad 对象 ip
        ip.input();                         //调用 ip 的输入功能
        ip.output();                        //调用 ip 的输出功能
    }
}
```

程序清单 9.11

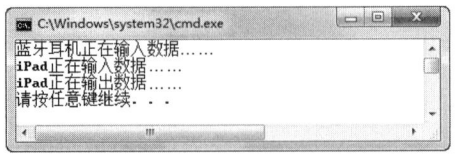

图 9.8　蓝牙接口的使用

程序运行结果如图 9.8 所示。

再看另一个接口的案例。目前，电子邮件是人们广泛使用的一种信息沟通方式，要创建一封电子邮件，至少需要发信者邮箱、收信者邮箱、电子邮件主题和电子邮件内容这 4 部分。可以采用接口定义电子邮件的这些约定，让电子邮件类（实现类）必须实现这个接口，从而达到让电子邮件必须满足这些约定的要求。

（1）定义电子邮件接口，具体代码如程序清单 9.12 所示。

```java
public interface EmailInterface {
    //设置发信者邮箱
    public void setSendAdd(String add);

    //设置收信者邮箱
    public void setReceiveAdd(String add);

    //设置电子邮件主题
    public void setEmailTitle(String title);

    //设置电子邮件内容
    public void writeEmail(String email);
}
```

程序清单 9.12

（2）定义电子邮件类，实现 EmailInterface 接口，具体代码如程序清单 9.13 所示。

注意：在实现接口中抽象方法的同时，电子邮件类本身还有一个 showEmail()方法。

```java
//定义 Email 类，实现 EmailInterface 接口
public class Email implements EmailInterface {
    String sendAdd = "";              //发信者邮箱
    String receiveAdd = "";           //收信者邮箱
    String emailTitle = "";           //电子邮件主题
    String email = "";                //电子邮件内容

    //实现设置发信者邮箱
    public void setSendAdd(String add) {
        this.sendAdd = add;
    }

    //实现设置收信者邮箱
    public void setReceiveAdd(String add) {
        this.receiveAdd = add;
    }

    //实现设置电子邮件主题
    public void setEmailTitle(String title) {
        this.emailTitle = title;
    }

    //实现设置电子邮件内容
```

```
        public void writeEmail(String email) {
            this.email = email;
        }


        //显示电子邮件全部信息
        public void showEmail() {
            System.out.println("***显示电子邮件内容***");
            System.out.println("发信者邮箱： " + sendAdd);
            System.out.println("收信者邮箱： " + receiveAdd);
            System.out.println("电子邮件主题： " + emailTitle);
            System.out.println("电子邮件内容： " + email);
        }
}
```

程序清单 9.13

（3）定义一个电子邮件作者类。电子邮件作者类中包含静态方法 writeEmail(EmailInterface email)，用于写电子邮件，具体代码如程序清单 9.14 所示。

```
class EmailWriter {
    //定义写电子邮件的静态方法，形参是 EmailInterface 接口
    public static void writeEmail(EmailInterface email) {
        Scanner input = new Scanner(System.in);
        System.out.print("请输入发信者邮箱： ");
        email.setSendAdd(input.next());
        System.out.print("请输入收信者邮箱： ");
        email.setReceiveAdd(input.next());
        System.out.print("请输入电子邮件主题： ");
        email.setEmailTitle(input.next());
        System.out.print("请输入电子邮件内容： ");
        email.writeEmail(input.next());
        //email.showEmail();//编译无法通过，因为形参 email 是 EmailInterface 接口，没有此方法
    }
}
```

程序清单 9.14

（4）编写测试类。测试类代码首先创建并实例化一个实现了电子邮件接口的对象 email，然后调用 EmailWriter 类的静态方法 writeEmail()写电子邮件，最后将 email 对象强制转换成 Email 对象（不提倡此做法），并调用 Email 类的 showEmail()方法。具体代码如程序清单 9.15 所示。

```
public class TestInterface2 {
    public static void main(String[] args) {
        //创建并实例化一个实现了电子邮件接口的对象 email
        EmailInterface email = new Email();
        //调用 EmailWriter 类的静态方法 writeEmail()写电子邮件
        EmailWriter.writeEmail(email);
        //强制类型转换，调用 Email 类的 showEmail()方法（不是接口的方法）
        ((Email) email).showEmail();
    }
}
```

程序清单 9.15

程序运行结果如图 9.9 所示。

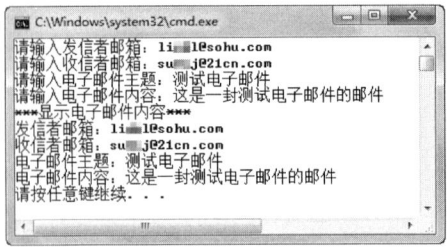

图 9.9　电子邮件接口的使用

9.2.2　接口特征

下面来了解接口的语法特征。

（1）接口中不允许有实体方法。

例如，在 EmailInterface 接口中增加下面的实体方法：

```
//显示邮件全部信息
public void showEmail(){

}
```

在编译时就会报错，提示"接口方法不能带有主体"，即接口中不能有实体方法，如图 9.10 所示。

需要说明的是，JDK 8 之后的版本对接口进行了升级，允许在接口中定义 static 方法和 default 方法，有兴趣的读者可自行研究。

（2）接口中可以有成员变量，访问权限修饰符默认为 public static final（即便不写访问权限修饰符也默认是这样的），接口中的成员变量实际就是常量，因为是常量，所以必须在声明时为这些常量赋初值。接口中的抽象方法默认且必须是公共的。

在 EmailInterface 接口中，增加表示电子邮件发送端端口号的成员变量 sendPort，代码如下：

```
int sendPort = 25; // 等价于 public static final int sendPort = 25;
```

在 Email 类的 showEmail()方法中增加语句"System.out.println("发送端端口号："+ sendPort);"，其含义为访问 EmailInterface 接口中的 sendPort 并显示出来。

```
//显示邮件全部信息
public void showEmail(){
    System.out.println("***显示电子邮件内容***");
    //显示发送端端口号、电子邮件主题等信息
    System.out.println("发送端端口号："+ sendPort);
    System.out.println("发信者邮箱："+ sendAdd);
    System.out.println("收信者邮箱："+ receiveAdd);
    System.out.println("电子邮件主题："+ emailTitle);
    System.out.println("电子邮件内容："+ email);
}
```

EmailWriter 类和 TestInterface2 类的代码不需要调整。运行 TestInterface2 类，运行结果如图 9.11 所示。

（3）一个类可以实现多个接口。

例如，一封电子邮件不仅需要符合 EmailInterface 接口对电子邮件规范的要求，而且需要符合发送端和接收端对端口号接口规范的要求，才可以成为一封合格的电子邮件。

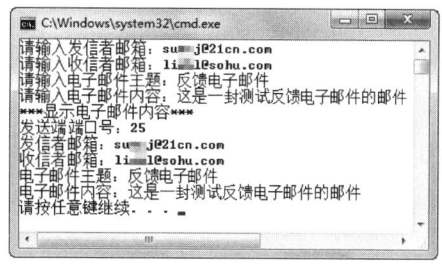

```
---------- JAVAC ----------
EmailInterface.java:14: 接口方法不能带有主体
    {
    ^
1 错误

输出完成 (耗时 2 秒) - 正常终止
```

图 9.10　接口中不能有实体方法　　　　　　图 9.11　接口中成员变量的使用

发送端和接收端端口号接口的代码如程序清单 9.16 所示。

```
//定义发送端和接收端端口号接口
public interface PortInterface {
    //设置发送端端口号
    public void setSendPort(int port);

    //设置接收端端口号
    public void setReceivePort(int port);
}
```

程序清单 9.16

为了满足需求，Email 类不仅要实现 EmailInterface 接口，还要实现 PortInterface 接口，同时类方法中必须实现 PortInterface 接口的抽象方法。Email 类的代码如程序清单 9.17 所示。

```
//定义 Email 类，实现 EmailInterface 和 PortInterface 接口
public class Email implements EmailInterface, PortInterface {
    int sendPort = 25;          //发送端端口号
    int receivePort = 110;      //接收端端口号

    //实现设置发送端端口号
    public void setSendPort(int port) {
        this.sendPort = port;
    }

    //实现设置接收端端口号
    public void setReceivePort(int port) {
        this.receivePort = port;
    }

    //显示电子邮件全部信息
    public void showEmail() {
        System.out.println("***显示电子邮件内容***");
        System.out.println("发送端端口号: " + sendPort);
        System.out.println("接收端端口号: " + receivePort);
        System.out.println("发信者邮箱: " + sendAdd);
        System.out.println("收信者邮箱: " + receiveAdd);
        System.out.println("电子邮件主题: " + emailTitle);
        System.out.println("电子邮件内容: " + email);
    }
    //省略了其他属性和方法的代码
}
```

程序清单 9.17

修改 EmailWriter 类和 TestInterface2（形成 TestInterface3）类时，尤其需要注意的是，EmailWriter 类的静态方法 writeEmail(Email email)中的形参不再是 EmailInterface 接口，而是 Email 类，否则无法在 writeEmail()方法中调用 PortInterface 接口的方法。类似地，在 TestInterface3 代码中声明 email 对象时，也从 EmailInterface 接口调整为 Email 类。具体代码如程序清单 9.18 所示。

```java
//定义电子邮件作者类
class EmailWriter {
//定义写电子邮件的静态方法，形参是 Email 类（非面向接口编程）
//形参不能是 EmailInterface 接口，否则无法调用 PortInterface 接口的方法
    public static void writeEmail(Email email) {
        Scanner input = new Scanner(System.in);
        System.out.print("请输入发送端端口号：");
        email.setSendPort(input.nextInt());
        System.out.print("请输入接收端端口号：");
        email.setReceivePort(input.nextInt());
        System.out.print("请输入发信者邮箱：");
        email.setSendAdd(input.next());
        System.out.print("请输入收信者邮箱：");
        email.setReceiveAdd(input.next());
        System.out.print("请输入电子邮件主题：");
        email.setEmailTitle(input.next());
        System.out.print("请输入电子邮件内容：");
        email.writeEmail(input.next());
    }
}

class TestInterface3 {
    public static void main(String[] args) {
        //创建并实例化一个 Email 类的对象 email
        Email email = new Email();
        //调用 EmailWriter 类的静态方法 writeEmail()写电子邮件
        EmailWriter.writeEmail(email);
        //调用 Email 类的 showEmail()方法（不是接口的方法）
        email.showEmail();
    }
}
```

程序清单 9.18

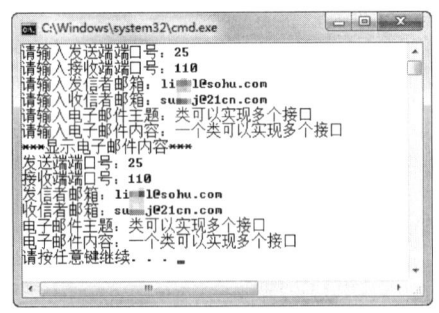

图 9.12　实现多个接口的类

程序运行结果如图 9.12 所示。

（4）接口可以继承其他接口，实现多个接口合并的功能。

在程序清单 9.17 和程序清单 9.18 所示的代码中，一个类（Email 类）实现了多个接口（EmailInterface 和 PortInterface 接口），但是在 EmailWriter 类的 writeEmail()方法中传入对象时，形参就必须是这个类（Email 类），而不能是该类实现的某个接口。因为根据多态的知识，多态对象只能调用定义该对象的类和其父接口中的方法，所以如果给 writeEmail()方法设置的形参只是某一个接口（如 EmailInterface 接口）类型，那么该形参将无法调用其他接口（PortInterface 接口）中的

方法。但是，如果将方法的参数类型设置为一个类而不是一个接口，就不是我们推荐的面向接口编程了。接下来在上述案例的基础上，用接口继承的方式解决这个问题。

EmailInterface 接口继承 PortInterface 接口的代码如程序清单 9.19 所示。

```
//让 EmailInterface 接口继承 PortInterface 接口
public interface EmailInterface extends PortInterface {
    //设置发信者邮箱
    public void setSendAdd(String add);
    //设置收信者邮箱
    public void setReceiveAdd(String add);
    //设置电子邮件主题
    public void setEmailTitle(String title);
    //设置电子邮件内容
    public void writeEmail(String email);
}
```

程序清单 9.19

PortInterface 接口、Email 类的代码不用调整，EmailWriter 类和测试类 TestInterface3 中 writeEmail()方法的参数类型改为 EmailInterface 接口，这样程序就体现了面向接口编程的特征，可以实现多态。

9.2.3 接口案例

在接口的应用中，有一个非常典型的案例，就是实现打印机系统的功能。在打印机系统中，有打印机对象、墨盒对象（可以是黑白墨盒，也可以是彩色墨盒）、纸张对象（可以是 A4 纸，也可以是 B5 纸）。怎样才能让打印机、墨盒和纸张等生产厂商生产的不同设备组装成打印机系统实现正常打印呢？解决的办法就是使用接口。

打印机系统开发的主要步骤如下。

（1）打印机和墨盒之间需要使用接口，定义为墨盒接口 PrintBox；打印机和纸张之间需要使用接口，定义为纸张接口 PrintPaper。

（2）定义打印机类，引用墨盒接口 PrintBox 和纸张接口 PrintPaper，实现打印功能。

（3）定义黑白墨盒类和彩色墨盒类实现墨盒接口 PrintBox，定义 A4 纸类和 B5 纸类实现纸张接口 PrintPaper。

（4）编写打印机系统，调用打印机实施打印功能。

墨盒接口和纸张接口的代码如程序清单 9.20 所示。

```
//墨盒接口
public interface PrintBox {
    //获得墨盒颜色，返回值为墨盒颜色
    public String getColor();
}
//纸张接口
public interface PrintPaper {
    //获得纸张尺寸，返回值为纸张尺寸
    public String getSize();
}
```

程序清单 9.20

打印机类 Printer 的代码如程序清单 9.21 所示。

```
//打印机类
public class Printer {
    //使用墨盒在纸张上打印
    public void print(PrintBox box, PrintPaper paper) {
        System.out.println("正在使用" + box.getColor() + "墨盒在" + paper.getSize() + "纸上打印！");
    }
}
```

程序清单 9.21

黑白墨盒类 GrayPrintBox 和彩色墨盒类 ColorPrintBox 的代码如程序清单 9.22 所示。

```
//黑白墨盒类，实现了墨盒接口
public class GrayPrintBox implements PrintBox {
    //实现 getColor()方法，得到"黑白"
    public String getColor() {
        return "黑白";
    }
}
//彩色墨盒类，实现了墨盒接口
public class ColorPrintBox implements PrintBox {
    //实现 getColor()方法，得到"彩色"
    public String getColor() {
        return "彩色";
    }
}
```

程序清单 9.22

A4 纸类 A4Paper 和 B5 纸类 B5Paper 的代码如程序清单 9.23 所示。

```
//A4 纸类，实现了纸张接口
public class A4Paper implements PrintPaper {
    //实现 getSize()方法，得到"A4"
    public String getSize() {
        return "A4";
    }
}
//B5 纸类，实现了纸张接口
public class B5Paper implements PrintPaper {
    //实现 getSize()方法，得到"B5"
    public String getSize() {
        return "B5";
    }
}
```

程序清单 9.23

编写打印机系统的代码，如程序清单 9.24 所示。

```
public class TestPrinter {
    public static void main(String[] args) {
        PrintBox box = null;                    //墨盒
```

```
        PrintPaper paper = null;              //纸张
        Printer printer = new Printer();      //打印机
        //使用彩色墨盒在 B5 纸上打印
        box = new ColorPrintBox();
        paper = new B5Paper();
        printer.print(box, paper);
        //使用黑白墨盒在 A4 纸上打印
        box = new GrayPrintBox();
        paper = new A4Paper();
        printer.print(box, paper);
    }
}
```

程序清单 9.24

程序运行结果如图 9.13 所示。

在项目 8 中我们曾介绍过面向父类编程的思想，与之类似的就是本节介绍的面向接口的编程思想。在设计程序时，先通过接口定义标准，如果有多种标准，就需要建立多个接口。例如，本节中的 PrintBox 接口是定义墨盒的标准，而 PrintPaper 接口是定义纸张的

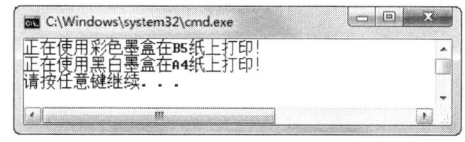

图 9.13　打印机系统接口的实现

标准。之后在编写实现类时，先判断出需要遵循的标准，然后去实现这些标准对应的接口即可。

任务 9.3　内部类

9.3.1　内部类概念

如果将一个类定义在一个类或者一个方法内部，那么这样的类被称为内部类。在定义内部类时，根据定义内部类的位置和访问权限修饰符的不同，可以分为成员内部类、静态内部类、局部内部类、匿名内部类 4 种类型。

在讲解内部类时，通常将其外层的类称为外部类。

1．成员内部类

成员内部类是直接定义在类内部的类，成员内部类与外部类的属性及方法属于同一层级。成员内部类可以访问外部类的属性、方法。外部类在访问成员内部类的属性和方法时，必须先实例化成员内部类，并且成员内部类中不能包含静态的属性和方法。

成员内部类的使用形式如下：

```
public class 外部类{
    //属性
    //方法
    //成员内部类
    class 内部类{
        //内部类的属性
        //内部类的方法

    }
}
```

2．静态内部类

静态内部类就是用 static 修饰的成员内部类。静态内部类只能访问外部类的静态成员。静态内部类的使用形式如下：

```
public class 外部类 {
    //属性
    //方法
    //静态内部类
    static class 内部类{
        //内部类的属性
        //内部类的方法
    }
}
```

3．局部内部类

局部内部类是指定义在方法中的内部类。局部内部类的特点是，只有在定义它的方法中才能使用，在定义它的方法以外就无法被使用了。在 JDK 8 以前，局部内部类在访问包含它的方法中的变量时，必须给这个变量添加 final 修饰符；在 JDK 8 以后，JDK 会自动给变量添加 final，因此可以省略 final。

局部内部类的使用形式如下：

```
public class 外部类{
    //属性
    void 方法() {
        //局部内部类定义在方法的内部
        class 内部类{
            //内部类的属性
            //内部类的方法
        }
    }
}
```

4．匿名内部类

顾名思义，匿名内部类是指没有类名的内部类。当一个内部类需要继承或者实现某个类，并且这个内部类只会被使用一次时，可以考虑使用匿名内部类。假设存在一个接口 MyInterface，接口中定义了 method()方法，使用匿名内部类重写接口中方法的形式如下：

```
public class OuterClass {
    ...
    public void something() {
        new MyInterface() {
            @Override
            public void method() {
                System.out.println("在匿名内部类中重写接口中的方法");
            }
        };
    }
}
```

不难发现，匿名内部类实际是局部内部类的一种特殊形式。匿名内部类对象还可以作为方法的实参存在，这一点将在 9.3.2 节的案例中进行说明。

9.3.2　内部类案例

1. 成员内部类

成员内部类 InnerClass 可以直接访问外部类 OuterClass 中的属性和方法，具体代码如程序清单 9.25 所示。

```java
public class OuterClass {
    //属性
    String name;

    //方法
    public void method() {
    }

    public static void staticMethod() {
    }

    //成员内部类
    class InnerClass {
        private String name= "";

        private void invokeOuter() {
            System.out.println(name);
            method();
            staticMethod();
        }
    }
}
```

程序清单 9.25

对成员内部类的使用，需要先定义外部类对象，再以"外部类对象.new 内部类()"的形式定义内部类对象，具体代码如程序清单 9.26 所示。

```java
public class OuterClass {
    ...

    public static void main(String[] args) {
        //定义外部类对象
        OuterClass outer = new OuterClass();
        //定义内部类对象
        InnerClass inner = outer.new InnerClass();

        // 上述两行代码也可合并成如下一行代码，效果一致
        // InnerClass inner   =   new OuterClass().new InnerClass();
        inner.invokeOuter();
    }
}
```

程序清单 9.26

2．静态内部类

静态内部类 InnerClass 只能访问外部类 OuterClass 的静态成员，具体代码如程序清单 9.27 所示。

```java
public class OuterClass2 {
    //属性
    private static String name = "";
    private String age= "";

    //方法
    public void method() {

    }

    public static void staticMethod() {

    }

    //静态内部类
    static class InnerClass {
        private static String testStrInner = "";

        //静态内部类只能访问外部类的静态成员
        public static void testInner() {
            staticMethod();
            System.out.println(name);
        }
    }
}
```

程序清单 9.27

静态成员可以通过类名直接调用，如"类名.方法()"。与之类似，静态内部类中的方法也可以通过"静态内部类名.方法()"的形式调用，具体代码如程序清单 9.28 所示。

```java
public class OuterClass2 {
    ...
    public static void main(String[] args) {
        InnerClass.testInner();
    }
}
```

程序清单 9.28

如果测试类和静态内部类不在同一个.java 文件中，那么可以通过"外部类名.静态内部类名.方法()"的形式调用。例如，如果将上述程序中的 main()方法移到其他类中，那么可以通过"OuterClass2.InnerClass.testInner();"来调用静态内部类 InnerClass 中的 testInner()方法。

3．局部内部类

在 JDK 8 以后，局部内部类 InnerClass 在访问外部方法 method()定义的变量时，可以不给变量添加 final 修饰符，具体代码如程序清单 9.29 所示。

```java
public class OuterClass3 {
```

```
        private static void method() {
            String name = "Hello";
            // 局部内部类定义在方法的内部
            class InnerClass {
                public void innerMethod() {
                    //在 JDK 8 以前，需要给变量添加 final 修饰符
                    System.out.println(name);
                }
            }
        //    new InnerClass().innerMethod() ;
        }
    }
```

程序清单 9.29

局部内部类只能在定义它的方法内部被使用，因此，要调用局部内部类中定义的 innerMethod() 方法，将上述程序中"new InnerClass().innerMethod() ;"前面的注释符号删除即可。局部内部类的定义并不会影响外部类方法的使用，具体代码如程序清单 9.30 所示。

```
public class OuterClass3 {
    ...
    public static void main(String[] args) {
        OuterClass3 outer = new OuterClass3();
        outer.method();
    }
}
```

程序清单 9.30

4．匿名内部类

匿名内部类的典型应用就是多线程对象的创建，我们后续会学习多线程相关知识，此处仅做了解。多线程对象是 Thread 类型的，启动线程的方法是 start()，并且线程的执行逻辑可以用 Runnable 参数的形式放到 Thread()构造方法中，即使用"new Thread(Runnable 对象).start()"就可以启动一个线程。但 Runnable 是一个接口，其中包含了一个 run()抽象方法，如果用以前的做法，就需要先定义一个 Runnable 的实现类，然后在实现类中重写 run()方法，最后创建一个 Runnable 实现类的对象，并把这个对象传入 Thread()构造方法中。显然这样做过于复杂，此时就可以通过匿名内部类的形式简化代码，如程序清单 9.31 所示。

```
public class OuterClass4 {
    public static void main(String[] args) {
        new Thread(new Runnable() {
            @Override
            public void run() {
                //线程执行逻辑
            }
        }).start();
    }
}
```

程序清单 9.31

本程序中关于多线程的知识读者不必深入研究，重点要学习的是匿名内部类的使用方法。

知识梳理与总结

本项目依次讲解了抽象类、接口和内部类，总结如下。

（1）抽象类中既可以包含抽象方法，也可以包含普通方法，但是，如果一个类中存在抽象方法，那么该类必须是抽象类。

（2）接口中只能存在常量和抽象方法，并且常量是用 public static final 修饰的，抽象方法是用 abstract 修饰的。

（3）抽象类和接口往往用于自顶向下的程序设计。

（4）接口和抽象类都不能用于实例化对象，但抽象类有构造方法，接口没有。

（5）接口中的方法必须全部是抽象方法，但抽象类中的方法既可以是抽象方法，也可以是普通方法。

（6）对于类，Java 只支持单继承，但一个接口可以继承多个接口。

（7）抽象类除不能实例化对象外，其他如成员变量、成员方法和构造方法的访问方式等和普通类一样。

（8）内部类是定义在类中的类，根据定义内部类的位置和访问权限修饰符的不同，可以分为成员内部类、静态内部类、局部内部类、匿名内部类 4 种类型。

读者可以通过知识树来回顾和总结所学的内容，如图 9.14 所示。

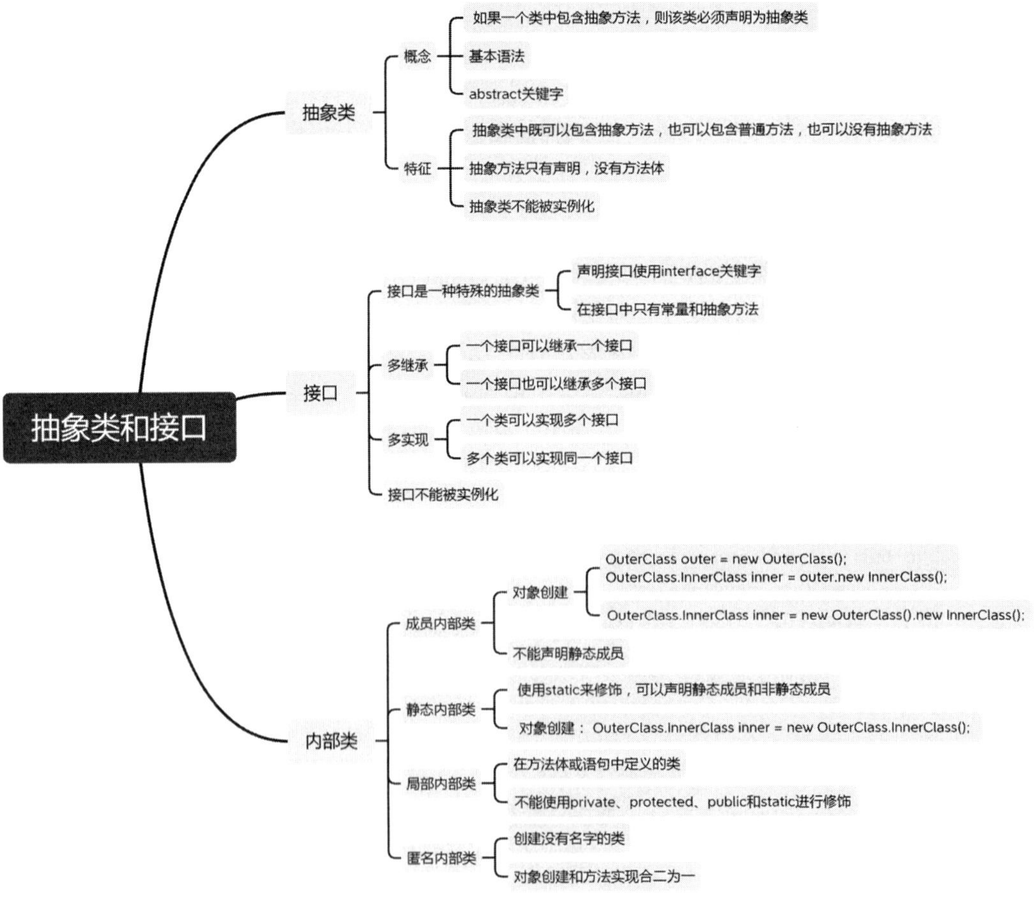

图 9.14　知识树

思考与练习

一、单选题

（1）下列关于抽象类和接口的描述中，正确的是（   ）。

    A．抽象类可以被实例化，但接口不可以

    B．抽象类中必须含有抽象方法

    C．抽象类可以继承多个类，实现多继承

    D．不能用 final 修饰抽象类

（2）下列关于接口的描述中，正确的是（   ）。

    A．接口中可以包含普通方法

    B．接口中可以定义局部变量

    C．接口不能继承多个父接口

    D．接口中的"变量"实际表示的是常量

（3）下列关于内部类的描述中，正确的是（   ）。

    A．内部类根据形式的不同，可以分为匿名内部类、成员内部类、局部内部类和静态内部类

    B．所有形式的内部类，都可以使用"外部类对象.new 内部类()"的方式生成内部类对象

    C．静态内部类既可以访问外部类的非静态成员，也可以访问外部类的静态成员

    D．在用局部内部类访问外部方法中的变量时，必须给这个变量添加 final 修饰符，这是不能省略的

（4）假设 C 是抽象类，I1 和 I2 是接口。下列关于抽象类或接口的定义中，正确的是（   ）。

    A．public class A   extends C implements I1,I2{}

    B．public class A   extends I1,I2 implements C{}

    C．public class A   implements I1,I2 extends C {}

    D．public class A extends C, I1, I2 {}

（5）下列关于类的定义中，正确的是（   ）。

    A．

```
abstract class C {
    void a() ;
}
```

    B．

```
abstract class C {
    abstract void a() ;
}
```

    C．

```
class C {
    abstract void a() ;
     void b() ;
}
```

D.

```
class C {
    abstract void a() ;
}
```

二、编程题

（1）编写 Java 程序，设计一个图形接口程序，计算不同图形的周长和面积，具体要求如下。

① 设计一个能细分为矩形、三角形等平面图形的"图形"接口，该接口具有计算周长和面积的抽象方法。

② 设计该接口的两个实现类——矩形和三角形，重写其中计算周长和面积的方法。

提示：

① 已知三边（a、b、c），求三角形的面积可以参照海伦公式，S 表示三角形面积，p 表示半周长，公式如下：

$$p = \frac{a+b+c}{2}$$

$$S = \sqrt{p(p-a)(p-b)(p-c)}$$

② 开平方可以使用数学类 Math 中的 sqrt() 方法。

程序运行结果如图 9.15 所示。

```
shiyanlou:project/ $ javac org/lanqiao/test/Test.java
shiyanlou:project/ $ java org.lanqiao.test.Test
矩形的周长为：12.0
矩形的面积为：8.0
三角形的周长为：9.0
三角形的面积为：2.9047375096555625
shiyanlou:project/ $
```

图 9.15　程序运行结果（1）

（2）编写 Java 程序，完成多接口的设计与实现，需要设计 3 个接口，定义一个类来实现这 3 个接口，并实现这些接口中声明的所有抽象方法，具体要求如下。

① 定义 Biology（生物）、Animal （动物）、Man（人类）3 个接口。

② Biology 接口声明了 breath()抽象方法，Animal 接口声明了 hasSex()和 eat()抽象方法，Man 接口声明了 think()和 study()抽象方法。

③ 定义 NormalMan 类实现上述 3 个接口，并实现它们声明的抽象方法（仅显示相应的功能信息）。

程序运行结果如图 9.16 所示。

```
shiyanlou:project/ $
shiyanlou:project/ $ javac multi/NormalMan.java
shiyanlou:project/ $ java multi.NormalMan
Tom breathes with lungs
Tom has sex
Tom eats food
Tom think with brain
Tom read books
shiyanlou:project/ $
```

图 9.16　程序运行结果（2）

贯穿项目

在本项目中，我们需要综合运用抽象类和接口的相关知识，使用接口将与数据相关的业务逻辑部分抽离到 dao 层中进行处理，同时利用抽象类来提高代码的复用性。将项目中的结构稍做一些调整，让存储的数据主要和 dao 层进行交互，将公共的代码方法放到工具类中进行共享，并实现书籍管理模块和借阅管理模块中所有的业务功能，业务结构如图 9.17 和图 9.18 所示。

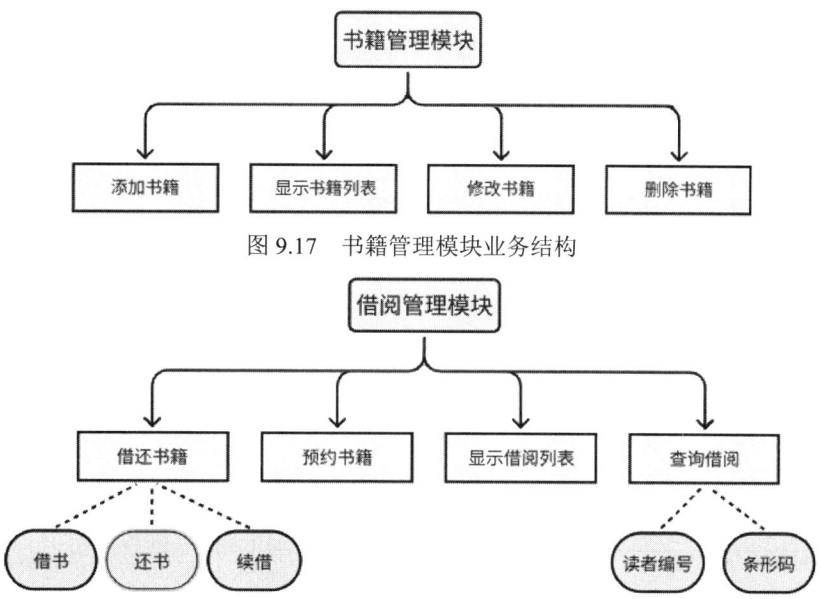

图 9.17　书籍管理模块业务结构

图 9.18　借阅管理模块业务结构

如何将与数据相关的业务逻辑部分抽离到 dao 层中呢？这就需要先在 dao 包中创建业务逻辑接口和实现类，将服务类中与数据交互的代码提取到业务逻辑实现类中，然后通过服务类进行访问操作，具体结构如图 9.19 至图 9.22 所示。其中，虚箭头代表子类实现接口定义的功能，实箭头代表方法调用。

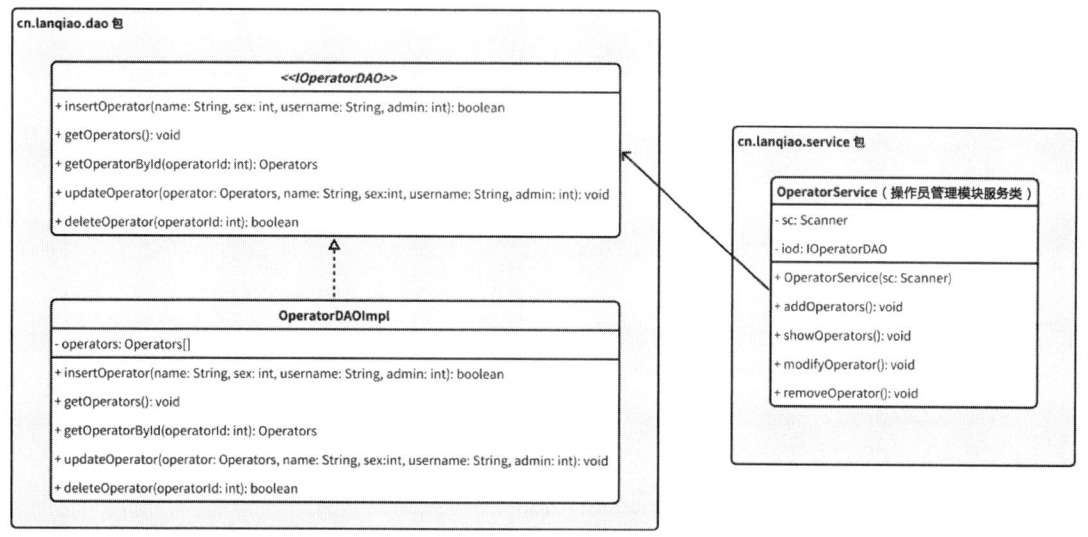

图 9.19　操作员管理模块业务逻辑类图

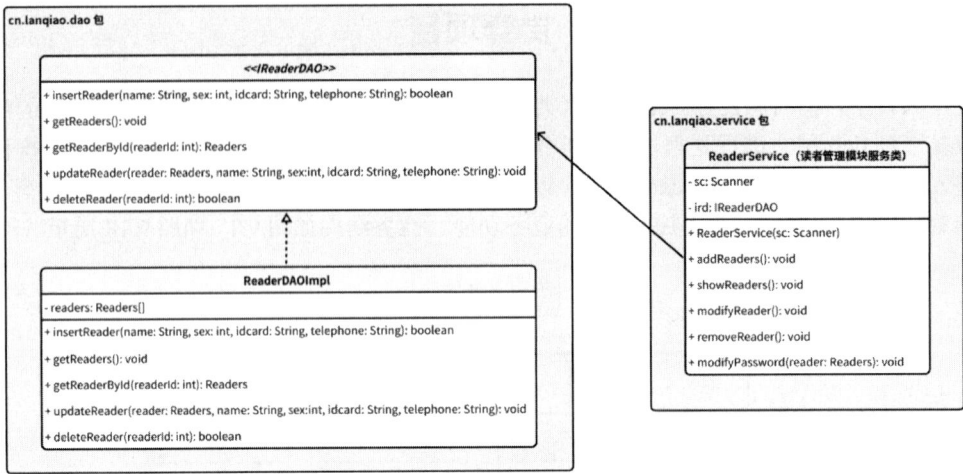

图 9.20　读者管理模块业务逻辑类图

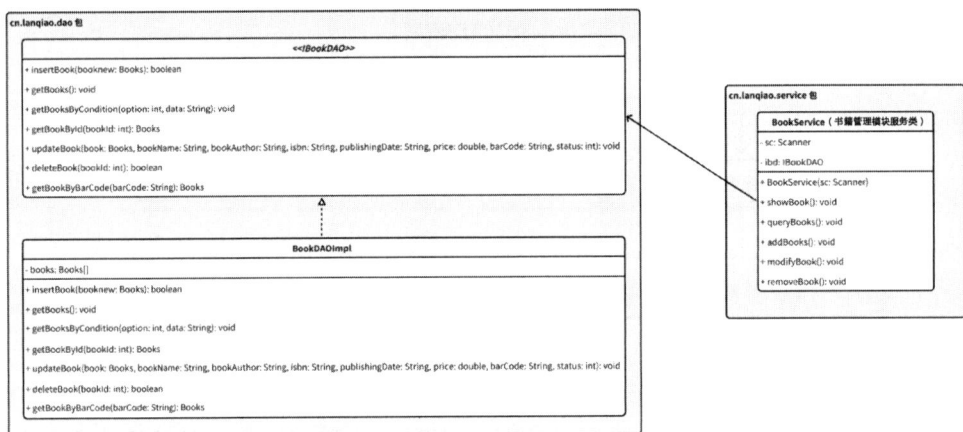

图 9.21　书籍管理模块业务逻辑类图

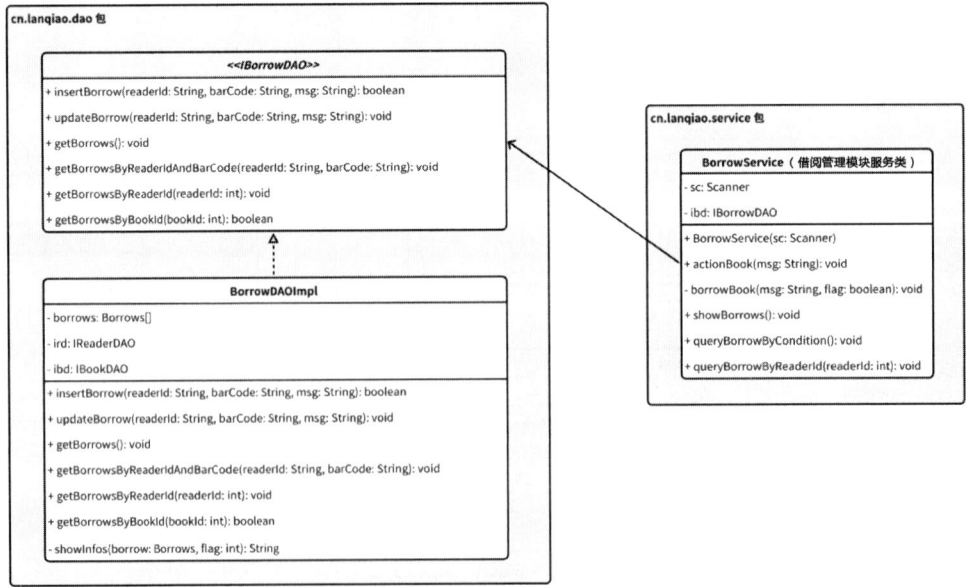

图 9.22　借阅管理模块业务逻辑类图

另外，需要给读者介绍一种设计模式，那就是简单工厂设计模式，它是工厂设计模式中的一种，需要定义一个工厂类，可以根据参数的不同返回不同类的实例，被创建的实例通常具有共同的父类。也就是说，在本项目中我们需要创建一个工厂类，工厂类负责业务逻辑接口对象的创建，服务类只需向工厂类请求获取业务逻辑接口对象，然后使用即可，简单工厂设计模式类图如图 9.23 所示，IBaseDAO 是所有业务逻辑接口的父接口，可以通过工厂类 LibraryFactory 中的静态方法 newInstance()传递不同的 name 信息来获取不同业务逻辑接口对象。

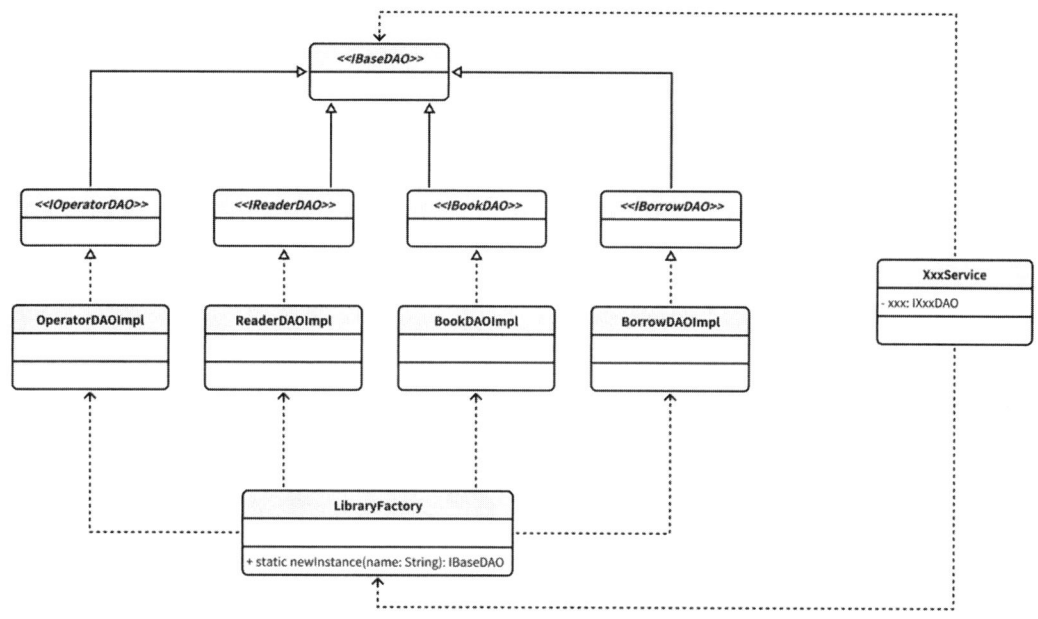

图 9.23　简单工厂设计模式类图

整体结构类图如图 9.24 所示。

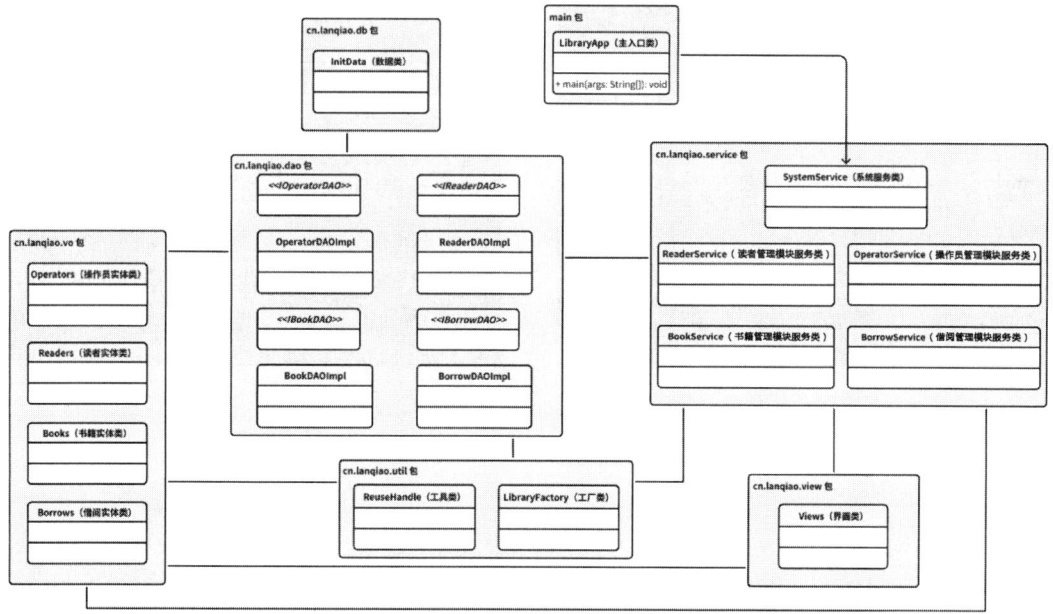

图 9.24　整体结构类图

本贯穿项目任务

- 将与数据相关的业务逻辑部分抽离到 dao 层中进行处理。
- 实现书籍管理模块中所有的业务功能。
- 实现借阅管理模块中所有的业务功能。
- 提高代码的复用性。

贯穿项目中主要考察

- 抽象类的使用。
- 接口的使用。
- 多态和代码复用性的体现。

在已创建的 libraryms 项目工程中实现项目功能，书籍管理模块的功能实现效果如图 9.25 至图 9.32 所示。

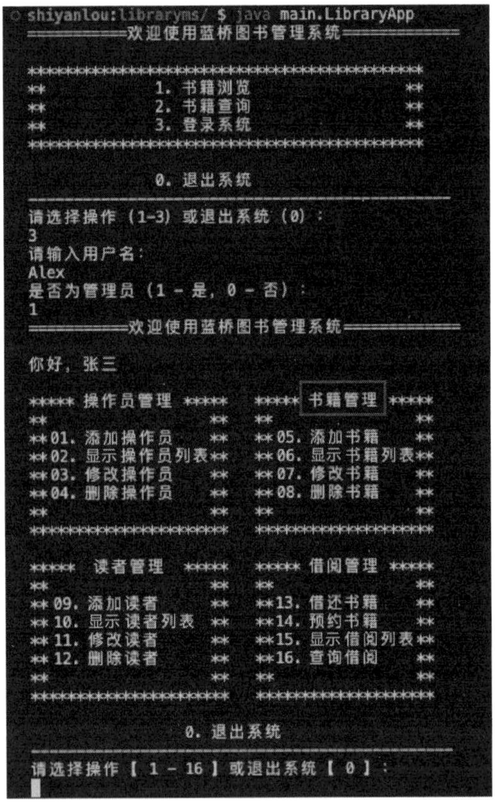

图 9.25　管理员登录系统后的书籍管理操作 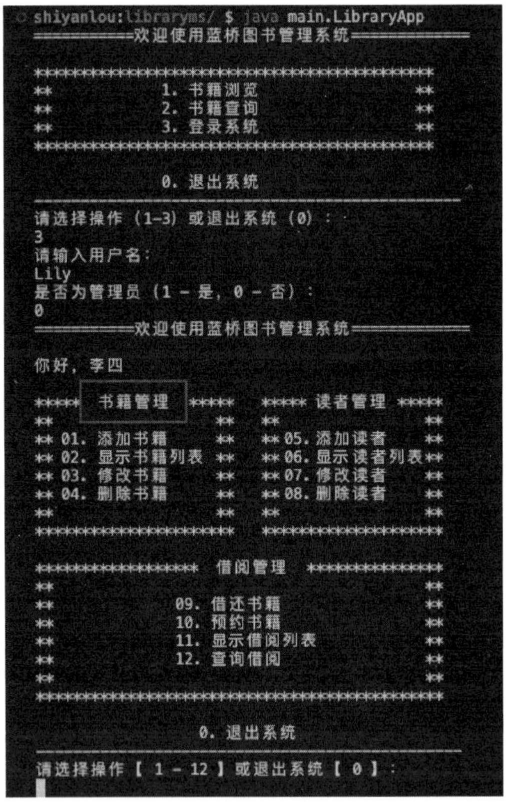　　　图 9.26　操作员登录系统后的书籍管理操作

```
请选择操作【 1 – 12 】或退出系统【 0 】：
1

添加书籍
请录入书籍名称：《乾隆时代的得与失》
请录入书籍作者：张宏杰
请录入国际标准书号ISBN：978████7127
请录入出版社名称：重庆出版社
请录入出版日期（格式：YYYY-MM-dd 2023-02-01）：2022-08-01
请录入书籍价格：58
请录入书籍条形码：231564789544
10

书籍添加成功

是否继续录入书籍（请输入 1 继续 / 0 退出）：
```

图 9.27　添加书籍功能实现效果

```
请选择操作【 1 – 12 】或退出系统【 0 】：
2

显示所有书籍信息
```

书籍编号	书籍名称	书籍作者	国际标准书号	出版社	出版日期	价格	入库日期	条形码	书籍状态
1	《小怪兽乌拉拉地球历险记》	布克布克	97875████8386	天地出版社	2023-10-01	198.0	2023-11-30	231564789514	外借
2	《无处不在的人格》	弗朗索瓦·勒洛尔	97878████3650	生活书店出版有限公司	2022-04-01	68.0	2023-11-30	231564789515	外借
3	《不要挑战人性》	潘楷文	97875████3563	湖南文艺出版社	2021-11-01	56.0	2023-11-30	231564789516	预约
4	《曾国藩的正面与侧面》	张宏杰	29████01	岳麓书社	2023-09-01	249.2	2023-11-30	231564789517	在库
5	《梦境密语》	大卫·丰塔纳	97875████4324	中国友谊出版公司	2022-07-01	98.0	2023-11-30	231564789518	在库
6	《中国历史十五讲》	张岂之	97873████6863	北京大学出版社	2020-10-01	108.0	2023-11-30	231564789519	在库
7	《吃好睡好不生病》	C妈杨楠楠	97875████0800	中国妇女出版社	2022-02-01	49.8	2023-11-30	231564789520	在库
8	《贪婪的多巴胺》	丹尼尔·利伯曼	97875████1583	中信出版社	2021-09-01	59.0	2023-11-30	231564789521	在库
9	《Scratch编程从入门到精通》	谢声涛	97873████2962	清华大学出版社	2023-07-01	89.9	2023-11-30	231564789522	在库
10	《Selenium自动化测试实战》	于涌	97871████5427	人民邮电出版社	2021-03-01	79.0	2023-11-30	231564789523	在库
11	《乾隆时代的得与失》	张宏杰	97872████7127	重庆出版社	2022-08-01	58.0	2024-05-20	231564789544	在库

```
继续其他操作（Y/N）：
```

图 9.28　显示书籍列表功能实现效果

```
请选择操作【 1 – 12 】或退出系统【 0 】：
3

修改书籍
```

书籍编号	书籍名称	书籍作者	国际标准书号	出版社	出版日期	价格	入库日期	条形码	书籍状态
1	《小怪兽乌拉拉地球历险记》	布克布克	97875████8386	天地出版社	2023-10-01	198.0	2023-11-30	231564789514	外借
2	《无处不在的人格》	弗朗索瓦·勒洛尔	97878████3650	生活书店出版有限公司	2022-04-01	68.0	2023-11-30	231564789515	外借
3	《不要挑战人性》	潘楷文	97875████3563	湖南文艺出版社	2021-11-01	56.0	2023-11-30	231564789516	预约
4	《曾国藩的正面与侧面》	张宏杰	29████01	岳麓书社	2023-09-01	249.2	2023-11-30	231564789517	在库
5	《梦境密语》	大卫·丰塔纳	97875████4324	中国友谊出版公司	2022-07-01	98.0	2023-11-30	231564789518	在库
6	《中国历史十五讲》	张岂之	97873████6863	北京大学出版社	2020-10-01	108.0	2023-11-30	231564789519	在库
7	《吃好睡好不生病》	C妈杨楠楠	97875████0800	中国妇女出版社	2022-02-01	49.8	2023-11-30	231564789520	在库
8	《贪婪的多巴胺》	丹尼尔·利伯曼	97875████1583	中信出版社	2021-09-01	59.0	2023-11-30	231564789521	在库
9	《Scratch编程从入门到精通》	谢声涛	97873████2962	清华大学出版社	2023-07-01	89.9	2023-11-30	231564789522	在库
10	《Selenium自动化测试实战》	于涌	97871████5427	人民邮电出版社	2021-03-01	79.0	2023-11-30	231564789523	在库
11	《乾隆时代的得与失》	张宏杰	97872████7127	重庆出版社	2022-08-01	58.0	2024-05-20	231564789544	在库

```
请输入需要修改的书籍编号：11
```

书籍编号	书籍名称	书籍作者	国际标准书号	出版社	出版日期	价格	入库日期	条形码	书籍状态
11	《乾隆时代的得与失》	张宏杰	97872████7127	重庆出版社	2022-08-01	58.0	2024-05-20	231564789544	在库

图 9.29　修改书籍功能实现效果（1）

书籍编号	书籍名称	书籍作者	国际标准书号	出版社	出版日期	价格	入库日期	条形码	书籍状态
11	《乾隆时代的得与失》	张宏杰	97872▪▪▪7127	重庆出版社	2022-08-01	58.0	2024-05-20	231564789544	在库

```
请录入修改后的书籍名称:《乾隆时代的得与失》
请录入修改后的书籍作者: 张宏杰
请录入修改后的国际标准书号: 97872▪▪▪7127
请录入修改后的出版社: 重庆出版社
请录入修改后的出版日期（格式: YYYY-MM-dd 2023-02-01）: 2022-08-30
请录入修改后的价格: 58
请录入修改后的条形码: 231564789558
请录入书籍状态（1-在库 / 2-预约 / 3-外借）: 2

书籍修改成功
```

书籍编号	书籍名称	书籍作者	国际标准书号	出版社	出版日期	价格	入库日期	条形码	书籍状态
11	《乾隆时代的得与失》	张宏杰	97872▪▪▪7127	重庆出版社	2022-08-30	58.0	2024-05-20	231564789558	预约

```
继续其他操作（Y/N）:
```

图 9.30　修改书籍功能实现效果（2）

```
请选择操作【 1 - 12 】或退出系统【 0 】:
4

删除书籍
```

书籍编号	书籍名称	书籍作者	国际标准书号	出版社	出版日期	价格	入库日期	条形码	书籍状态
1	《小怪兽乌拉拉地球历险记》	布克布克	97875▪▪▪8386	天地出版社	2023-10-01	198.0	2023-11-30	231564789514	外借
2	《无处不在的人格》	弗朗索瓦·勒洛尔	97878▪▪▪3650	生活书店出版有限公司	2022-04-01	68.0	2023-11-30	231564789515	外借
3	《不要挑战人性》	潘楷文	97875▪▪▪3563	湖南文艺出版社	2021-11-01	56.0	2023-11-30	231564789516	预约
4	《曾国藩的正面与侧面》	张宏杰	29▪▪▪01	岳麓书社	2023-09-01	249.2	2023-11-30	231564789517	在库
5	《梦境密语》	大卫·丰塔纳	97875▪▪▪4324	中国友谊出版公司	2022-07-01	98.0	2023-11-30	231564789518	在库
6	《中国历史十五讲》	张岂之	97873▪▪▪6863	北京大学出版社	2020-10-01	108.0	2023-11-30	231564789519	在库
7	《吃好睡好不生病》	C妈杨南南	97875▪▪▪0800	中国妇女出版社	2022-02-01	49.8	2023-11-30	231564789520	在库
8	《贪婪的多巴胺》	丹尼尔·利伯曼	97875▪▪▪1583	中信出版社	2021-09-01	59.0	2023-11-30	231564789521	在库
9	《Scratch编程从入门到精通》	谢声涛	97873▪▪▪2962	清华大学出版社	2023-07-01	89.9	2023-11-30	231564789522	在库
10	《Selenium自动化测试实战》	于涌	97871▪▪▪5427	人民邮电出版社	2021-03-01	79.0	2023-11-30	231564789523	在库
11	《乾隆时代的得与失》	张宏杰	97872▪▪▪7127	重庆出版社	2022-08-30	58.0	2024-05-20	231547895558	预约

```
请输入需要删除的书籍编号: 8


确定要删除吗?（Y/N）y

删除成功


继续其他操作（Y/N）:
```

图 9.31　删除书籍功能实现效果（1）

```
请选择操作【 1 - 12 】或退出系统【 0 】:
2

显示所有书籍信息
```

书籍编号	书籍名称	书籍作者	国际标准书号	出版社	出版日期	价格	入库日期	条形码	书籍状态
1	《小怪兽乌拉拉地球历险记》	布克布克	97875▪▪▪8386	天地出版社	2023-10-01	198.0	2023-11-30	231564789514	外借
2	《无处不在的人格》	弗朗索瓦·勒洛尔	97878▪▪▪3650	生活书店出版有限公司	2022-04-01	68.0	2023-11-30	231564789515	外借
3	《不要挑战人性》	潘楷文	97875▪▪▪3563	湖南文艺出版社	2021-11-01	56.0	2023-11-30	231564789516	预约
4	《曾国藩的正面与侧面》	张宏杰	29▪▪▪01	岳麓书社	2023-09-01	249.2	2023-11-30	231564789517	在库
5	《梦境密语》	大卫·丰塔纳	97875▪▪▪4324	中国友谊出版公司	2022-07-01	98.0	2023-11-30	231564789518	在库
6	《中国历史十五讲》	张岂之	97873▪▪▪6863	北京大学出版社	2020-10-01	108.0	2023-11-30	231564789519	在库
7	《吃好睡好不生病》	C妈杨南南	97875▪▪▪0800	中国妇女出版社	2022-02-01	49.8	2023-11-30	231564789520	在库
9	《Scratch编程从入门到精通》	谢声涛	97873▪▪▪2962	清华大学出版社	2023-07-01	89.9	2023-11-30	231564789522	在库
10	《Selenium自动化测试实战》	于涌	97871▪▪▪5427	人民邮电出版社	2021-03-01	79.0	2023-11-30	231564789523	在库
11	《乾隆时代的得与失》	张宏杰	97872▪▪▪7127	重庆出版社	2022-08-30	58.0	2024-05-20	231547895558	预约

```
继续其他操作（Y/N）:
```

图 9.32　删除书籍功能实现效果（2）

借阅管理模块的功能实现效果如图 9.33 至图 9.44 所示。

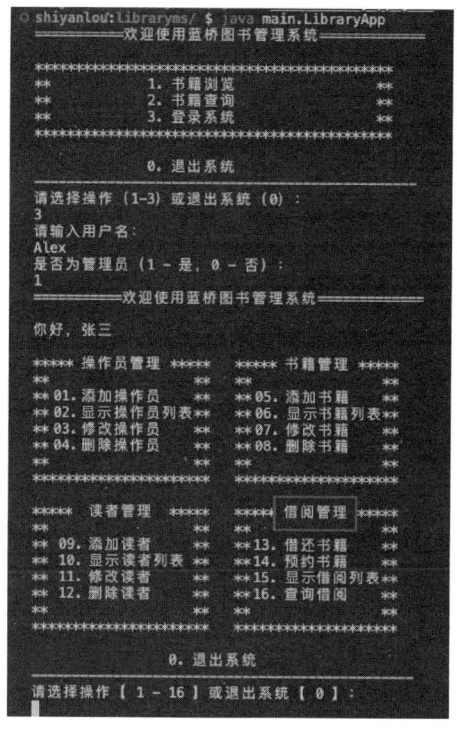

图 9.33　管理员登录系统后的借阅管理操作

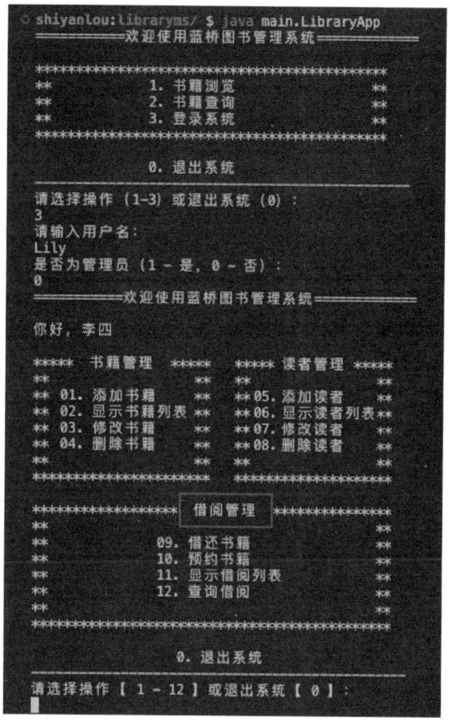

图 9.34　操作员登录系统后的借阅管理操作

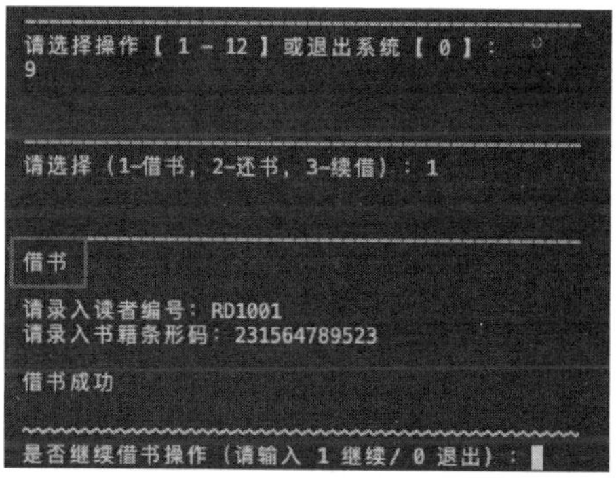

图 9.35　借书功能实现效果（1）

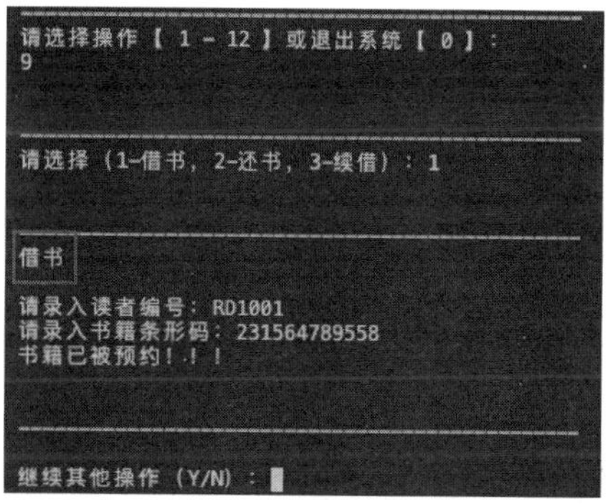

图 9.36　借书功能实现效果（2）

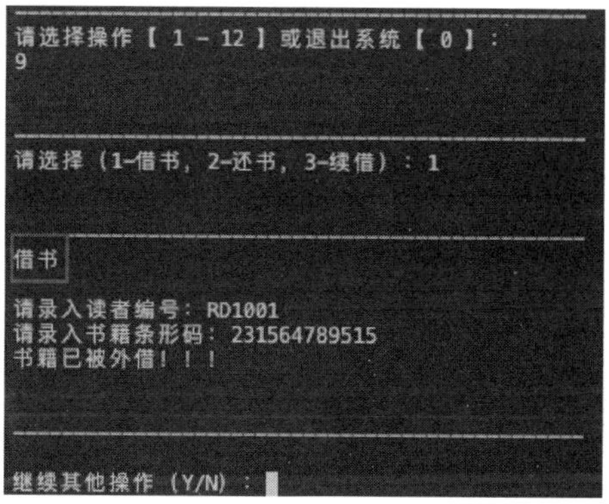

图 9.37　借书功能实现效果（3）

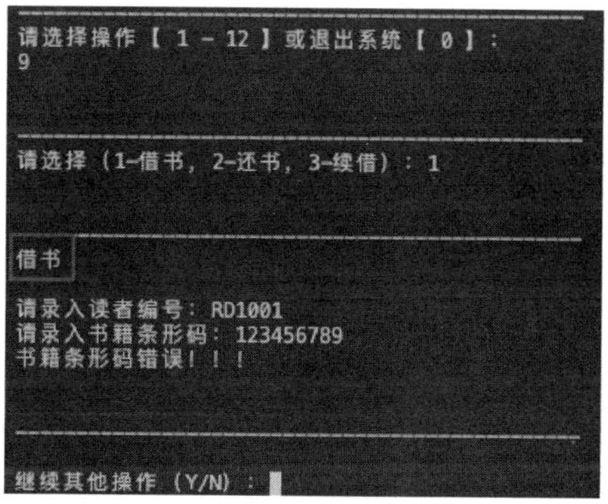

图 9.38　借书功能实现效果（4）

```
请选择操作【 1 - 12 】或退出系统【 0 】：
9

请选择（1-借书，2-还书，3-续借）：2

还书

请录入读者编号：RD1001
请录入书籍条形码：231564789514

还书成功

请操作人员通知【李毅】读者，她预约的书籍【小怪兽乌拉拉地球历险记】有了，联系电话【13■■■■■369】。

是否继续还书操作（请输入 1 继续/ 0 退出）：
```

图 9.39 还书功能实现效果

```
请选择操作【 1 - 12 】或退出系统【 0 】：
9

请选择（1-借书，2-还书，3-续借）：3

续借

请录入读者编号：RD1002
请录入书籍条形码：231564789515

续借成功

是否继续续借操作（请输入 1 继续/ 0 退出）：
```

图 9.40 续借功能实现效果

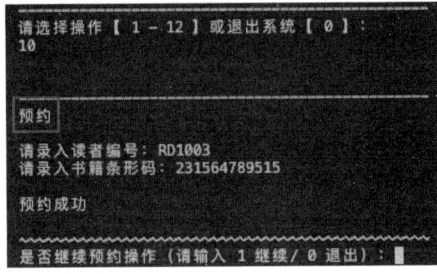

```
请选择操作【 1 - 12 】或退出系统【 0 】：
10

预约

请录入读者编号：RD1003
请录入书籍条形码：231564789515

预约成功

是否继续预约操作（请输入 1 继续/ 0 退出）：
```

图 9.41 预约功能实现效果

```
请选择操作【 1-12 】或退出系统【 0 】：
11

显示所有借阅信息

借阅编号：1，读者编号：RDB001，书籍编号：1，借书日期：2024-03-11，还书日期：2024-04-01，到期日期：2024-04-11，借阅次数：3，预约日期：无

借阅编号：2，读者编号：RDB002，书籍编号：1，借书日期：无，        还书日期：无，        到期日期：无，        借阅次数：3，预约日期：2024-03-19

借阅编号：3，读者编号：RDB002，书籍编号：2，借书日期：2024-03-19，还书日期：无，        到期日期：2024-05-19，借阅次数：1，预约日期：无

借阅编号：4，读者编号：RDB001，书籍编号：10，借书日期：2024-04-01，还书日期：无，        到期日期：2024-05-01，借阅次数：3，预约日期：无

借阅编号：5，读者编号：RDB003，书籍编号：2，借书日期：无，        还书日期：无，        到期日期：无，        借阅次数：0，预约日期：2024-04-01

继续其他操作（Y/N）：
```

图 9.42 显示借阅列表功能实现效果

```
请选择操作【 1-12 】或退出系统【 0 】：
12

查询借阅信息

请选择根据（1-读者编号｜2-条形码）查询：1
请输入读者编号：RD1001
借阅编号：1，读者编号：RD1001，读者姓名：王一波，书籍编号：1，书籍条形码：231564789514，书籍名称：《小怪兽乌拉拉地球历险记》，借书日期：2024-03-11，还书日期：2024-04-01，到期日期：2024-04-11，借阅次数：3，预约日期：无
借阅编号：4，读者编号：RD1001，读者姓名：王一波，书籍编号：10，书籍条形码：231564789523，书籍名称：《Selenium自动化测试实战》，借书日期：2024-04-01，还书日期：无，        到期日期：2024-05-01，借阅次数：3，预约日期：无
是否继续查询（Y/N）：y

请选择根据（1-读者编号｜2-条形码）查询：1
请输入读者编号：RD1111
未找到该读者的借阅信息~
是否继续查询（Y/N）：
```

图 9.43 查询借阅功能实现效果（1）

图 9.44　查询借阅功能实现效果（2）

思政小课堂

　　程序的稳定性、可靠性、易用性、扩展性不仅能体现程序员做事的态度和方法，也能体现其做人的品质和特性。一款优秀的程序离不开优秀的程序员对高品质代码的追求，力争优雅是一种认真负责的工作态度，是一种正确的工作方法，是一种对品质的苛刻要求，是一种需要长期实践才能养成的好习惯。如果一款程序处处隐藏 Bug（漏洞），那么它的设计者和开发者也基本是一个粗心、浮躁的人。作为新时代的程序员，我们应该发扬"工匠精神"，以高度的社会责任感和对他人负责的道德操守打造优质的代码，让程序真正服务于人民，为国家的 IT 事业贡献力量。

　　我们只有做到专业精湛、道德高尚、创新进取，才能真正树立起新时代 IT 从业者的良好形象，为祖国的 IT 事业添砖加瓦。

　　一名优秀的程序员应具备的基本能力

　　具备合理的软件设计能力：一名优秀的程序员知道如何更高效、合理地设计程序的架构，对高品质代码的追求并不是提倡过度追求完美，要避免对软件的过度设计。

附录 A

部分思考与练习参考答案及解析

项目 1 初识 Java

一、单选题

（1）【答案】 C

【解析】 Java 源程序的后缀是.java；编译后的字节码文件的后缀是.class。

（2）【答案】 B

【解析】 JVM 是 Java Virtual Machine（Java 虚拟机）的缩写。

（3）【答案】 B

【解析】 JDK 是 Java 开发工具集；JRE 是 Java 运行时环境；API 是应用程序接口。JVM 可以解释并执行 Java 字节码文件。

（4）【答案】 A

【解析】 编译 Java 程序的命令是 javac；执行 Java 程序的命令是 java。

（5）【答案】 D

【解析】 每个 Java 源文件的命名必须是文件中使用 public 修饰的类的名字。

二、多选题

（1）【答案】 ABC

【解析】 Java 体系包括 Java SE、Java ME 和 Java EE。Hadoop 是大数据生态用到的技术。

（2）【答案】 BC

【解析】 PATH 环境变量是执行命令时要搜索的路径，必须配置，并且需要以"追加"的方式增加到系统变量中，而不能覆盖原有的系统变量。为系统指定类路径的是 CLASSPATH，而不是 PATH。

（3）【答案】 ABC

【解析】 "//注释内容"、"/*注释内容*/"和"/**注释内容*/"是 Java 中有且仅有的 3 种注释方式。

三、编程题

（1）参考代码如下：

```
public class Lanqiao {
    public static void main(String[] args) {
        System.out.println("你好，蓝桥");
```

```
        }
    }
```

（2）参考代码如下：

```
public class Triangle {
    public static void main(String[] args) {
        System.out.println("    *");
        System.out.println("   * *");
        System.out.println("  *   *");
        System.out.println(" *     *");
        System.out.println("* * * * *");
    }
}
```

项目 2　数据类型和运算符

一、单选题

（1）【答案】　C

【解析】　略。

（2）【答案】　C

【解析】　String 不是基本数据类型；基本数据类型分别是 short、int、long、char、boolean、float、double、byte。

（3）【答案】　C

【解析】　选项 A 中的"("、选项 B 中的"1"、选项 D 中的"-"都是非法的变量名。

（4）【答案】　D

【解析】　"=="是比较运算符，不是位运算符。

（5）【答案】　D

【解析】　"="是赋值符号，不是关系运算符。

（6）【答案】　B

【解析】　小数的默认类型是 double，不是 float。此选项的正确写法是"float num = 10.1f;"或"double num = 10.1;"。

（7）【答案】　A

【解析】　"i++"是先使用 i 的值，再使 i 的值增 1；"++j"是先使 j 的值增 1，再使用 j 的值。

（8）【答案】　D

【解析】　byte 型的值和字面整型值 11 相加时，将自动转换为 int 型。将 int 型的值赋给 byte 型的变量时必须进行强制类型转换。

（9）【答案】　C

【解析】　char 型遇到 int 型时，会自动转换为 int 型。'a'的编码值是 97。

（10）【答案】　B

【解析】　"(i1+i2)*2.9;"右侧有 double 型的小数 2.9，而在 Java 中，所有的数值类型在参与运算时遇到 double 型都会转换为 double 型。也就是"容量小的类型会自动转换为容量大的类型"。

（11）【答案】　B

【解析】 三目运算符的语法形式为"(表达式 1)?(表达式 2):(表达式 3)"，当表达式 1 的结果为真时，整个运算的结果为表达式 2，否则为表达式 3。

二、编程题

（1）参考代码如下：

```java
import java.util.Scanner;

public class Circle {
    public static void main(String[] args) {
        // 声明半径变量 r
        int r = 0;
        // 声明圆周率常量 PI
        final float PI=3.14f;
        // 声明面积变量 s
        float s;
        // 接收输入的半径信息
        Scanner input = new Scanner(System.in);
        System.out.print("请输入圆形的半径：");
        r = input.nextInt();
        // 根据公式计算圆形的面积
        s = PI * r * r;
        System.out.print("圆形的面积为："+s);
        // 资源释放
        input.close();
    }
}
```

（2）参考代码如下：

```java
import java.util.Scanner;

public class Cube {
    public static void main(String[] args) {
        // 从键盘输入正方体的棱长
        Scanner input = new Scanner(System.in);
        System.out.print("请输入正方体的棱长：");
        int a = input.nextInt();
        // 根据公式计算正方体的体积
        int v = a * a * a;
        System.out.println("该正方体的体积为：" + v);
        // 资源释放
        input.close();
    }
}
```

（3）参考代码如下：

```java
import java.util.Scanner;

public class Cylinder {
    public static void main(String[] args) {
        // 定义圆周率为 3.14
```

```
        final float PI = 3.14f;
        // 定义输入对象
        Scanner input = new Scanner(System.in);
        // 接收半径 r
        System.out.println("请输入圆柱体的底面半径：");
        int r = input.nextInt();
        // 接收高 h
        System.out.println("请输入圆柱体的高：");
        int h = input.nextInt();
        // 根据公式计算圆柱体的体积
        float v = PI * (r * r) * h;
        // 输出体积
        System.out.println("该圆柱体的体积为："+ v);
        // 资源释放
        input.close();
    }
}
```

（4）参考代码如下：

```
import java.util.Scanner;

public class Digit {
    public static void main(String[] args) {
        // 创建键盘输入对象
        Scanner input = new Scanner(System.in);

        System.out.println("请输入一个三位数：");
        // 接收从键盘输入的三位数
        int num = input.nextInt();
        // 取出个位
        int units  = num % 10;
        // 取出十位
        int tens = (num / 10) % 10;
        // 取出百位
        int hundreds = num / 100;
        // 求和
        int sum = units + tens + hundreds;
        // 输出结果
        System.out.println(num + "各位之和为："+sum);
        // 资源释放
        input.close();
    }
}
```

项目 3 流程控制

一、单选题

（1）【答案】 A

【解析】 循环条件必须是一个"布尔型"的值。而选项 A 是赋值语句，其值不是布尔型的。

（2）【答案】　C

【解析】　对于离散的值，多重选择结构和 switch 在功能上是等价的。但如果判断条件是一个区间值，就不能用 switch，而只能用多重选择结构了。试想一下，你能用 switch 实现"如果大于或等于 35，就显示'高温'"的功能吗？显然不能，因为 switch 无法判断">=35"这样的区间值。

（3）【答案】　D

【解析】　程序跳转语句有 break、continue 和 return。

（4）【答案】　D

【解析】　"do{}while(false);"会在执行一次后结束，其他 3 项都会造成死循环。

二、编程题

（1）参考代码如下：

```java
import java.util.Scanner;

class TestFor6 {
    public static void main(String[] args) {
        int firNum;                    //第一个数
        int secNum;                    //第二个数
        int maxNum;                    //最大数
        Scanner input = new Scanner(System.in);
        System.out.print("请输入一个整数：");
        maxNum = input.nextInt();
        System.out.println("乘数在 0 到" + maxNum + "的乘法表为：");
        for (firNum = 0, secNum = maxNum; firNum <= maxNum; firNum++, secNum--) {
            System.out.println(firNum + " * " + secNum + " = " + firNum * secNum);
        }
    }
}
```

（2）参考代码如下：

```java
import java.util.Scanner;

class JavaEngineer {
    public static void main(String[] args) {
        //Java 工程师的月薪
        double engSalary = 0.0;
        //月底薪
        int basSalary = 3000;
        //月工作完成分数（最小值为 0，最大值为 150）
        int comResult = 100;
        //月实际工作天数
        double workDay = 22;
        //月保险
        double insurance = 3000 * 0.105;
        //从控制台获取输入的对象
        Scanner input = new Scanner(System.in);
        //用户选择的选项
        int userSel = -1;
```

```
//使用 while(true)，在单个模块功能执行结束后，重新输出主界面，继续循环
while (true)
{
    //显示主界面
    System.out.println("----------------------------------------------------------");
    System.out.println("|               蓝桥 Java 工程师管理系统                |");
    System.out.println("----------------------------------------------------------");
    System.out.println("1. 输入 Java 工程师资料");
    System.out.println("2. 删除指定 Java 工程师资料");
    System.out.println("3. 查询 Java 工程师资料");
    System.out.println("4. 修改 Java 工程师资料");
    System.out.println("5. 计算 Java 工程师的月薪");
    System.out.println("6. 保存新添加的 Java 工程师资料");
    System.out.println("7. 对 Java 工程师信息进行排序（1 表示按编号升序排列，2 表示按姓名升序
排列）");
    System.out.println("8. 输出所有 Java 工程师信息");
    System.out.println("9. 清空所有 Java 工程师数据");
    System.out.println("10. 打印 Java 工程师数据报表");
    System.out.println("11. 从文件重新导入 Java 工程师数据");
    System.out.println("0. 结束（编辑工程师信息后提示保存）");
    System.out.print("请输入您的选择：");
    userSel = input.nextInt();
    switch (userSel) {
        case 1:
            System.out.println("本模块功能未实现");
            break;
        case 2:
            System.out.println("本模块功能未实现");
            break;
        case 3:
            System.out.println("本模块功能未实现");
            break;
        case 4:
            System.out.println("本模块功能未实现");
            break;
        case 5:
            System.out.print("请输入 Java 工程师月底薪：");
            //从控制台获取输入的月底薪，将其赋值给 basSalary
            basSalary = input.nextInt();
            System.out.print("请输入 Java 工程师月工作完成分数（最小值为 0，最大值为 150）：
");
            //从控制台获取输入的月工作完成分数，将其赋值给 comResult
            comResult = input.nextInt();
            System.out.print("请输入 Java 工程师月实际工作天数：");
            //从控制台获取输入的月实际工作天数，将其赋值给 workDay
            workDay = input.nextDouble();
            System.out.print("请输入 Java 工程师月保险：");
            //从控制台获取输入的月保险，将其赋值给 insurance
            insurance = input.nextDouble();
            /*Java 工程师月薪= 月底薪 + 月底薪×25%×月工作完成分数/100+
              15×月实际工作天数 - 月保险
```

```
                                        */
                            engSalary = basSalary + basSalary * 0.25 * comResult / 100
+ 15 * workDay - insurance;
                            System.out.println("Java 工程师月薪为：" + engSalary);
                            break;
                    case 6:
                            System.out.println("本模块功能未实现");
                            break;
                    case 7:
                            System.out.println("本模块功能未实现");
                            break;
                    case 8:
                            System.out.println("本模块功能未实现");
                            break;
                    case 9:
                            System.out.println("本模块功能未实现");
                            break;
                    case 10:
                            System.out.println("本模块功能未实现");
                            break;
                    case 11:
                            System.out.println("本模块功能未实现");
                            break;
                    case 0:
                            System.out.println("程序结束！");
                            break;
                    default:
                            System.out.println("数据输入错误！");
                            break;
                }
                //当用户输入 0 时，跳出 while 循环，结束程序
                if (userSel == 0)
                {
                        break;
                }
            }
        }
}
```

项目 4   方法与数组

一、单选题

（1）【答案】   C

【解析】   数组可以通过 length 获取元素的个数，即数组长度。

（2）【答案】   A

【解析】   nums 数组的第一个元素是 nums[0]，最后一个元素是 nums[nums.length-1]。
如果数组不在 0 和 nums.length-1 的区间内，就会报 ArrayIndexOutOfBoundsException 异常。

（3）【答案】   D

【解析】 在调用方法时，必须保证调用参数的类型、顺序和个数一致。test(int num,String str) 方法有两个参数，并且第一个参数类型是 int，第二个参数类型是 String，所以在实际使用时必须按顺序传递 int 和 String 型的两个参数。

（4）【答案】 B

【解析】 在选项 A 中，"int[] nums; nums = {3,1,2};"这种声明数组的方法不能拆分。

在选项 C 中，"int[] nums = new int[]{3,1,2.2};"不能将 double 型的 2.2 存入 int 型数组中。

在选项 D 中，"int[] nums = new int[3]{3,1,2};"不能在等号右边的[]中填写数组元素个数。

（5）【答案】 B

【解析】 在每一趟比较时，都能选出一个最小值（或最大值）的是冒泡排序。

（6）【答案】 C

【解析】 引用数据类型的名称实际代表的是存储数据的地址，而不是数据本身，基本数据类型则相反。因此，由引用数据类型元素构成的数组，其数组元素依旧是地址；而由基本数据类型元素构成的数组，其数组元素是数据本身。

（7）【答案】 A

【解析】 在创建二维数组时，可以同时设置第一维长度和第二维长度，也可以只设置第一维长度，但不可以只设置第二维长度。

C 选项中构造方法没有返回值。

（8）【答案】 B

【解析】 除构造方法以外，返回值不能省略。

二、编程题

（1）参考代码如下：

```java
import java.util.Scanner;

class JavaEngineer {
    //Java 工程师月薪
    static double avgSalary = 0.0;
    //月底薪
    static int basSalary = 3000;
    //月工作完成分数（最小值为 0，最大值为 150）
    static int comResult = 100;
    //月实际工作天数
    static double workDay = 22;
    //月保险
    static double insurance = 3000 * 0.105;
    //从控制台获取输入的对象
    static Scanner input = new Scanner(System.in);
    //用户选择的选项
    static int userSel = -1;

    public static void main(String[] args) {
        //使用 while(true)，在单个模块功能执行结束后，重新输出主界面，继续循环
        while (true) {
            userSel = showMenu();
            //当用户输入 0 时，跳出 while 循环，结束程序
            if (userSel == 0) {
```

```java
                break;
            }
        }
    }

public static int showMenu() {
    //显示主界面
    System.out.println("----------------------------------------------------------");
    System.out.println("|                    蓝桥 Java 工程师管理系统                    |");
    System.out.println("----------------------------------------------------------");
    System.out.println("1. 输入 Java 工程师资料");
    System.out.println("2. 删除指定 Java 工程师资料");
    System.out.println("3. 查询 Java 工程师资料");
    System.out.println("4. 修改 Java 工程师资料");
    System.out.println("5. 计算 Java 工程师的月薪");
    System.out.println("6. 保存新添加的 Java 工程师资料");
    System.out.println("7. 对 Java 工程师信息进行排序（1 表示按编号升序排列，2 表示按姓名升序排列）");
    System.out.println("8. 输出所有 Java 工程师信息");
    System.out.println("9. 清空所有 Java 工程师数据");
    System.out.println("10. 打印 Java 工程师数据报表");
    System.out.println("11. 从文件重新导入 Java 工程师数据");
    System.out.println("0. 结束（编辑工程师信息后提示保存）");
    System.out.print("请输入您的选择：");
    userSel = input.nextInt();
    switch (userSel) {
        case 1:
            inputEnginnerInfo();
            break;
        case 2:
            deleteEnginnerInfo();
            break;
        case 3:
            queryEnginnerInfo();
            break;
        case 4:
            updateEnginnerInfo();
            break;
        case 5:
            calAvgSalary();
            break;
        case 6:
            saveEnginnerInfo();
            break;
        case 7:
            rankEnginners();
            break;
        case 8:
            showEnginners();
            break;
        case 9:
```

```
                    emptyEnginners();
                    break;
            case 10:
                    printEnginnersData();
                    break;
            case 11:
                    importEnginnersData();
                    break;
            case 0:
                    System.out.println("程序结束！");
                    break;
            default:
                    System.out.println("数据输入错误！");
                    break;
        }
        return userSel;
}


//计算 Java 工程师的月薪
public static void calAvgSalary() {
        System.out.print("请输入 Java 工程师月底薪：");
        //从控制台获取输入的月底薪，将其赋值给 basSalary
        basSalary = input.nextInt();
        System.out.print("请输入 Java 工程师月工作完成分数（最小值为 0，最大值为 150）：");
        //从控制台获取输入的月工作完成分数，将其赋值给 comResult
        comResult = input.nextInt();
        System.out.print("请输入 Java 工程师月实际工作天数：");
        //从控制台获取输入的月实际工作天数，将其赋值给 workDay
        workDay = input.nextDouble();
        System.out.print("请输入 Java 工程师月保险：");
        //从控制台获取输入的月保险，将其赋值给 insurance
        insurance = input.nextDouble();
                        /*Java 工程师月薪= 月底薪 + 月底薪×25%×月工作完成分数/100+
                            15×月实际工作天数 - 月保险；
                        */
        avgSalary = basSalary + basSalary * 0.25 * comResult / 100
                + 15 * workDay - insurance;
        System.out.println("Java 工程师月薪为：" + avgSalary);
}


public static void inputEnginnerInfo() {
        System.out.println("本模块功能未实现");
}


public static void deleteEnginnerInfo() {
        System.out.println("本模块功能未实现");
}


public static void queryEnginnerInfo() {
        System.out.println("本模块功能未实现");
}
```

```java
    public static void updateEnginnerInfo() {
        System.out.println("本模块功能未实现");
    }

    public static void saveEnginnerInfo() {
        System.out.println("本模块功能未实现");
    }

    public static void rankEnginners() {
        System.out.println("本模块功能未实现");
    }

    public static void showEnginners() {
        System.out.println("本模块功能未实现");
    }

    public static void emptyEnginners() {
        System.out.println("本模块功能未实现");
    }

    public static void printEnginnersData() {
        System.out.println("本模块功能未实现");
    }

    public static void importEnginnersData() {
        System.out.println("本模块功能未实现");
    }
}
```

（2）参考代码如下：

```java
import java.util.Scanner;

public class Print {
    static Scanner input = new Scanner(System.in);
    static int m = 0 ;//行数
    static int n = 0 ; //列数

    //当前正在打印的数字是： arr[row][column]
    static int row = 0, column = 0;
    // 约定打印的方向
    static int right = 0;
    static int down = 1;
    static int left = 2;
    static int up = 3;
    static int [][]arr  = null ;
    //当前正在打印的方向（从"右"开始）
    static int direction = right;
    //当前正在打印第几圈
    static int circle = 1;
    //当前正在打印第几个数字
```

```java
static int count = 0;

//输入行数、列数，并初始化二维数组
public static void input(){
    //行数
    System.out.println("请输入行数：");
    m = input.nextInt();
    //列数
    System.out.println("请输入列数：");
    n = input.nextInt();;
    arr  = new int[m][n];
}

//填充二维数组
public static void fillArray(){
    while (count < m * n) {
        count++;
        arr[row][column] = count;
        switch (direction) {
            case 0:
                // 向右打印时，打印的位置逐步右移
                if (column < n - circle) {
                    column++;
                } else {
                    //从“向右打印”切换到“向下打印”
                    direction = down;
                    row++;
                }
                break;
            case 1:
                if (row < m - circle) {
                    row++;
                } else {
                    direction = left;
                    column--;
                }
                break;
            case 2:
                if (column > circle - 1) {
                    column--;
                } else {
                    direction = up;
                    row--;
                }
                break;
            case 3:
                if (row > circle) {
                    row--;
                } else {
                    circle++;
                    direction = right;
```

```
                        column++;
                    }
                    break;
            }
        }
    }

    //打印
    public static void print(){
        // 输出
        for (int i = 0; i < m; i++) {
            for (int j = 0; j < n; j++) {
                if (arr[i][j] < 10) {
                    System.out.print(arr[i][j] + " " + " ");
                } else {
                    System.out.print(arr[i][j] + " ");
                }
            }
            System.out.println();
        }
    }
    public static void main(String[] args) {
        //输入行数、列数，并初始化二维数组
        input();
        //填充二维数组
        fillArray();
        //打印
        print();
    }
}
```

项目 5　String 类及常用类的使用

一、单选题

（1）【答案】　B

【解析】　substring()是字符串截取方法；valueOf()用于将其他类型转换为字符串型；replace() 用于替换字符串的内容。

（2）【答案】　B

【解析】　concat()用于字符串的拼接，但需要将拼接后的结果通过返回值进行接收。

（3）【答案】　A

【解析】　String 类的值不能被改变，而 insert()方法用于执行插入操作，会修改字符串的值。 因此，insert()方法只存在于 StringBuffer 类中，而不存在于 String 类中。其他方法既存在于 String 类中，也存在于 StringBuffer 类中。

（4）【答案】　C

【解析】　当内存中已经存在"abc"时，"abc"会被放入常量池一份。此时，str1 和 str2 都指向 了常量池中的同一个地址，因此 str1 ==str2 和 str1.equals(str2)的结果都是 true。当使用 new 之后， 会在堆内存中新开辟一块空间并存储"abc"，因此，str1== new String(str2)的结果是 false，但 str1

和 new String(str2)的内容是相同的，所以 str1.equals(new String(str2))的结果是 true。

（5）【答案】　　D

【解析】　　String 可以使用 "==" 进行比较，但 StringBuffer 不可以。

二、编程题

（1）参考代码如下：

```java
import java.util.Scanner;
public class StrCount{
    public static void main(String[] args) {
        int count = 0;        //用于计数的变量
        int start = 0;        //标识从哪个位置开始查找
        Scanner input = new Scanner(System.in);
        System.out.print("请输入一个字符串：");
        String str = input.next();
        System.out.print("请输入要查找的字符串：");
        String str1 = input.next();
        while (str.indexOf(str1, start) >= 0 && start < str.length()) {
            count++;
            //找到子字符串后，查找位置移动到找到的这个字符串之后
            start = str.indexOf(str1, start) + str1.length();
        }
        System.out.println(str1 + " 在 " + str + "中出现的次数为" + count);
    }
}
```

（2）参考代码如下：

```java
import java.util.Scanner;
public class EngRegister{
    //使用 verify()方法对用户名、密码进行验证，返回是否验证成功
    public static boolean verify(String name,String pwd1,String pwd2){
        boolean flag = false;//标识是否验证成功
        if(name.length() < 6 || pwd1.length() < 8){
            System.out.println("用户名长度不能小于 6，密码长度不能小于 8！");
        }else if(!pwd1.equals(pwd2)){
            System.out.println("两次输入的密码不相同！");
        }else{
            System.out.println("注册成功！请牢记用户名和密码。");
            flag=true;
        }
        return flag;
    }
    public static void main(String[] args) {
        Scanner input = new Scanner(System.in);
        String engName,p1,p2;
        boolean resp = false;//标识是否验证成功
        do{
            System.out.print("请输入 Java 工程师用户名：  ");
            engName = input.next();
            System.out.print("请输入密码：  ");
            p1 = input.next();
```

```
            System.out.print("请再次输入密码:   ");
            p2 = input.next();
            //调用 verify()方法对用户名、密码进行验证，返回是否验证成功
            resp = verify(engName, p1, p2);
        }while(!resp);
    }
}
```

（3）"1. 输入 Java 工程师资料" 对应 inputEnginnerInfo()方法；"3. 查询 Java 工程师资料" 对应 queryEnginnerInfo()方法。

参考代码如下：

```
import java.util.Scanner;

public class JavaEngineer {

    //省略已有代码

     static String engName = "" ;
    //从控制台获取输入的对象
    public static void inputEnginnerInfo() {
        String p1,p2;
        boolean resp = false;
        do{
            System.out.print("请输入 Java 工程师用户名:   ");
            engName = input.next();
            System.out.print("请输入密码:   ");
            p1 = input.next();
            System.out.print("请再次输入密码:   ");
            p2 = input.next();
            //调用 verify()方法对用户名、密码进行验证，返回是否验证成功
            resp = verify(engName, p1, p2);
        }while(!resp);

        System.out.print("请输入月薪:   ");
        avgSalary = input.nextInt();
        System.out.print("请输入月底薪:   ");
        basSalary = input.nextInt();
    }

    public static void queryEnginnerInfo() {
        System.out.print("Java 工程师用户名:   ");
        System.out.println(engName);
        System.out.print("\t 月薪:   ");
        System.out.println(avgSalary);
        System.out.print("\t 月底薪:   ");
        System.out.println(basSalary);
    }

}
```

（4）参考代码如下：

```
import java.util.Scanner;
public class FileUpload{
    public static void main(String[] args) {
        boolean fileCorrect = false;           //标识论文文件名是否正确
        boolean emailCorrect = false;          //标识邮箱是否正确
        System.out.println("请按照如下要求提交论文");
        Scanner input = new Scanner(System.in);
        System.out.print("请输入论文文件名（必须以.docx 结尾）: ");
        String fileName = input.next();
        System.out.print("请输入接收论文反馈的邮箱: ");
        String email = input.next();
        //检查论文文件名
        if(fileName.endsWith(".docx")){
            fileCorrect = true;                //标识论文文件名正确
        }else{
            System.out.println("文件名无效! ");
        }
        //检查邮箱格式
        if(email.indexOf('@') != -1 && email.indexOf('.') > email.indexOf('@')){
            emailCorrect = true;               //标识邮箱格式正确
        }else{
            System.out.println("邮箱无效! ");
        }
        //输出结果
        if(fileCorrect&&emailCorrect){
            System.out.println("论文提交成功! ");
        }else{
            System.out.println("论文提交失败! ");
        }
    }
}
```

项目 6　类和对象

一、单选题

（1）【答案】　A

【解析】　可以将多个 Java 类写在一个 Java 文件中，但其中只有一个类能用 public 修饰，并且这个 Java 文件的名称必须与这个类的类名相同。

（2）【答案】　C

【解析】　工人和学生仍然是一个抽象的概念，因此工人和学生仍然是类。

（3）【答案】　D

【解析】　继承、封装、多态是面向对象的三大特征。

（4）【答案】　B

【解析】　方法重载的要求是参数列表不同，具体包括以下三种情形。

① 参数的数量不同。

② 参数的类型不同。

③ 参数的顺序不同。

（5）【答案】　A

【解析】　如果在定义类时没有定义构造方法，则编译系统会自动插入一个默认的无参构造方法，这个构造方法不执行任何代码。如果在定义类时定义了有参构造方法，没有显式地定义无参构造方法，在使用构造方法创建类对象时则不能使用默认的无参构造方法。

（6）【答案】　C

【解析】　在使用 this 调用构造方法时，this 必须写在构造方法的第一行。因此，在构造方法中，不能同时使用 this 调用多个构造方法。

（7）【答案】　B

【解析】　对象的初始化过程遵循的顺序是：

① 在实例化对象时，将成员变量初始化为默认值。

② 将成员变量赋值为定义类时设置的初始值。

③ 通过初始化块给成员变量赋值。

④ 在调用构造方法时，使用构造方法所带的参数初始化成员变量。

二、编程题

参考代码如下：

```java
/**
 * 实现一个股票类
 */
public class Stock {
    // 股票代码
    private String symbol;
    // 股票名称
    private String name;
    // 上一个交易日收盘价
    private double previousClosingPrice;
    // 当前股票价格
    private double currentPrice ;

    public Stock(String symbol, String name, double previousClosingPrice, double currentPrice) {
        this.symbol = symbol;
        this.name = name;
        this.previousClosingPrice = previousClosingPrice;
        this.currentPrice = currentPrice;
    }

    public String getChangePercent(){
        double price = (currentPrice-previousClosingPrice)/previousClosingPrice;
        return price*100+"%";
    }

}

/**
 * 定义一个测试类
```

```
*/
public class TestStock {
    public static void main(String[] args) {
        Stock stock = new Stock("ORCL","Oracle Corporation",35,36);
        System.out.println(stock.getChangePercent());
    }
}
```

项目 7　包和访问控制

一、单选题

（1）【答案】　A

【解析】　访问权限修饰符使用范围总结如附表 A.1 所示。

附表 A.1　访问权限修饰符使用范围总结

修　饰　符	类　内　部	同一个包中	子　　类	任　何　地　方
private	Yes	No	No	No
default	Yes	Yes	No	No
protected	Yes	Yes	Yes	No
public	Yes	Yes	Yes	Yes

（2）【答案】　C

【解析】　打包的关键字是 package，导入包的关键字是 import，包可以解决类的重名问题，package 必须写在程序的第一行。

（3）【答案】　C

【解析】　使用 static 修饰的方法或属性都可以直接被类调用。使用 static 修饰的属性可以被多个对象共享。多个方法在相互调用时，使用 static 修饰的方法只能被另一个也使用 static 修饰的方法调用。

（4）【答案】　B

【解析】　java.lang 包是 Java 默认导入的包，可以省略。

（5）【答案】　D

【解析】　某个类使用单例模式后，其他类仍然可以访问到这个类的实例，只是会创建出唯一的实例。

二、编程题

参考代码如下：

```
package org.lanqiao.entity;

/**
 * 手动实现队列类
 */
public class Queue {
    // 底层容器
    private int[] element;
    // 容器容量
    private int size = 0;
```

```java
/**
 *  默认无参构造方法，初始化底层容器，容量为 8
 */
public Queue() {
    this.element = new int[8];
}

/**
 *  元素入队，size 作为下标
 * @param v 元素
 */
public void enqueue(int v){
    // 判断容量+1 是否超过容器容量，如果超过，则需要扩充容器容量，否则正常存储
    if(this.size+1>this.element.length){
        // 创建新数组，长度为旧数组的两倍
        int[] newElement = new int[this.element.length*2];
        // 循环将原数组的元素赋值到新数组中
        for(int i = 0;i<this.element.length;i++){
            newElement[i] = this.element[i];
        }
        // 使新数组替换原数组
        this.element = newElement;
        // 将新的元素存入数组
        this.element[size] = v;
        // 容量增加 1
        this.size++;
    }else{
        this.element[this.size] = v;
        this.size++;
    }
}

/**
 *  元素出队，后面元素往前位移 1 位，size 减 1
 * @return 出队的元素
 */
public int dequeue(){
    int ele = this.element[0];
    for(int i = 1 ; i < this.element.length ; i++){
        this.element[i-1] = this.element[i];
    }
    this.size--;
    return ele;
}

/**
 *  通过 size 判断队列是否为空，若 size 为 0，则返回 true，否则返回 false
 * @return
 */
public boolean empty(){
```

```
        if(this.size==0){
            return true;
        }else{
            return false;
        }
    }


    /**
     * 返回队列的大小
     * @return 队列的大小
     */
    public int getSize(){
        return this.size;
    }
}
package org.lanqiao.test;
import org.lanqiao.entity.Queue;

public class TestQueue {

    public static void main(String[] args) {
        // 创建队列
        Queue queue = new Queue();
        // 存 0～20 共 21 个数字
        for(int i = 0 ; i <= 20 ; i++){
            queue.enqueue(i);
        }
        // 取出所有元素
        while (!queue.empty()){
            System.out.println(queue.dequeue());
        }
    }
}
```

项目 8   面向对象基本特征

一、单选题

（1）【答案】   C

【解析】

① 属性是在程序编译期间就完成绑定的。

② 如果父类和子类中存在名称相同的属性，则在通过子类的引用调用属性时，遵循"就近访问"的原则。

sub.i 是子类中的属性 100，sup.i 是父类中的属性 50，二者相加为 150。

（2）【答案】   C

【解析】   面向对象的三大特征是继承、封装和多态。

（3）【答案】   D

【解析】   this 和 super 都可以调用构造方法；this 可以调用当前对象的属性、方法；super 可以调用父类对象的属性、方法。

在构造方法中使用 this 或 super 时，二者都必须写在构造方法的第一行。因此，在同一个构造方法中，不能同时使用 this 和 super 来调用其他的构造方法。

（4）【答案】　D

【解析】　因为访问权限修饰符限制而对子类不可见的方法、构造方法等都是无法被子类重写的。

（5）【答案】　A

【解析】　多态的一种使用形式是"父类　引用　= new 子类();"。

向上转型和动态绑定是多态的两种实现机制。

二、编程题

（1）参考代码如下：

```java
package org.lanqiao.entity;
/**
 * 父类
 */
public class Person {
    // 姓名属性
    private String name;
    // 电话号码属性
    private String phone;

    // 无参构造方法
    public Person() {
    }
    // 全参构造方法
    public Person(String name, String phone) {
        this.name = name;
        this.phone = phone;
    }

    public String getName() {
        return name;
    }

    public void setName(String name) {
        this.name = name;
    }

    public String getPhone() {
        return phone;
    }

    public void setPhone(String phone) {
        this.phone = phone;
    }
```

```java
        @Override
        public String toString() {
            return "Person{name="+getName()+ ", phone=" +getPhone()+"}";
        }
}

package org.lanqiao.entity;
/**
 * 子类：学生类
 */
public class Student extends Person{
    // 年级属性
    private String grade;

    // 无参构造方法
    public Student() {

    }

    // 全参构造方法
    public Student(String name, String phone, String grade) {
        super(name,phone);
        this.grade = grade;
    }

    public String getGrade() {
        //获得年级
        return grade;
    }

    public void setGrade(String grade) {
        //修改年级
        this.grade = grade;
    }

    @Override
    public String toString() {
        return "Student{name="+getName()+", phone="+getPhone()+", grade="+getGrade()+"}";
    }
}

package org.lanqiao.entity;
/**
 * 子类：员工类
 */
public class Employee extends Person{
    // 工资属性
    private double salary;

    // 无参构造方法
    public Employee() {
```

```
        }

        // 全参构造方法
        public Employee(String name, String phone, double salary) {
            super(name,phone);
            this.salary = salary;
        }

        public double getSalary() {
            // 获得工资
            return salary;
        }

        public void setSalary(double salary) {
            // 设置工资
            this.salary = salary;
        }

        @Override
        public String toString() {
            return "Employee{name="+getName()+", phone="+getPhone()+", salary=" + getSalary() +"}";
        }
}

package org.lanqiao.test;

import org.lanqiao.entity.Employee;
import org.lanqiao.entity.Person;
import org.lanqiao.entity.Student;

public class Test {

    public static void main(String[] args) {
        // 创建对象
        Person person = new Person("小蓝","166****7777");
        Student student = new Student("小红","155****5555","大一");
        Employee employee = new Employee("小白","176****5656",4000);
        // 输出对象
        System.out.println(person);
        System.out.println(student);
        System.out.println(employee);
    }
}
```

（2）参考代码如下：

```
/**
 * 父类：银行账户类
 */
public class Account {
    long id;    //账户 ID
```

```
    String name;   //客户姓名
    String password="000000";   //账户密码：初始密码为"000000"
    double balance;   //账户余额
    public Account(){

    }
    public long getId() {          //获取账户 ID 属性
        return id;
    }
    public void setId(long id) {    //设置账户 ID 属性
        this.id = id;
    }
    public String getName() {      //获取客户姓名属性
        return name;
    }
    public void setName(String name) {       //设置客户姓名属性
        this.name = name;
    }
    public void setPassword(String password) {      //设置账户密码
        this.password = password;
    }
    public Account(long id, String name, String password) {
        this.id = id;
        this.name = name;
        this.password = password;
    }
    public void deposit(double cash){   //存款
        System.out.println("=====存款操作=====");
        System.out.println("现存入："+cash);
        balance=this.balance+cash;     //余额自动计算
        System.out.println("现余额： "+ this.balance+"\n");
    }
    public void withdraw(double cash){   //取款
        System.out.println("=====取款操作=====");
        System.out.println("现支出："+cash);
        balance=this.balance-cash;      //余额自动计算
        System.out.println("现余额： "+ this.balance+"\n");
    }
    public void query(){   //查询
        System.out.println("=====查询操作=====");
        System.out.println("账户："+this.id);
        System.out.println("姓名： "+ this.name);
        System.out.println("余额： "+ this.balance+"\n");
    }
}
/**
 * 子类：储蓄账户类
 */
public class SavingAccount extends Account {
    private   static   double interest;  //年利率，私有、静态
    public static double getInterest() {  //获取年利率属性
```

```java
        return interest;
    }
    public static void setInterest(double interest) {    //设置年利率属性
        SavingAccount.interest = interest;
    }
    public SavingAccount(long id, String name, String password) {
        super(id, name, password);
    }
    public void countInterest(){        //计算利息并存入账户
        double interesty=this.balance * this.interest;
        this.deposit(interesty);
    }
}


/**
 * 子类：信用账户类
 */
public class CreditAccount extends Account {
    private double ceiling;    //透支额度
    private double money; //提现额度
    public double getCeiling() {
        return ceiling;
    }
    public void setCeiling(double ceiling) {
        this.ceiling = ceiling;
    }
    public double getMoney() {
        return money;
    }
    public void setMoney(double money) {
        this.money= money;
    }
    public CreditAccount(long id, String name, String password, double ceiling, double money) {
        super(id, name, password);
        this.ceiling = ceiling;
        this.money = money;
    }
    public void purchase(double payment){        //刷卡消费
        System.out.println("您的卡号为："+this.id);
        System.out.println("刷卡消费: "+payment);
        if((this.balance+this.ceiling-payment)>0){    //可以透支
            this.balance=this.balance-payment; //计算余额
            System.out.println("最终余额为: "+this.balance+"\n");
        }else {
            System.out.println("超过透支额度！此次刷卡无效! \n");
        }
    }
    public void withdraw(double cash){    //重写父类的取款方式
        if((balance+ceiling-cash)>0&&cash<=money){    //可以透支
            super.withdraw(cash);
        }else{
```

```
        System.out.println("\n 提现失败！\n 超过透支额度或提现额度 \n");
            }
        }
    }

    /**
     * 测试类
     */
    public class AccountTest{
        public static void main(String args[]){
            SavingAccount sa=new SavingAccount(100003,"李四","123456");
            sa.deposit(10000);    //存款 10000 元
            sa.setInterest(0.004); //设置年利率
            sa.countInterest();   //将利息存入账户
            sa.withdraw(2000); //取款 2000 元
            sa.query(); //查询当前账户、姓名、余额，余额应为 8040 元
            CreditAccount ca=new CreditAccount(100005,"王五","123123",10000,8000);
            ca.deposit(4000); //存款 4000 元
            ca.purchase(3000); //消费 3000 元
            // 剩余 1000 元加上透支额度 10000 元后大于取款金额 6000 元，并且取款金额 6000 元小于限制的
            // 提现金额 8000 元，所以可以提现，取款后账户余额为-5000 元
            ca.withdraw(6000);
        }
    }
```

项目 9 抽象类和接口

一、单选题

（1）【答案】　D

【解析】　抽象类里既可以含有抽象方法，也可以含有普通方法，但是不能只包含普通方法。Java 只支持单继承。

抽象类需要通过子类来实例化，而使用 final 修饰的类不能含有子类，因此抽象类不能被 final 修饰。

（2）【答案】　D

【解析】　接口可以继承多个父接口。接口中的方法必须是抽象方法。接口中的"变量"实际表示的是常量。

（3）【答案】　A

【解析】　匿名内部类没有类名，因此无法通过"外部类对象.new 内部类()"的方式生成内部类对象。

静态内部类只能访问外部类的静态成员。

在 JDK 8 以前，局部内部类在访问包含它的方法中的变量时，必须给这个变量添加 final 修饰符；但在 JDK 8 以后，JDK 会自动给变量添加 final，因此可以省略 final。

（4）【答案】　A

【解析】　当继承和接口同时存在时，需要先继承、后实现；在 Java 中，类只能实现单继承，但接口可以实现多继承。

（5）【答案】 B

【解析】 普通类中不能包含抽象方法，因此选项 C 和 D 错误；抽象类中既可以包含抽象方法，也可以包含普通方法，但是不能只包含普通方法，因此选项 A 错误。

二、编程题

（1）参考代码如下：

```java
package org.lanqiao.entity;
// 图形接口
public interface Figure {
    /**
     * 计算周长
     * @return 周长
     */
    public double getPerimeter();

    /**
     * 计算面积
     * @return 面积
     */
    public double getArea();
}

package org.lanqiao.entity;
// 矩形类
public class Rectangle implements Figure{
    // 宽
    private double width;
    // 高
    private double height;

    /**
     * @return the height
     */
    public double getHeight() {
        return height;
    }

    /**
     * @param height the height to set
     */
    public void setHeight(double height) {
        this.height = height;
    }

    /**
     * @return the width
     */
    public double getWidth() {
        return width;
    }
}
```

```java
    /**
     * @param width the width to set
     */
    public void setWidth(double width) {
        this.width = width;
    }

    public Rectangle(){

    }

    public Rectangle(double width,double height){
        this.width = width;
        this.height = height;
    }

    @Override
    public double getPerimeter() {
        return width*2+height*2;
    }

    @Override
    public double getArea() {
        return width*height;
    }
}

package org.lanqiao.entity;
// 三角形类
public class Triangle implements Figure{
    private double side1;
    private double side2;
    private double side3;

    public Triangle(){}

    public Triangle(double side1,double side2,double side3){
        this.side1 = side1;
        this.side2 = side2;
        this.side3 = side3;
    }

    @Override
    public double getPerimeter() {
        // TODO 计算三角形的周长
        return side1+side2+side3;
    }

    @Override
    public double getArea() {
```

```
            // TODO 计算三角形的面积
            double p = (side1+side2+side3)/2;
            return Math.sqrt(p*(p-side1)*(p-side2)*(p-side3));
        }
    }


package org.lanqiao.test;

import org.lanqiao.entity.Figure;
import org.lanqiao.entity.Rectangle;
import org.lanqiao.entity.Triangle;
// 测试类
public class Test {
    public static void main(String[] args) {
        // 创建对象
        Figure rec = new Rectangle(2,4);
        Figure tri = new Triangle(2,3,4);
        // 调用并输出方法
        System.out.println("矩形的周长为："+rec.getPerimeter());
        System.out.println("矩形的面积为："+rec.getArea());
        System.out.println("三角形的周长为："+tri.getPerimeter());
        System.out.println("三角形的面积为："+tri.getArea());
    }
}
```

（2）参考代码如下：

```
package multi;
/**
 * 生物接口
 */
public interface Biology {
    public void breath();
}


package multi;
/**
 * 动物接口
 */
public interface Animal {
    public void hasSex();
    public void eat();
}


package multi;
/**
 * 人类接口
 */
public interface Man {
    public void think();
    public void study();
}
```

```
package multi;

public class NormalMan implements Man,Animal,Biology{
    private String name;

    NormalMan(String name){
        this.name=name;
    }
    public String getName(){
        return name;
    }

    @Override
    public void breath(){
        System.out.println(name +" breathes with lungs");
    }

    @Override
    public void hasSex(){
        System.out.println(name+" has sex");
    }

    @Override
    public void eat(){
        System.out.println(name+" eats food");
    }

    @Override
    public void think(){
        System.out.println(name+" think with brain");
    }

    @Override
    public void study(){
        System.out.println(name+" read books");
    }

    public static void main(String[] args) {
        NormalMan nm = new NormalMan("Tom");
        nm.breath();
        nm.hasSex();
        nm.eat();
        nm.think();
        nm.study();
    }
}
```

参考文献

[1] 凯·S. 霍斯特曼. Java 核心技术（卷 I）：基础知识[M]. 林琪，苏钰涵，等译. 原书第 11 版. 北京：机械工业出版社，2019.

[2] ECKEL B. Java 编程思想[M]. 陈昊鹏，译. 4 版. 北京：机械工业出版社，2007.